JN192266

ここまでできる

科学技術計算 第2版

神足 史人 著

丸善出版

本書に掲載されているExcelファイルは，一部のファイルを除き，丸善出版株式会社のウェブページよりダウンロードすることができます．右のQRコードを読み取ることにより，もしくは下記URL

https://www.maruzen-publishing.co.jp/info/n19300.html

を直接入力することにより，ダウンロードページにアクセスし，同ページ内にある文字列

ファイルの一括ダウンロード(4.2MB，zip圧縮ファイル)

をクリックすると，zip圧縮ファイルがダウンロードできます．圧縮ファイルの解凍時に必要なパスワードは以下のとおりです．

パスワード：kagakugijyutsu2ed

推薦のことば

初版の推薦のことばにおいて,「本書は物理思考によって問題解決を目指す人々にとって最良のマニュアルになりそうなので,心から推薦します」と書きましたが,大変な好評で刷数を重ね,また大学におけるプログラム教育等においても活用されている様子で,推薦した者としてもうれしく思います.このたびの改訂では,Excel のバージョンアップに伴い記述が見直され,さらに固有値解析,モンテカルロシミュレーションから,東京電力福島第一原子力発電所の事故にかかる計算等が盛り込まれています.初版の特長をそのままに,実用的かつ魅力的な数値計算例が充実された改訂です.大学のみならず普通教育の場においてデータサイエンス教育への取り組みが大きく取り上げられている今日,改めて本書を推薦いたします.

私は環境と生命が専門ですが,根は物理屋です.物理的思考を化学,環境,生命に使うことが未解決の難問を解くことになると信じて努力してきました.そのためには道具として Excel を使いこなすことがかぎになると実感しています.

ここでいう物理思考とは何か.私はつねに数理と物理の違いを強調しています.氷山にとたとえると水面の下に沈んでよく見えないのが物理の世界=モノの世界,水平上に見えるのが,数理の世界=数記号,コトバの世界です.この物理と数理の違いがはっきりするのは,モデルの位置づけです.数理は明確なモデルから出発します.これに対し物理は,満足のいくモデルを発見,発明するのが主な目的です.それから結果を出すのは単なる作業で,ここで Excel を活用するわけです.

物理的課題の解決のために本書を利用しようとする人のために気がついた点を二つ advice します.第一は,“手法から入らず,課題から入れ”ということです.本書には程度の高い手法が,利用できるプログラムとともにたくさん示されていますが,自分が解決したい問題を考える前にこれらを勉強しすぎることは危険です．物理屋ならまず，問題をどうモデル化するかに努力を集中し，その解法には泥くさい方法のExcel利用でよいと思います．たとえば，微分方程式を解くのに，Runge–Kuttaでなくても時間刻みを細かくとって積み重ねていってもよいのです．高度な手法とは計算効率を上げるものですが，PC時代に計算時間を気にしないですむなら，モデルの開発途中にはprimitiveな方法でも十分です．

でもこれは時間刻みについてだけ言えることで，空間刻みについては逆の注意が必要です．本書の地球温暖化計算では0～11,000 mの対流圏を0～200 mの低層大気と200～11,000 mの上層大気の2層でとらえ，これ以上の分割は行っていません．数理的には精度を上げるにはさらに分割を増やすべしとなりますが，物理的にはそれは正しい方向ではありません．分割数を増やすとその数だけ相互作用の式を増やさねばなりませんが，相互作用は場合によっては非常に複雑で表現不可能か間違いになります．間違った相互作用は全体の結果を間違わせるからです．ここで相互作用とは熱と水分の輸送量のことで，200 mの低層大気では，地球からの水分の蒸発，雲の発生，降雨という現象によって起こります．

物理的approachとしては，問題全体を最小限の数のsubsystemに分け，その相互作用を実績データから確定することが必要です．このためにはVector, Matrix, Matrix inversionなどsophisticateした取り扱いが必要です．化学とか生命になるほどそれが必要です．私が，発生後49年間謎であった水俣病の原因をはじめて確定できたのは，Excelを利用したチッソ水俣工場のMatrix解析でしたので，参考にしていただければ嬉しいと思います(西村　肇，岡本達明，“水俣病の科学”，日本評論社(2006))．

＊　＊　＊

最後に，このたび盛り込まれた福島原発事故にかかる計算にまつわるお話をしましょう．

いまからちょうど50年前の1968年，東大工学部では「誰のために何をするのが大学の学問か」と言って学生たちが立ち上がり，教授たちを徹底追及して1年間授業がストップしました．このとき助教授だった私は学生たちの問いに答えて一大決心をし，当時極端な状態だった公害をなくすことを自分の学問の目的としました．それから10年間，私は日本中のあらゆる深刻な公害に全力で取り組み，相当の成果を挙げました．

例えば「水俣病の研究」では，原因となった「メチル水銀」が工場の反応器内で生成する反応を，シャーレ実験と「量子化学」で完全に明かにしました．実質は完全に物理学のことで誰一人やってなかったことを一人でやりとげました．

これは基本的には物理学者の仕事でした．それを感じて私の物理のファンにいろいろ相談するようになったのが神足さんです．神足さんも誰もが深い関心をもつ大事故について物理を用いて人々の知りたい点に迫ろうとしました．人々が知りたいのは事故がどのように起こり進行して行ったか映画を見るような状況です．事故調査委員会の報告は事故結果のデータをつなげて示すだけで映画にはなりません．映画のように示せるのは物理学だけです．神足さんは福知山線の尼崎駅事故についてこれをやってみせました．

この二人が協力して映画物理をやることになったのは2011年の福島第一原発事故です．1号機の爆発が起こったのは地震発生25時間後の3月12日正午，アメリカ軍用機が多数上空の放射能を測定し，東京までも危ないと判断し，米国人の東京離脱を命じました．何人かの知人が関西に転居しました．共同通信社も本社を大阪に移しました．チェルノブイリの原発事故の報告を生々しい写真とともに詳しく知る私は襲いかかる事態の深刻さが想像できて心底こわくなりましたが，と同時に40年前，公害のこわさを知って立ち上がった自分が戻って来ました．そこで早速神足さんに電話しました．「これは100年に一度の事件だ．すべてを投げ捨て映画物理をやろう」と．

しかし同時に冷静に伝えました．「大事なことはわれわれにしかできない映画物理の結果を日本中に知らせることだ．それには1か月後に出る“現代化学”に発表し，講演するのがよい．その為には10日後の3月22日までに論文原稿を編集部に送らねばならない．やろう」と

遠景，近景，拡大図の同時発想という独特な方法に慣れている二人にとっては後3日のうちにやるべき仕事の内容とそのために必要な面倒な調査と計算はすべて決まりました．第1の目的はチェルノブイリ事故との比較，具体的には排出放射量の比較，被害予想区域の広さの比較です．米国軍が予想しているように原発を中心にした200キロ四方が危険地域になるかです．排出放射能は200メートルに吹き上げられる排煙と大量に排出される排水によって放出されます．米軍と海上保安庁によって放射能の環境濃度は測定されていますが，これから放射能の排

出量を推定するには複雑な拡散現象の計算が必要です．海の方は容易でしたが，大気の方は注意が必要でした．200 メートルに上がった排煙は四方八方に広がるのではなくてプルームとなって飯舘村の方に流れているからでした．このことを大ざっぱに計算すると初めチェルノブイリの 1/1000 という結果になりましたが，あと計算を精密化すると 1/300 になりました．汚染地域も原発から 40 km 離れた飯舘村付近が汚染最高になりました．

次は「爆発は何だったか」「どうして起こったか」です．原発が爆発するなら水素爆発で，それは燃料棒の外被のジルコニウムが 800 ℃の高温になると H_2O から O を引き抜いて水素を発生するからです．こうして発生した大量の水素が屋内にたまって大爆発したのです．外被が高温になるのは，原子炉内の水がなくなり燃料棒の冷却ができなくなるからです．これは全部物理です．これを避けるには海水でも何でもとにかく原子炉に水を入れなければならない．私たちは 4 日の期間で原子炉の水面が下がり，燃料棒が露出し，赤熱し，水素が大量発生し，大爆発する過程を Excel を用いて再現できました．

こうして二人が 4 月 13 日に帝国ホテルで発表した内容が本書に収められています．われわれ二人はできましたが，これをできた物理学者は一人もいません．その理由を考えてもらうことを期待して推薦のことばを締めくくります．

東京大学名誉教授
西　村　　肇

はじめに

本書は，2005年5月から掲載されたウェブ「Excelを用いた科学技術計算」の内容をもとに，わかりやすくするため，シート上に説明を付記するなど，再編集したものである．ウェブは企業の技術者，大学の研究者，学生を中心に支持され，訪問者は1000万人を超えた（http://godfoot.world.coocan.jp/gfk/excel.htm）．

理系の学生，技術者，研究者は科学技術の勉強，研究以外にプログラミング技術を身につける必要がある．彼らには，これが大きな負担となっている．しかし，パソコンにはExcelが標準装備されている時代である．これを駆使すれば，プログラミング技術なしに科学技術計算が可能となる．本書では，なるべくプログラミング(VBA)を使用せず，Excelの操作のみで計算できるよう心がけた．

設計技術者は，C言語などで製作されたブラックボックスのような解析プログラムを使用し設計業務を行うのが通常である．Excelを用いて設計業務を行えば，この計算過程が明確になる．Excelデータをメールに添付し，他の技術者に送付すれば，受け取った技術者もその計算過程が理解でき，設計条件を変更するなど，さらなる試行錯誤も可能となる．Excelは技術者間の新しいコミュニケーション手段になると思われる．

一般人にも科学技術計算を広めようと考えている．ほとんどの日本人は暗算や筆算で四則演算ができる．しかし，彼らは三角関数，指数関数等の筆算ができない関数に対し拒絶反応を示す．Excelを用いれば関数計算も容易であるため，一般人でも高級な計算に興味をもち，取り組むことができると考える

本書は**「科学技術計算の90%はExcelで対応できる！」**をコンセプトとして掲げている．著者はさまざまな科学技術計算を手がけてきた．経験的に，10件の計算があれば9件がExcelで対応できると考え，90%の数字が出てきた．対応できないものは規模の大きな案件だけである．

本書の特徴として，次の三つが挙げられる．

(1) 基本公式から直接結果を導く

本書では，基本公式(数学の定理・定義と物理の原理・法則)から直接結果を導いている場合がほとんどである．基本公式を数式展開して解くことが少ないため，説明が非常に簡単になっている．数式展開はExcelの計算機能や次の特徴でもあるソルバー機能に委ねる形となる．3接円計算は「円の半径は一定」という円の定義と2点間の距離の計算(ピタゴラスの定理)に基づきソルバーを用いて計算しているだけである．そのため，賢明な高校生なら理解できる内容である．

実務において，設計者は設計基準などに従う必要がある．これらの書物はほとんど，数式展開した結果が記載されているだけで，その数式を導いた原理原則が不明の場合が多い．設計基準の計算式が適応できないような案件もあり，原理，原則から導いたほうが正確な場合が多くみられる．

(2) ソルバーで解く力学，幾何学，幾何光学問題

Excelのソルバーを実務に取り入れて，活用している人は少ないと思われる．ソルバーは非線形連立方程式，非線形最適化問題を解くツールである．

設計者は性能，コスト，力学的条件などを考慮して，製品の形状寸法などを決定する．この問題を非線形最適化の数式モデルに置き換えることもあり得る．ソルバーが適応できる工学問題は数多く存在するが，設計者，研究者はそれに気付かない場合や，気付いたとしてもモデル化が不明な場合が多い．本書では，さまざまなソルバー問題を取り上げている．設計者の業務に適応できるヒントになれば光栄である．

ソルバー適応例として，最小2乗法，ラグランジュポイントの探索，3接円計算，光の屈折計算，鉄筋コンクリートの応力計算，最速降下線の計算，最小作用の原理に基づく質点の軌道計算などを掲載している．

最小2乗法は誤差の2乗和を最小にする．しかし，誤差の絶対値和を最小にするほうがより直接的であり，より良い近似と思われる．計算が難しそうにみえるが，この方法が単なる線形計画法(LP)で解けることを説明する．

(3) 時事問題を取り上げる

興味深い次の三つの時事問題を取り上げた．これにより，Excelを用いた科学技術計算が実務的，実用的であることがわかる．

① JR福知山線 脱線事故シミュレーション

力学的見地から，単純なモデルを設定し，脱線事故の原因を究明する．

② 地球温暖化計算

国連のIPCCの科学者数名がスーパーコンピュータを用いて地球温暖化のシミュレーションを行い，その結果を発表した．モデル，計算過程がわからないにもかかわらず，自分で計算できない人はこの計算結果を盲信し，行動している．スーパーコンピュータがなくても，この程度の計算ならExcelで十分対応できる．自分で計算，判断し，行動をおこす必要がある．

③ 東京電力福島第一原子力発電所の事故の計算

ニュースでは定性的な話に終始しているが，ここでは定量的な計算を行いこの現象の真相を究明したいと考える．

温室効果ガスの計算および福島原発事故の計算に関しては，東京大学名誉教授の西村肇先生から直接御教授を賜った．微分方程式の解法に関しては，“Excelで気軽に化学工学”（丸善発行）の著者である東京工業大学の伊東章先生のご協力を賜った．両先生に感謝申し上げる．

2018年　晩　夏

神　足　史　人

目次

はじめに

1 方程式の解法

科学技術計算は“問題をモデル化する”と“モデルを解く”の二つのプロセスから成り立っているといえる．問題をモデル化すると数式モデルである方程式に帰着する場合が多い．たとえば，JR 福知山線脱線事故シミュレーション(11 章)では，電車の自重，速度による遠心力，レールからの反力による力のつり合い方程式をつくり，電車の脱線速度を算出する．また“3 円に接する円”(8.4 節)の問題では，円の半径は等しいという方程式を解き 3 接円の中心，半径を算出する．本章では，連立方程式，非線形方程式などの解き方を説明する．“モデルを解く”ためのツールとして Excel は非常に手軽で優れている．

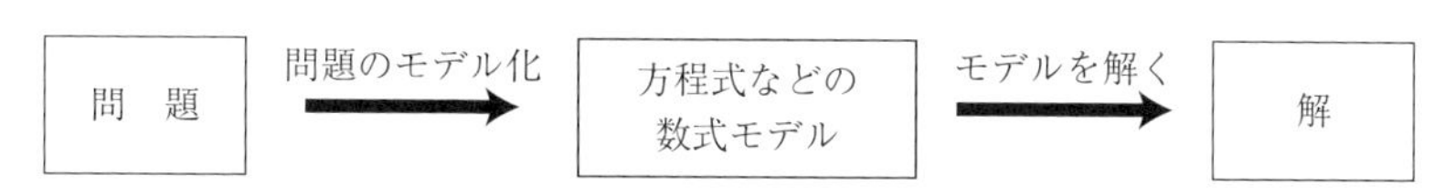

図 1.1 科学技術計算のプロセス

Excel は行と列に数値を並べる表計算ソフトである．このためベクトルとマトリックスの取扱いに適している．

1.1 ベクトル計算

ベクトルとは，(3, 5, 7, 3.5)のように複数の数を(　)でくくったものである．それぞれの数をベクトルの成分といい，その個数を次元という．

ベクトルどうしの加算，減算は次のように成分どうしの加算，減算となる．

$(a, b)+(c, d)=(a+c,\ b+d)$

$(a, b)-(c, d)=(a-c,\ b-d)$

スカラー(ベクトルでない通常の数)とベクトルの掛け算は，次のように成分をスカラー倍としたベクトルとなる．

$k(a, b)=(ka, kb)$　　　k：スカラー

ベクトルの大きさ(スカラー)は絶対値記号で表記し，3 次元ベクトルの場合，次式となる．

$|(a, b, c)|=\sqrt{a^2+b^2+c^2}$

大きさが 1 のベクトルを単位ベクトルという．

3 次元の空間座標や力は 3 次元ベクトル(x 方向成分，y 方向成分，z 方向成分)で表現でき，図 1.2 のように矢印で表示する．ベクトルの大きさは空間距離や力の大きさとなる．

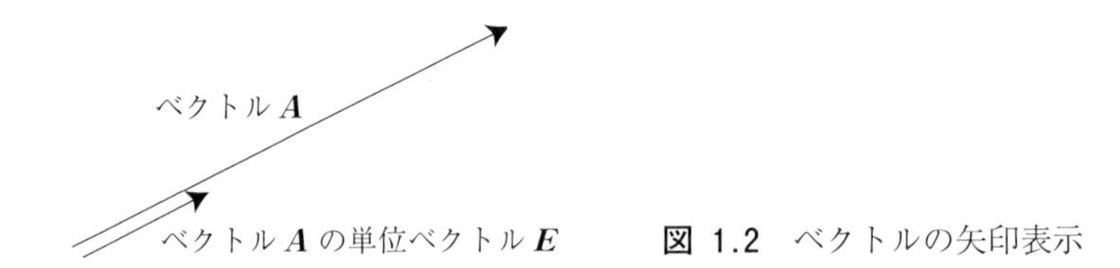

図 1.2　ベクトルの矢印表示

ベクトル $\boldsymbol{A}=(a_x, a_y, a_z)$ の大きさを $L=|\boldsymbol{A}|$ とすると，その単位ベクトル $\boldsymbol{E}$ は次式となる．

$$\boldsymbol{E}=\left(\frac{a_x}{L}, \frac{a_y}{L}, \frac{a_z}{L}\right)$$

Excel を用いた単位ベクトル計算例を図 1.3 に示す．D6 のセルでベクトルの大きさ L を計算させる場合，`= SQRT(D4^2 + E4^2 + F4^2)` を入力する．D4, E4，F4 は参照するセルのアドレスであり，SQRT は√関数であり，^ は指数記号である．単位ベクトルの x 成分は`= D4/$D6` とする．アドレスの前に $ をつけると絶対アドレスとなり，このセルをコピーしても $D は変化しないが，D4 は相対アドレスのため右側のセルにコピーすると E4 となる．このため，単位ベクトルの y，z 成分のセルは x 成分のセルをコピーすればよい．

ベクトル $\boldsymbol{A}$，$\boldsymbol{B}$ を下記とすると，

$\boldsymbol{A}=(A_x, A_y, A_z)$

$\boldsymbol{B}=(B_x, B_y, B_z)$

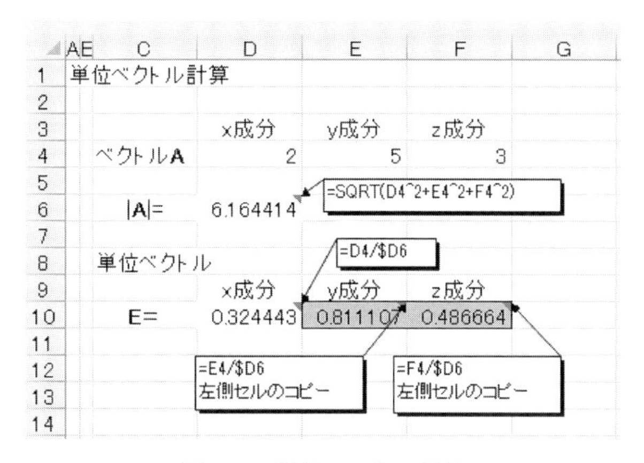

図 1.3　単位ベクトル計算

内積(スカラー量)は次式となり，

$$(\boldsymbol{A}\cdot\boldsymbol{B})=A_x\cdot B_x+A_y\cdot B_y+A_z\cdot B_z$$

外積(ベクトル量)は次式となる．

$$\boldsymbol{A}\times\boldsymbol{B}=(A_y\cdot B_z-A_z\cdot B_y,\ A_z\cdot B_x-A_x\cdot B_z,\ A_x\cdot B_y-A_y\cdot B_x)$$

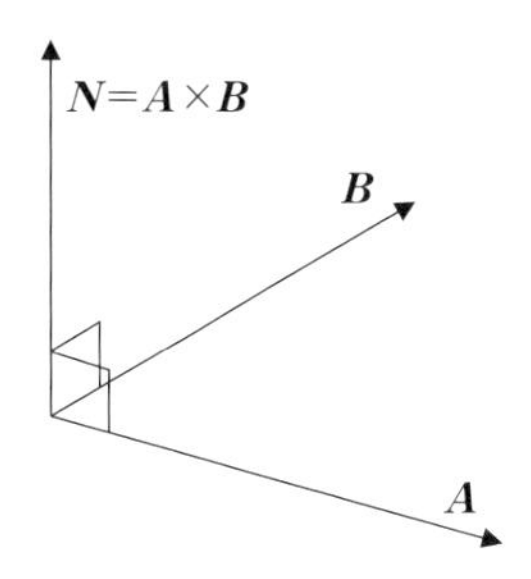

図 1.4　ベクトル外積の説明

科学技術計算において，ベクトル外積計算は重要である．図 1.4 のように，3 次元空間にベクトル $\boldsymbol{A}$，$\boldsymbol{B}$ があるとすると，そのベクトル外積($\boldsymbol{N}=\boldsymbol{A}\times\boldsymbol{B}$)はベクトル $\boldsymbol{A}$，$\boldsymbol{B}$ に直角で，その大きさはベクトル $\boldsymbol{A}$，$\boldsymbol{B}$ がつくる平行四辺形の面積となる．そのため，ベクトル外積計算により，空間の三角形の面積，多角形の面積が容易に求まる．ちなみに，掛ける順を逆にすると($\boldsymbol{B}\times\boldsymbol{A}$)，大きさは同じで方向が逆のベクトルとなる．

1.2　マトリックス計算

$m \times n$ 個の数を m 行，n 列に並べたものを m 行，n 列のマトリックス(行列)といい，個々の数をその元(あるいは成分)という．行数と列数が同じ n のマトリックスを n 次正方マトリックスという．

列 →

行 ↓ $\begin{bmatrix} 4 & 2 & 3 \\ 5 & 1 & 6 \\ 8 & 9 & 3 \end{bmatrix}$

列(行)数が 1 個の場合，ベクトルとなる．

行 ↓ $\begin{bmatrix} 5 \\ 7 \\ 2 \end{bmatrix}$

マトリックス $\boldsymbol{A}$，$\boldsymbol{B}$ を下記とする．

$$\boldsymbol{A} = \begin{bmatrix} a_{11} & a_{12} \\ a_{21} & a_{22} \end{bmatrix} \qquad \boldsymbol{B} = \begin{bmatrix} b_{11} & b_{12} \\ b_{21} & b_{22} \end{bmatrix}$$

マトリックスどうしの和，差はその元どうしの和，差となる．

$$\boldsymbol{A} + \boldsymbol{B} = \begin{bmatrix} a_{11}+b_{11} & a_{12}+b_{12} \\ a_{21}+b_{21} & a_{22}+b_{22} \end{bmatrix}$$

$$\boldsymbol{A} - \boldsymbol{B} = \begin{bmatrix} a_{11}-b_{11} & a_{12}-b_{12} \\ a_{21}-b_{21} & a_{22}-b_{22} \end{bmatrix}$$

マトリックスの係数倍はその元を係数倍する．

$$k\boldsymbol{A} = \begin{bmatrix} ka_{11} & ka_{12} \\ ka_{21} & ka_{22} \end{bmatrix}$$

マトリックスどうしの掛け算は少し複雑となる．

$$\boldsymbol{A}\times\boldsymbol{B}=\begin{bmatrix} a_{11}b_{11}+a_{12}b_{21} & a_{11}b_{12}+a_{12}b_{22} \\ a_{21}b_{11}+a_{22}b_{21} & a_{21}b_{12}+a_{22}b_{22} \end{bmatrix}$$

$\boldsymbol{A}$ の i 行と $\boldsymbol{B}$ の j 列どうしのベクトルを前から順次掛けていき，合計した値を $\boldsymbol{A}\times\boldsymbol{B}$ の i 行 j 列の元とする．

$$i\text{行}\rightarrow\begin{bmatrix} a_{i1},\ a_{i2},\ a_{i3} \end{bmatrix}\times\begin{bmatrix} b_{1j} \\ b_{2j} \\ b_{3j} \end{bmatrix}=\begin{bmatrix} c_{ij} \end{bmatrix}\leftarrow i\text{行}$$

（j 列，j 列）

すなわち，i 行 j 列の元(c_{ij})は $c_{ij}=a_{i1}b_{1j}+a_{i2}b_{2j}+a_{i3}b_{3j}$ となる．

マトリックスの演算則を次に示す．＝はすべての元どうしが等しい．

$\boldsymbol{A}+\boldsymbol{B}=\boldsymbol{B}+\boldsymbol{A}$

$(\boldsymbol{A}+\boldsymbol{B})+\boldsymbol{C}=\boldsymbol{A}+(\boldsymbol{B}+\boldsymbol{C})$

$(\boldsymbol{A}+\boldsymbol{B})\times\boldsymbol{C}=\boldsymbol{A}\times\boldsymbol{C}+\boldsymbol{B}\times\boldsymbol{C}$

$\boldsymbol{A}\times(\boldsymbol{B}+\boldsymbol{C})=\boldsymbol{A}\times\boldsymbol{B}+\boldsymbol{A}\times\boldsymbol{C}$

$\boldsymbol{A}\times(\boldsymbol{B}\times\boldsymbol{C})=(\boldsymbol{A}\times\boldsymbol{B})\times\boldsymbol{C}$

$\boldsymbol{A}\times\boldsymbol{B}\neq\boldsymbol{B}\times\boldsymbol{A}$　（必ずしも等しくない，偶然等しい場合もある）

対角部の元が 1 で，その他の元が 0 のマトリックスを単位マトリックス $\boldsymbol{E}$ といい，正方マトリックス $\boldsymbol{A}$ に対し，$\boldsymbol{A}\times\boldsymbol{E}=\boldsymbol{A}$，$\boldsymbol{E}\times\boldsymbol{A}=\boldsymbol{A}$ が成立する．

$$\boldsymbol{E}=\begin{bmatrix} 1 & 0 & 0 \\ 0 & 1 & 0 \\ 0 & 0 & 1 \end{bmatrix}$$

正方マトリックス $\boldsymbol{A}$ に対し $\boldsymbol{X}\times\boldsymbol{A}=\boldsymbol{E}$ となるマトリックス $\boldsymbol{X}$ が存在するとき，これを $\boldsymbol{A}$ の逆マトリックスといい，$\boldsymbol{A}^{-1}$ で表す．すなわち，$\boldsymbol{A}^{-1}\times\boldsymbol{A}=\boldsymbol{E}$，また $\boldsymbol{A}\times\boldsymbol{A}^{-1}=\boldsymbol{E}$ である．逆マトリックスは Excel 関数(`MINVERSE`)を使えば容易に計算できる．

ベクトルとマトリックスは行列に並んだ数を一まとめにして取り扱える便利なツールであるが，パソコンと同様にその使用目的は定まらない．次の連立 1 次方程式を解くとき，よく利用される．

1.3　連立1次方程式

科学技術計算において，数式モデルが連立1次方程式となることが多くみられる．有限要素法(FEM)では，要素を構成する節点の変位を変数とした数千，数万元の連立1次方程式を解くことになる．本書でも，最小2乗法，梁のたわみ計算，JR福知山線脱線事故シミュレーションなどは連立1次方程式の数式モデルとなる．

(1)　Excel関数を用いた解法

例題 1.1　**3元連立1次方程式を解く．**(変数は x_1，x_2，x_3)

$$5x_1+3x_2+x_3=3$$

$$4x_1+5x_2+2x_3=4$$

$$x_1+3x_2+6x_3=6$$

$$\boldsymbol{A}=\begin{bmatrix}5&3&1\\4&5&2\\1&3&6\end{bmatrix}\qquad \boldsymbol{x}=\begin{bmatrix}x_1\\x_2\\x_3\end{bmatrix}\qquad \boldsymbol{b}=\begin{bmatrix}3\\4\\6\end{bmatrix}$$

とおき，マトリックス(行列)で表記すると，連立方程式はきわめて簡単に

$$\boldsymbol{A}\times\boldsymbol{x}=\boldsymbol{b} \tag{1.1}$$

となる．

式(1.1)の両辺に逆マトリックス $\boldsymbol{A}^{-1}$ を掛ける．

$$\boldsymbol{A}^{-1}\times(\boldsymbol{A}\times\boldsymbol{x})=\boldsymbol{A}^{-1}\times\boldsymbol{b}$$

$$(\boldsymbol{A}^{-1}\times\boldsymbol{A})\times\boldsymbol{x}=\boldsymbol{A}^{-1}\times\boldsymbol{b}$$

$\boldsymbol{A}^{-1}\times\boldsymbol{A}=\boldsymbol{E}$ より

$$\boldsymbol{E}\times\boldsymbol{x}=\boldsymbol{A}^{-1}\times\boldsymbol{b}$$

$$\boldsymbol{x}=\boldsymbol{A}^{-1}\times\boldsymbol{b} \tag{1.2}$$

式(1.2)により，解 $\boldsymbol{x}$ が計算できる．

図1.5のように，マトリックス，ベクトルエリアを確保し，値を入力する．

任意位置に，逆マトリックス $\boldsymbol{A}^{-1}$ のエリアを同時に選択し，関数`MINVERSE`(マトリックス $\boldsymbol{A}$)を設定する．複数エリアに関数を設定する場合Enterキーを押さず，Ctrl Shiftキーを押しながらEnterをキー入力する．

	A	B	C	D	E	F
1	連立1次方程式					
2						
3		マトリックス(**A**)	5	3	1	
4			4	5	2	
5			1	3	6	
6						
7		ベクトル(**b**)	3			
8			4	=MINVERSE(C3:E5)		
9			6			
10						
11		逆マトリックス($\mathbf{A}^{-1}$)	0.3934	−0.246	0.0164	
12			−0.361	0.4754	−0.098	
13			0.1148	−0.197	0.2131	
14				=MMULT(C11:E13,C7:C9)		
15		解(**x** = $\mathbf{A}^{-1}$× **b**)	0.2951			
16			0.2295			
17			0.8361			
18				=MMULT(C3:E5,C15:C17)		
19		検算(**b** = **A** × **x**)	3			
20			4			
21			6			
22						

図 1.5　3元連立1次方程式の計算

任意位置に解($\boldsymbol{x}$)のエリアを同時に選択し，マトリックスどうしの掛け算，関数 `MMULT`(逆マトリックス $\boldsymbol{A}^{-1}$，ベクトル $\boldsymbol{b}$)を設定すると，解($\boldsymbol{x}$)が求まる．

求まった解($\boldsymbol{x}$)を使用し，$\boldsymbol{A}\times\boldsymbol{x}$ を計算すると，その値が $\boldsymbol{b}$ と一致することを確認できる．

(2)　Excel の VBA を用いた解法

Excel に付属しているプログラム言語(VBA)を利用し，連立方程式を解く．逆マトリックス計算はガウス-ザイデル法を採用する(リスト 1.1，1.2)．

例題 1.2　**VBA を用いて3元連立1次方程式を解く．**

図1.6のように，マトリックス，ベクトルエリアを確保し，値を入力する．Alt キーを押しながら F11 キーを押すと，Microsoft Visual Basic のウィンドウが現れる．Visual Basic Editor のメニューバーで挿入→標準モジュールを選択すると，空のプログラムエリアが現れる．そのエリアに VBA プログラムを作成する(標準モジュールを2個つくる)．ここでは，VBA の文法の説明は行わない．

```
Option Explicit
'ガウス-ザイデル法により連立方程式を解く.
Sub renritsu()
Dim a() As Double          'マトリックス　A
Dim b() As Double          'ベクトル　b
Dim x() As Double          '解　x
Dim i As Long
Dim j As Long
Dim ic As Long
Dim n As Long          'マトリックスの次元
Dim eps As Double
n = Cells(3, 3).Value
'マトリックスAの要素をセルから読み込む
  ReDim a(1 To n, 1 To n)
  For i = 1 To n
    For j = 1 To n
      a(i, j) = Cells(i + 4, j + 2)
    Next
  Next
'ベクトルbをセルから読み込む
  ReDim b(1 To n)
  For i = 1 To n
    b(i) = Cells(i + n + 5, 3)
  Next
'ガウス-ザイデル法による逆マトリックス計算
  eps = 0.0000000001
  ic = Minvd(a, n, eps)
'解　x = A-1 × b を求める
  ReDim x(1 To n)
  For i = 1 To n
    x(i) = 0#
    For j = 1 To n
      x(i) = x(i) + a(i, j) * b(j)
    Next
  Next
'解をシートに出力する
  For i = 1 To n
    Cells(i + 2 * n + 6, 3) = x(i)
  Next
End Sub
```

リスト 1.1　ガウス-ザイデル法のメインプログラム

```
Option Explicit
'逆マトリックス計算(ガウス-ザイデル法)
Function Minvd(a() As Double, ByRef n As Long, ByRef epsl As Double) As Integer
'a() : マトリックス (出力は逆マトリックス)
'n :マトリックスの次元
'epsl : ε 誤差判定(非常に小さい値)
'Minvd : 0; 正常終了 > 0; 解なし
Dim noseg()
Dim nn As Long
Dim i As Long
Dim p As Double
Dim ip As Long
Dim nw As Long
Dim j As Long
Dim w As Double
Dim jj As Long
Minvd = 0
If n <= 0 Then
  Minvd = 1
  Exit Function
End If
If n = 1 Then
  a(1, 1) = 1# / a(1, 1)
  Minvd = 0
  Exit Function
End If
ReDim noseg(1 To n)
For nn = 1 To n
  noseg(nn) = nn
Next
For nn = 1 To n
  p = 0#
  For i = nn To n
    If p < Abs(a(i, 1)) Then
      p = Abs(a(i, 1))
      ip = i
    End If
  Next
  If p < epsl Then
    Minvd = 2
    Exit Function
```

```
    End If
    nw = noseg(ip)
    noseg(ip) = noseg(nn)
    noseg(nn) = nw
    For j = 1 To n
      w = a(ip, j)
      a(ip, j) = a(nn, j)
      a(nn, j) = w
    Next
    w = a(nn, 1)
    For j = 2 To n
      a(nn, j - 1) = a(nn, j) / w
    Next
    a(nn, n) = 1# / w
    For i = 1 To n
      If i <> nn Then
        w = a(i, 1)
        For j = 2 To n
          a(i, j - 1) = a(i, j) - w * a(nn, j - 1)
        Next
        a(i, n) = -w * a(nn, n)
      End If
    Next
  Next
  For nn = 1 To n
    For j = nn To n
      jj = j
      If noseg(j) = nn Then Exit For
    Next
    noseg(jj) = noseg(nn)
    For i = 1 To n
      w = a(i, j)
      a(i, j) = a(i, nn)
      a(i, nn) = w
    Next
  Next
  Minvd = 0
  End Function
```

リスト 1.2　ガウス-ザイデル法の関数

計算実行ボタンにマクロ(renritsu)を登録し，ボタンをクリックすると図1.6の計算結果が出力される．

	A	B	C	D	E	F
1	連立1次方程式(VBA)					
2				計算実行		
3		次元	3			
4						
5		マトリックス(**A**)	5	3	1	
6			4	5	2	
7			1	3	6	
8						
9		ベクトル(**b**)	3			
10			4	VBAからの出力		
11			6			
12						
13		解($\mathbf{x} = \mathbf{A}^{-1} \times \mathbf{b}$)	0.2951			
14			0.2295			
15			0.8361			
16						

図 1.6 VBAを用いた連立方程式の計算

(3) Excelのソルバーを用いた解法

Excelのソルバーは非線形連立方程式が解ける．当然，線形の連立方程式も解ける．

例題 1.3 Excelのソルバーを用いて3元連立1次方程式を解く．

図1.7のように，解 $\boldsymbol{x}$ を適当に設定すると，$\boldsymbol{Ax}$ と $\boldsymbol{b}$ は一致しない．この誤差を計算し，ソルバーを用いて誤差が0となる解 $\boldsymbol{x}$ を求める．

データタブのソルバーをクリックすると，図1.8のソルバーのパラメータ設定画面が現れる．解 $\boldsymbol{x}$ のエリアを変数セルに設定し，一番上の誤差を目標値0に設定し，残りの誤差を制約条件として＝0に設定する．ソルバーボタンがないとき，ファイルタブのオプションをクリックし，オプション画面でソルバーアドインをしてください．

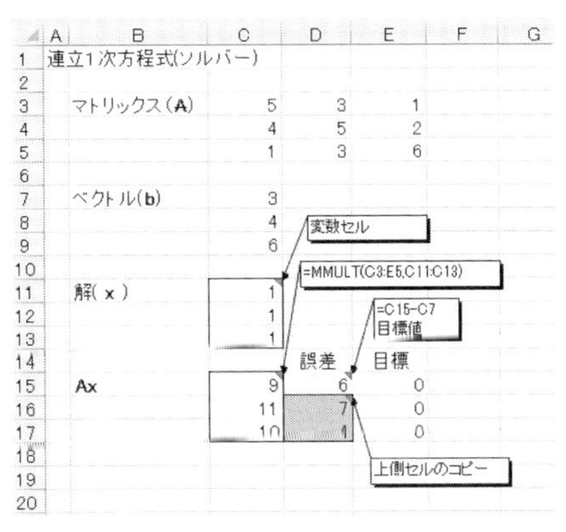

	A	B	C	D	E	F	G
1	連立1次方程式(ソルバー)						
2							
3		マトリックス(**A**)	5	3	1		
4			4	5	2		
5			1	3	6		
6							
7		ベクトル(**b**)	3				
8			4				
9			6				
10							
11		解(**x**)	1				
12			1				
13			1				
14				誤差	目標		
15		Ax	9	6	0		
16			11	7	0		
17			10	1	0		
18							
19							
20							

図 1.7 解を適当に設定した場合の計算

図 1.8　ソルバーのパラメータ設定画面

解決ボタンをクリックすると，図 1.9 のように誤差が 0 となる解が求まる.

	A	B	C	D	E	F
1	連立1次方程式(ソルバー)					
2						
3		マトリックス(**A**)	5	3	1	
4			4	5	2	
5			1	3	6	
6						
7		ベクトル(**b**)	3			
8			4			
9			6			
10						
11		解(**x**)	0.2951			
12			0.2295			
13			0.8361			
14				誤差	目標	
15		**Ax**	3	0	0	
16			4	0	0	
17			6	0	0	
18						
19						

変数セル
=MMULT(C3:E5,C11:C13)
=C15-C7
目標値
上側セルのコピー

図 1.9　ソルバーを用いた連立方程式の計算

1.4　非線形方程式

ここでは，1元非線形方程式の解法を示す．

(1)　2分法

2分法は中間値の定理を根拠とし，方程式 $f(x)=0$ の近似解を求める．繰り返し回数は多くなるが，確実に近似解を見つけることができる．

・中間値の定理

　関数 $f(x)$ が閉区間 $[a, b]$ において連続で，$f(a)$ と $f(b)$ の値が異符号ならば，a と b の間に $f(c)=0$ となる c が必ず存在する（一つとは限らない）．

2分法による解法の手順を以下に示す．

① $f(a)$ と $f(b)$ の値が異符号となる区間 $[a, b]$ を見つける．

② a と b の中点 $m=(a+b)/2$ での関数値 $f(m)$ を計算する．

③ $f(m)$ と $f(a)$ が同符号の場合，$[m, b]$ を新たな区間 $[a, b]$ とし，区間を狭める．

　そうでない場合，$[a, m]$ を新たな区間 $[a, b]$ とし，区間を狭める．

④ $f(m)\fallingdotseq 0$ となるまで，②，③を繰り返す．このときの m が近似解となる．

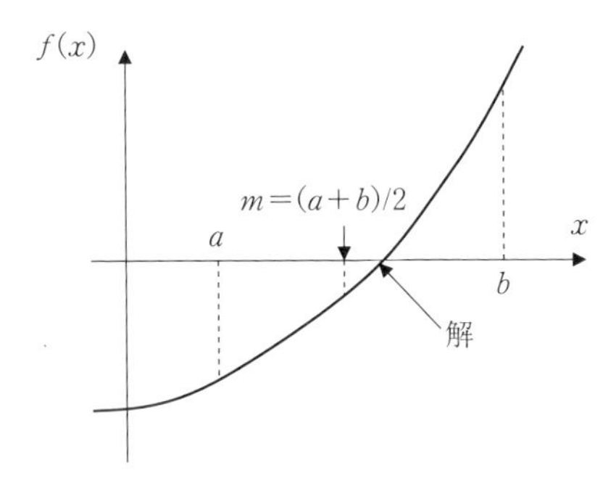

図 1.10　2分法の説明

例題 1.4　**2分法により3次方程式 $f(x) = x^3 + 6x^2 + 21x + 32 = 0$ の解を求める．**

図1.11のグラフから判断して，-3 と -2 の間に解があることがわかる．

図1.12のように，関数と2分法の範囲を設定する．2分法計算のためのVBAモジュールを作成し，計算実行ボタンにマクロ(nibunhou)を登録し，これをクリックすると，関数値が0となる x の値(解)が計算される．

リスト1.3のように，2分法計算のVBAモジュールは簡単である．

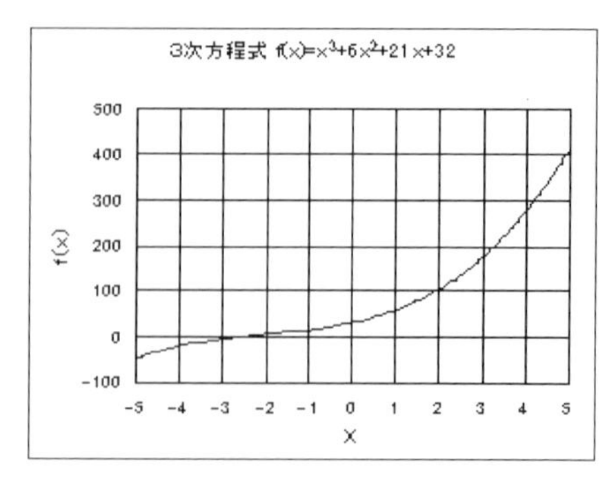

図 1.11　例題1.4の3次方程式のグラフ

	A	B	C	D	E	F
1	VBAを用いて2分法で3次方程式を解く					
2						
3			始点(a)	−3	計算実行	
4			終点(b)	−2		
5						
6			f(x)=x^3+6x^2+21x+32		=D7^3+6*D7^2+21*D7+32	
7			x	−2.637834		
8			f(x)	0.000000		
9						

図 1.12　2分法による計算

```
'2分法の計算
Sub nibunhou()
  Dim a As Double   '始点
  Dim b As Double   '終点
  Dim fa As Double  '始点の関数値
  Dim fb As Double  '終点の関数値
  Dim m As Double   '中点
  Dim fm As Double  '中点の関数値
  ' 始点, 終点の読込み
  a = Cells(3, 4).Value
  b = Cells(4, 4).Value
  ' 始点での関数計算
  Cells(7, 4).Value = a
```

```
  fa = Cells(8, 4).Value
  ' 終点での関数計算
  Cells(7, 4).Value = b
  fb = Cells(8, 4).Value
  ' 解の有無チェック，メッセージボックス出力
  If fa * fb > 0# Then
     ret = MsgBox("範囲内に解はない", vbOKOnly)
    Exit Sub
  End If
  ' 繰返し計算
  For i = 1 To 30
    ' 中点計算
    m = (a + b) / 2
    ' 中点での関数計算
    Cells(7, 4).Value = m
    fm = Cells(8, 4).Value
    ' 次回の解の範囲の設定
    If fm * fa > 0# Then
      a = m
      fa = fm
    Else
      b = m
      fb = fm
    End If
  Next
  ' 繰返し終了
End Sub
```

リスト 1.3 2分法計算の VBA

(2)　ニュートン-ラプソン法

非線形方程式 $f(x)=0$ の近似解 x を求めるとき，ニュートン-ラプソン法(Newton-Lapson method)は非常に効率的な解法である．

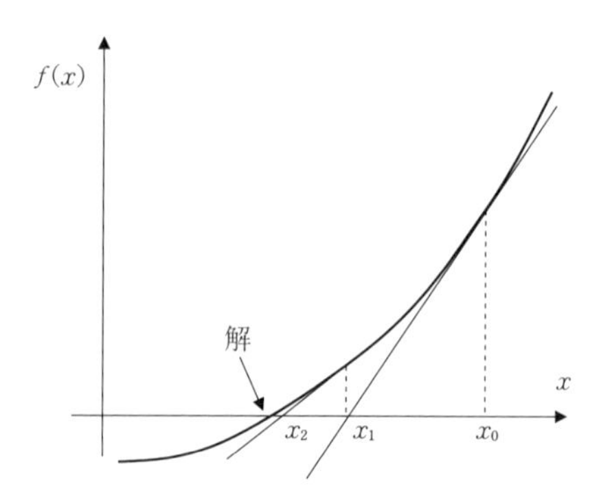

図 1.13　ニュートン-ラプソン法の説明

その計算の手順を以下に示す．

① 解の初期値 x_0 を仮定する．

② x_0 において，関数 $f(x)$ に接する直線の方程式を求め，その直線と x 軸の交点 x_1 を求める．

③ $f(x_1)\fallingdotseq 0$ のとき，x_1 が解となる．
そうでないとき，x_1 を新しい初期値と仮定し，②，③を $f(x_n)\fallingdotseq 0$ となるまで繰り返す．

・交点 x_1 の求め方

x_0 点での関数 $f(x)$ の傾きは $f'(x_0)$ である(f' は関数 f の微分(導関数))．よって，x_0 を通る接線の方程式は，

$$y-f(x_0)=f'(x_0)\cdot(x-x_0)$$

この接線が x 軸と交わる点は，$y=0$ のときである．よって，

$$x_1=x_0-f(x_0)/f'(x_0)$$

となる．

例題 1.5 ニュートン-ラプソン法により3次方程式 $f(x)=x^3+6x^2+21x+32=0$ の解を求める.

導関数は $f'(x)=3x^2+12x+21$ である. 図1.14のように, 初期値 x_0 を -3 とし, 関数 $f(x_0)$, 導関数 $f'(x_0)$, x_1 を計算する. 後は上側のセルをコピーするだけで, 繰り返し計算が実行される. 関数 $f(x)$ が0となる x が解となる.

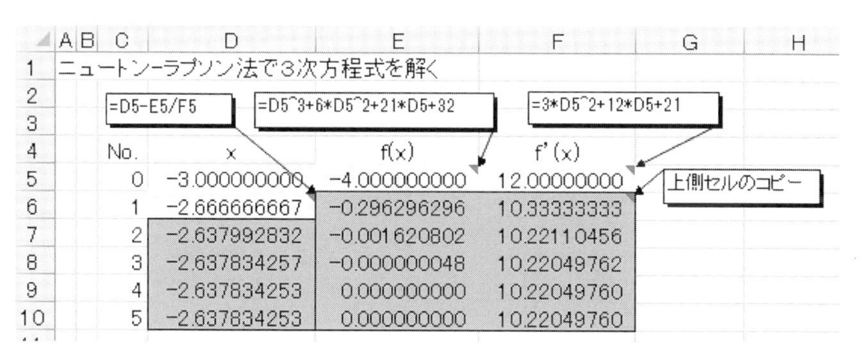

ニュートン-ラプソン法で3次方程式を解く

=D5-E5/F5
=D5^3+6*D5^2+21*D5+32
=3*D5^2+12*D5+21
上側セルのコピー

	A	B	C	D	E	F	G	H
1	ニュートン-ラプソン法で3次方程式を解く							
2								
3								
4			No.	x	f(x)	f'(x)		
5			0	-3.000000000	-4.000000000	12.00000000		
6			1	-2.666666667	-0.296296296	10.33333333		
7			2	-2.637992832	-0.001620802	10.22110456		
8			3	-2.637834257	-0.000000048	10.22049762		
9			4	-2.637834253	0.000000000	10.22049760		
10			5	-2.637834253	0.000000000	10.22049760		

図 1.14 ニュートン-ラプソン法による3次方程式の計算

例題 1.6 ニュートン-ラプソン法により2次方程式 $f(x)=x^2-2=0$ の解 $(\sqrt{2})$ を求める.

導関数は $f'(x)=2x$ である. 初期値を2にする. 図1.15より, 解は $\sqrt{2}$ (ひとよひとよにひとみごろ)となる.

ニュートン-ラプソン法で2次方程式(f(x)=x²-2)を解く

=D5-E5/F5
=D5^2-2
=2*D5
上側セルのコピー

	A	B	C	D	E	F	G	H
1	ニュートン-ラプソン法で2次方程式(f(x)=x²-2)を解く							
2								
3								
4			No.	x	f(x)	f'(x)		
5			0	2.000000000	2.000000000	4.00000000		
6			1	1.500000000	0.250000000	3.00000000		
7			2	1.416666667	0.006944444	2.83333330		
0			3	1.414215686	0.000006007	2.82843137		
9			4	1.414213562	0.000000000	2.82842712		
10			5	1.414213562	0.000000000	2.82842712		

図 1.15 ニュートン-ラプソン法による2次方程式の計算

(3)　Excel のゴールシークを用いた解法

Excel のゴールシークは，数式入力セルの値が目標値と等しくなるよう，未知数のセルの値を探索する機能である．ただし，変化させる未知数は 1 個のみである．複数の未知数がある場合，ソルバー機能を用いる必要がある．

関数 $f(x)=0$ の根を求める場合，関数 $f(x)$ が数式入力セル，x が変化させる未知数，0 が目標値となり，ゴールシークを用いて非線形方程式を解くことができる．ただし，複数解のある方程式の場合には，未知数の初期値に近い解のみが求まるようである．

例題 1.7　**ゴールシークを用いて 3 次方程式の解を求める．**

図 1.16 のように，未知数 x と関数 $f(x)$ を設定する．

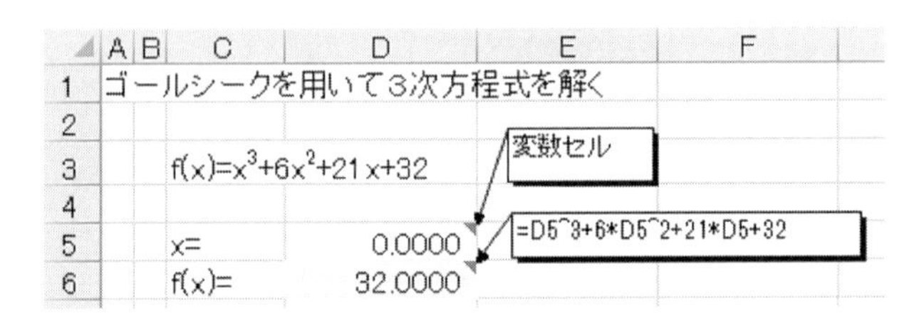

図 1.16　未知数と関数の設定

データタブの What-If 分析のゴールシークをクリックすると，図 1.17 のゴールシーク設定画面が現れる．数式入力セルに関数値セル，目標値に 0，変化させるセルに x の値のセルを設定し，OK ボタンをクリックすると，ゴールシークが実行され，図 1.18 のように，$f(x)$ が目標値となる x の値が求まる．

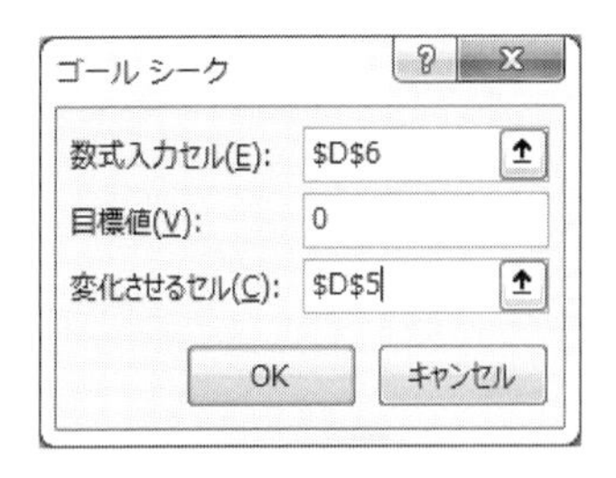

図 1.17　ゴールシーク設定画面

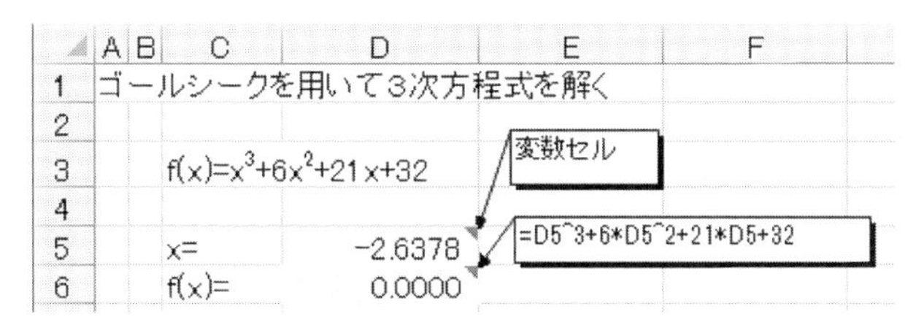

図 1.18　ゴールシーク機能で求まった解

1.5　連立非線形方程式

ここでは，多元の非線形方程式の解法を示す．

(1)　多元のニュートン-ラプソン法

n 元非線形連立方程式 $f(x)=0$ の実数解 x を求めるとき，1 元の場合と同様にニュートン-ラプソン法が適用できる．連立方程式は次式となる．

$$\begin{aligned} &f_1(x_1,\ x_2,\ x_3,\cdots,x_n)=0 \\ &f_2(x_1,\ x_2,\ x_3,\cdots,x_n)=0 \\ &\qquad\cdots\ \cdots \\ &f_n(x_1,\ x_2,\ x_3,\cdots,x_n)=0 \end{aligned} \tag{1.3}$$

ニュートン-ラプソン法は初期値 x_0 を与え，次式により，第 k ステップの近似解から第 $k+1$ ステップの近似解を求め，反復計算を行う．

$$\boldsymbol{x}_{k+1}=\boldsymbol{x}_k-\left(\frac{\partial \boldsymbol{f}}{\partial \boldsymbol{x}}\right)^{-1}\boldsymbol{f}(\boldsymbol{x}_k) \tag{1.4}$$

$$\frac{\partial \boldsymbol{f}}{\partial \boldsymbol{x}}=\begin{bmatrix} \dfrac{\partial f_1}{\partial x_1} & \dfrac{\partial f_1}{\partial x_2} & \cdots & \dfrac{\partial f_1}{\partial x_n} \\ \dfrac{\partial f_2}{\partial x_1} & \dfrac{\partial f_2}{\partial x_2} & \cdots & \dfrac{\partial f_2}{\partial x_n} \\ \vdots & \vdots & \ddots & \vdots \\ \dfrac{\partial f_n}{\partial x_1} & \dfrac{\partial f_n}{\partial x_2} & \cdots & \dfrac{\partial f_n}{\partial x_n} \end{bmatrix} \tag{1.5}$$

例題 1.8　**2 元連立非線形方程式を解く．**

$$f_1(x_1, x_2) = x_1^2 + x_2^2 - 5$$

$$f_2(x_1, x_2) = \frac{x_1^2}{9} + x_2^2 - 1$$

関数の微分は次式となる．

$$\frac{\partial f_1}{\partial x_1} = 2x_1, \qquad \frac{\partial f_1}{\partial x_2} = 2x_2, \qquad \frac{\partial f_2}{\partial x_1} = \frac{2x_1}{9}, \qquad \frac{\partial f_2}{\partial x_2} = 2x_2$$

今回の計算では，自分自身のセルを参照する循環参照を行う．そのため最大反復計算回数を設定する．ファイルタブのオプションを選択すると，図 1.19 のオプション画面が現れる．この画面で計算方法として自動を選択する．反復計算にチェックをいれ，最大反復回数を 10 に設定し，OK ボタンをクリックする．

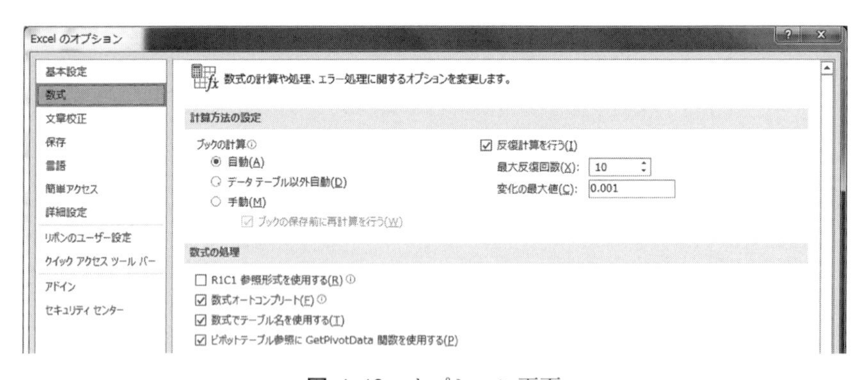

図 1.19　オプション画面

図 1.20 のように，初期値から式(1.4)により次の解を計算する．入力規則の設定を行い，計算実行の Yes，No がリスト選択できるようにする．解(x)は，計算実行セルが y の場合，自分自身のセルから計算結果を引き，計算実行セルが n の場合，初期値を設定する．IF 関数は IF(条件文，条件が真の場合の計算，条件が偽の場合の計算)である．

計算実行のセルを y に変更すると，図 1.21 のように解が求まり，関数値はほぼ 0 となる．

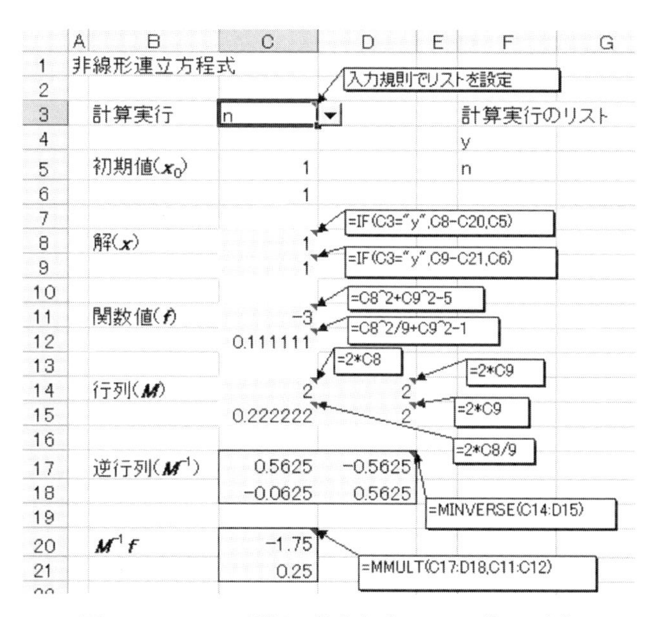

図 1.20　リスト選択の設定と次ステップ解の計算

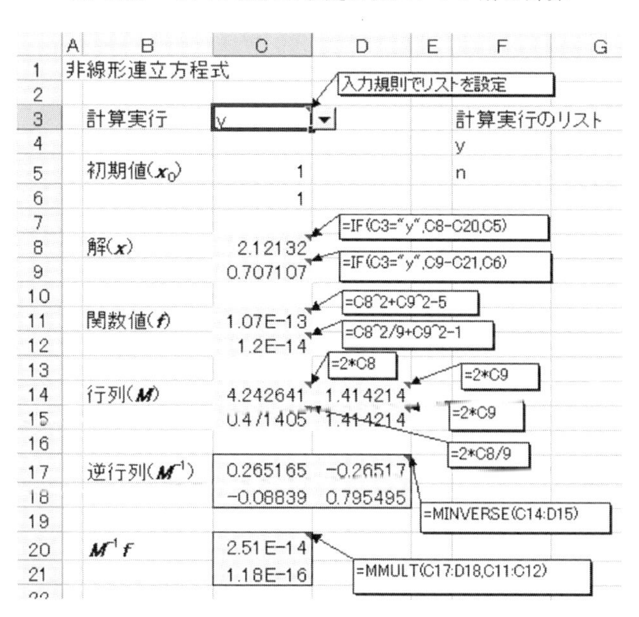

図 1.21　ニュートン-ラプソン法による計算

(2)　Excel のソルバーを用いた解法

Excel のソルバーを用いると連立非線形方程式は容易に解ける.

例題 1.9　**ソルバーを用いて，［例題 1.8］の 2 元連立非線形方程式を解く.**

図 1.22 のように，変数 x_1，x_2 に適当な値を設定すると，関数値 $f_1(x_1,\ x_2)$，$f_2(x_1,\ x_2)$ は 0 にならない.

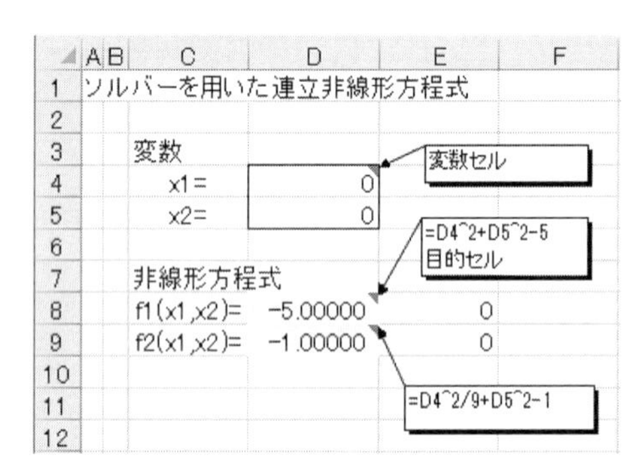

図 1.22　連立非線形方程式の計算（ソルバー実行前）

データタブのソルバーをクリックすると，図 1.23 のソルバーのパラメータ設定画面が現れる．目的セルに関数値 $f_1(x_1,\ x_2)$ を設定し，目標値として値 0 を設定する．変数セルを設定し，制約条件として，関数値 $f_2(x_1,\ x_2)=0$ を設定する.

図 1.23　ソルバーのパラメータ設定画面

解決ボタンをクリックすると，図 1.24 のように，関数値が 0 となる．このときの変数値が連立非線形方程式の解となる．

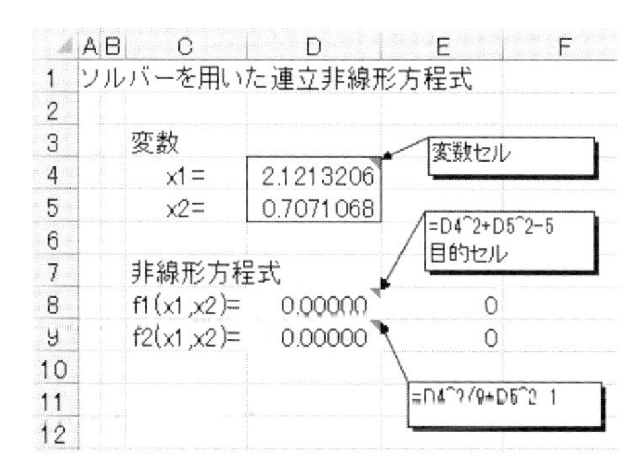

図 1.24　連立非線形方程式の計算（ソルバー実行後）

2

関数近似

2.1 テイラー展開

三角関数($\sin(x)$)は下式のように，x の 1 乗，3 乗，5 乗，…(無限に続く)の足し算，引き算に展開できる．これをテイラー級数という．

$$\sin(x)=\frac{x}{1!}-\frac{x^3}{3!}+\frac{x^5}{5!}-\frac{x^7}{7!}+\cdots \tag{2.1}$$

$n!$は n の階乗(ファクトリアル)といい，$5!=5\cdot4\cdot3\cdot2\cdot1=120$ となる．Excel 関数は FACT(5) である．

一般的に，関数 $f(x)$ においてテイラーの定理が成立し，テイラーの展開式の剰余が 0 に収束する場合，関数は次の無限級数となる．

$$f(x+a)=\sum_{n=0}^{\infty}\frac{x^n}{n!}f^{(n)}(a) \tag{2.2}$$

これをテイラーの級数という．$f^{(n)}(a)$ は関数 $f(x)$ の n 階微分関数において，x に a を代入した値となる．$a=0$ の場合，

$$f(x)=\sum_{n=0}^{\infty}\frac{x^n}{n!}f^{(n)}(0) \tag{2.3}$$

が得られる．これをとくに，マクローリン級数という．

$\sin(x)$ の微分が $\cos(x)$，$\cos(x)$ の微分が $-\sin(x)$ であることを理解していれば，表 2.1 のように，$\sin(x)$ を無限に微分することが可能である．この表より，式(2.1)の $\sin(x)$ がテイラー展開できる．

表 2.1　sin(x)の微分

微分回数	式	関数値(x=0 のとき)
関　数	sin(x)	0
1 階微分	cos(x)	1
2 階微分	−sin(x)	0
3 階微分	−cos(x)	−1
4 階微分	sin(x)	0
5 階微分	cos(x)	1
…	…	…

例題 2.1　**Excel を用い，三角関数 sin(x) をテイラー展開し，どこまで関数近似が可能かを確認する**(図 2.1)．**x の範囲は −5 から 5 までとする．**

図 2.2 より，x=0 近辺では，低次のテイラー級数でも精度がよいが，x が 0 から離れるに従い，高次のテイラー級数が必要となってくる．

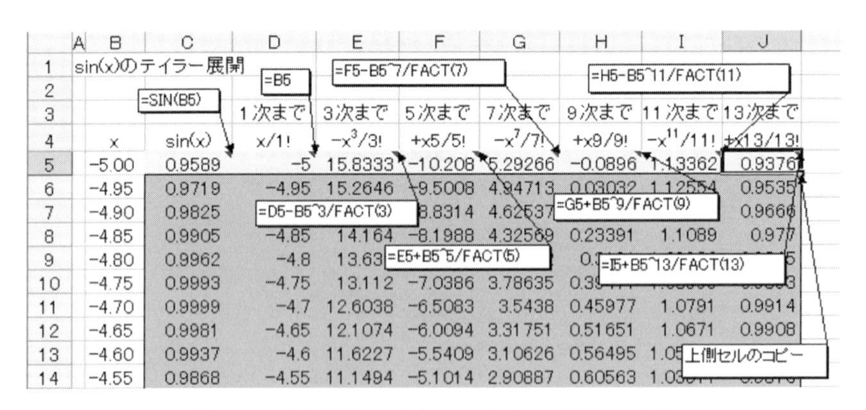

図 2.1　三角関数 sin(x) をテイラー展開した結果

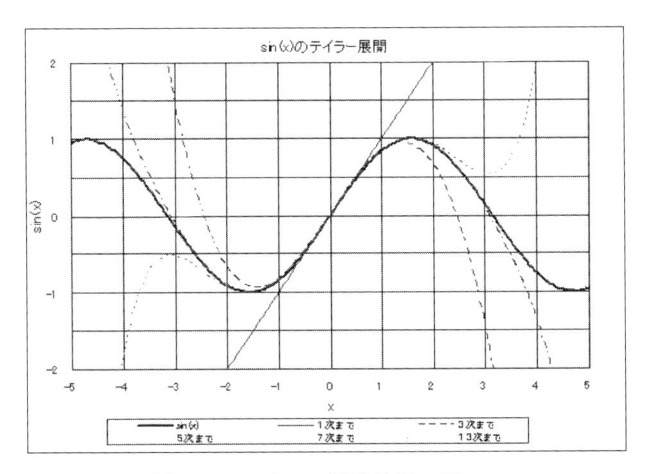

図 2.2　テイラー展開結果のグラフ

2.2　漸 近 展 開

Excelで提供されていない関数を新たに作成する場合，漸近展開，テイラー展開がよく活用される．一般の方は，関数を使うことがあっても，つくることはないと思われる．しかし，**“特殊な関数も単純な四則演算の組み合わせである”**ということを知っておくと関数が理解しやすい．

関数 $f(x)$ の x が 0 近辺の場合，関数はテイラー展開で近似できるが，x が十分に大きい場合はテイラー展開よりも，漸近展開による近似が効果的である．漸近展開は関数を次の級数に展開する．

$$f(x) \approx A_0 + \frac{A_1}{x} + \frac{A_2}{x^2} + \frac{A_3}{x^3} + \cdots \tag{2.4}$$

$f(x)$ が式(2.4)の形の漸近級数を有するとき，その係数は次式により順次定めることができる．

$$\begin{aligned} A_0 &= \lim_{x\to\infty} f(x) \\ A_1 &= \lim_{x\to\infty} x[f(x) - A_0] \\ A_2 &= \lim_{x\to\infty} x^2\left[f(x) - A_0 - \frac{A_1}{x}\right] \\ &\cdots\cdots \end{aligned} \tag{2.5}$$

例題 2.2　次の関数を漸近展開する[7].

$$\exp(x^2)\int_x^\infty \exp(-t^2)\mathrm{d}t \approx \frac{1}{2x}-\frac{1}{2^2x^3}+\frac{1\cdot 3}{2^3x^5}-\frac{1\cdot 3\cdot 5}{2^4x^7}+\cdots$$

$$\exp(-x^2)\int_0^x \exp(t^2)\mathrm{d}t \approx \frac{1}{2x}+\frac{1}{2^2x^3}+\frac{1\cdot 3}{2^3x^5}+\frac{1\cdot 3\cdot 5}{2^4x^7}+\cdots$$

漸近展開が必要なものはある積分の値を計算する場合が多い．これは前述の方法で求めるよりも，次の部分積分法を連続施行してつくるのが便利である．

$$\int_a^b f(t)\varphi'(t)\mathrm{d}t=[f(t)\varphi(t)]_a^b-\int_a^b f'(t)\varphi(t)\mathrm{d}t \tag{2.6}$$

例題 2.3　部分積分法を連続施行し，次の関数を漸近展開する[7].

$$\int_x^\infty \frac{\exp(x-t)}{t}\mathrm{d}t \qquad x>0$$

最初の部分積分を $f(t)=t^{-1}$, $\varphi'(t)=\exp(x-t)$ と考え，部分積分を連続施行すると次式となる．

$$\int_x^\infty \frac{\exp(x-t)}{t}\mathrm{d}t \approx \frac{1}{x}-\frac{1!}{x^2}+\frac{2!}{x^3}-\frac{3!}{x^4}+\cdots$$

例題 2.4　Excel を用いて，次の関数を漸近展開する.

$$\exp(x^2)\int_x^\infty \exp(-t^2)\mathrm{d}t \approx \frac{1}{2x}-\frac{1}{2^2x^3}+\frac{1\cdot 3}{2^3x^5}-\frac{1\cdot 3\cdot 5}{2^4x^7}+\cdots$$

図 2.3 のように，x の範囲[2, 5]を漸近展開した．x が小さい場合には近似精度

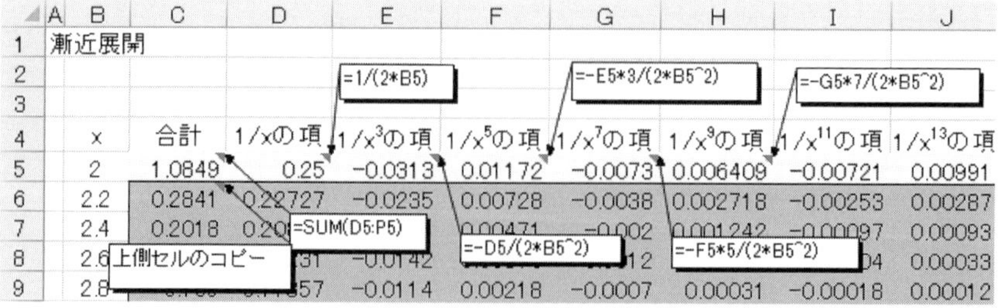

	A	B	C	D	E	F	G	H	I	J
1	漸近展開									
2										
3										
4		x	合計	1/xの項	1/x³の項	1/x⁵の項	1/x⁷の項	1/x⁹の項	1/x¹¹の項	1/x¹³の項
5		2	1.0849	0.25	−0.0313	0.01172	−0.0073	0.006409	−0.00721	0.00991
6		2.2	0.2841	0.22727	−0.0235	0.00728	−0.0038	0.002718	−0.00253	0.00287
7		2.4	0.2018	0.20[illegible]	[illegible]	0.00471	−0.002	0.001242	−0.00097	0.00093
8		2.6	[illegible]	[illegible]31	−0.0142	[illegible]	[illegible]12	[illegible]	[illegible]04	0.00033
9		2.8	[illegible]	[illegible]857	−0.0114	0.00218	−0.0007	0.00031	−0.00018	0.00012

=1/(2*B5)
=-E5*3/(2*B5^2)
=-G5*7/(2*B5^2)
=SUM(D5:P5)
上側セルのコピー
=-D5/(2*B5^2)
=-F5*5/(2*B5^2)

図 2.3　Excel を用いた漸近展開による関数近似計算

は悪いようである．

例題 2.5　**Excelを用いて，［例題 2.4］と同じ関数をテイラー展開する．**

テイラー展開するのは積分の部分とし，次式となる．

$$\int_x^\infty \exp(-t^2)\mathrm{d}t = \frac{\sqrt{\pi}}{2} - x + \frac{x^3}{3\cdot 1!} - \frac{x^5}{5\cdot 2!} + \frac{x^7}{7\cdot 3!} - \cdots$$

図 2.4 のように，x の範囲[0, 4.6]をテイラー展開した．x が大きい場合には近似精度は悪いようである．例題の関数の場合，$x<2.6$ の範囲ではテイラー展開，$2.6 \leqq x$ の範囲では漸近展開を使用するとよいことが図 2.5 からわかる．

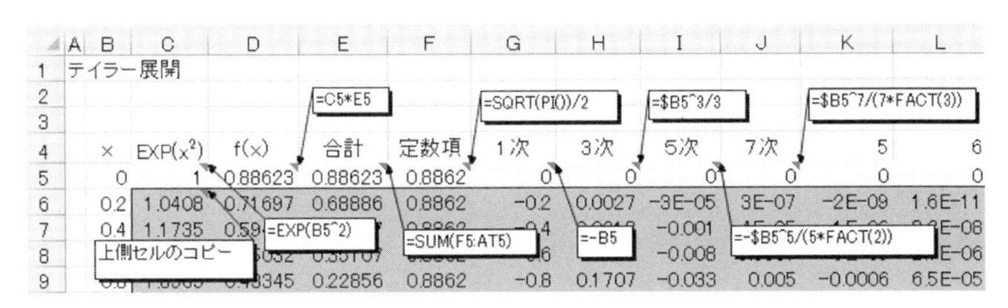

図 2.4　Excelを用いたテイラー展開による関数近似計算

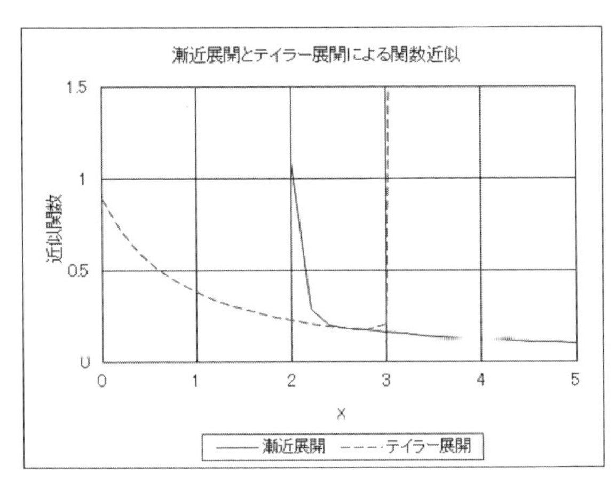

図 2.5　漸近展開とテイラー展開による例題の関数のグラフ

2.3 フーリエ展開

同じ形を繰り返す周期的な関数は三角関数(sin, cos)の無限級数で表せる．これをフーリエ級数という．範囲$[-\pi, \pi]$で定義された関数$f(x)$は次の級数に展開できる．

$$f(x)=\frac{a_0}{2}+a_1\cos x+b_1\sin x+a_2\cos 2x+b_2\sin 2x+\cdots \tag{2.7}$$

$$a_n=\frac{1}{\pi}\int_{-\pi}^{\pi}f(\lambda)\cos n\lambda\,\mathrm{d}\lambda \qquad (n=0, 1, 2, \cdots)$$

$$b_n=\frac{1}{\pi}\int_{-\pi}^{\pi}f(\lambda)\sin n\lambda\,\mathrm{d}\lambda \qquad (n=0, 1, 2, \cdots)$$

例題 2.6　範囲$[-\pi, \pi]$で周期的に繰り返す関数$y=x$をフーリエ展開する．

例題のグラフは図2.6となる．フーリエ級数は次式となる．

$$y=2\left[\frac{\sin x}{1}-\frac{\sin 2x}{2}+\frac{\sin 3x}{3}-\frac{\sin 4x}{4}+\frac{\sin 5x}{5}-\cdots\right.$$

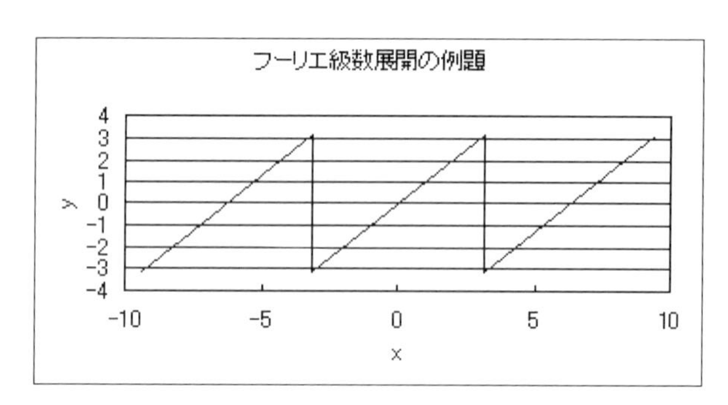

図 2.6　フーリエ級数の例題のグラフ

図2.7のように，Excelを用いて例題のフーリエ級数を計算した．グラフより，級数の次数を大きくすると例題の関数に近づくことがわかる．

例題の関数$(y=x)$は直線のため，$x=\pi/2$のとき，$y=\pi/2$となる．例題のフーリエ展開式において，$x=\pi/2$とおけば，$y=\pi/2$となるため次式が成立する．

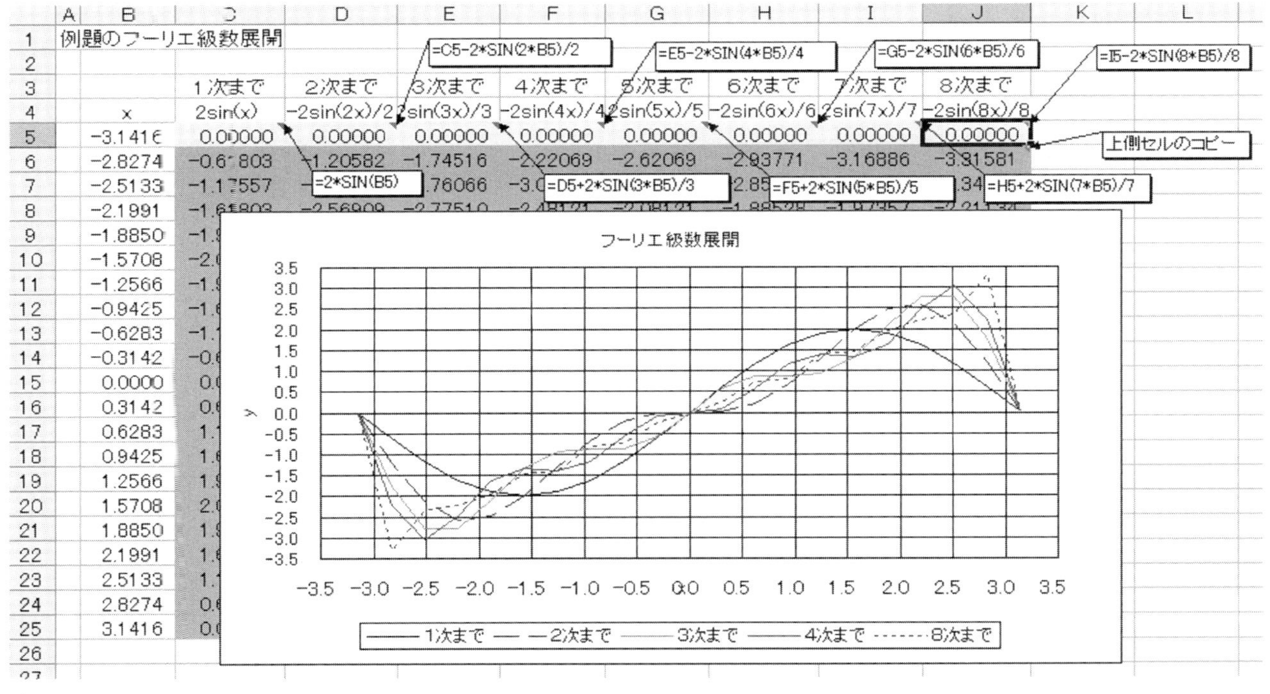

図 2.7 例題のフーリエ級数計算

$$\frac{\pi}{2}=2\left(1-\frac{1}{3}+\frac{1}{5}-\frac{1}{7}+\cdots\right)$$

$$\frac{\pi}{4}=1-\frac{1}{3}+\frac{1}{5}-\frac{1}{7}+\cdots$$

この式はライプニッツ(Leibniz)またはオイラー(Eular)の級数と称するものである．でも，正負が交互に現れるため，Excelで級数を計算しても，なかなか$\pi/4$にならない．

2.4　ラグランジュ補間法

xのいくつかの値に対し，yの値を何らかの方法(実験，実測，観測，数表など)によって求め，これらのデータをもとにして，データ間の任意の点xにおけるyの値を推定する方法を補間法という．ここでは，補間法の一種であるラグランジュの補間法について述べる．

$n+1$個の点$(x_0,\ y_0),(x_1,\ y_1),(x_2,\ y_2),\cdots,\ (x_n,\ y_n)$を通る$n$次のラグランジュ(Lagrange)の補間多項式$L(x)$は次式で表される．

$$L(x)=L_0(x)y_0+L_1(x)y_1+L_3(x)y_3+\cdots+L_n(x)y_n=\sum_{k=0}^{n}L_k(x)y_k \tag{2.8}$$

ただし，

$$L_k(x)=\prod_{j=0(j\neq k)}^{n}\frac{x-x_j}{x_k-x_j}=\frac{(x-x_0)\cdots(x-x_{k-1})(x-x_{k+1})\cdots(x-x_n)}{(x_k-x_0)\cdots(x_k-x_{k-1})(x_k-x_{k+1})\cdots(x_k-x_n)} \tag{2.9}$$

注)　足し算の連続(合計)はΣ記号を使うが，掛け算の連続はΠ記号を使う．

例題 2.7　**Excelシート上の関数表をラグランジュ補間法で補間する．**

図2.8のように，Excelシート上に補間する関数表と補間するx値とその補間結果のエリアを設定し，VBAのマクロを実行することでラグランジュ補間計算を行う．ラグランジュの多項式の計算には分岐(IF文)処理が必要なためExcelシート上に計算式を設定することは煩雑と思われる．リスト2.1に示すExcelのVBAをつくり計算する．

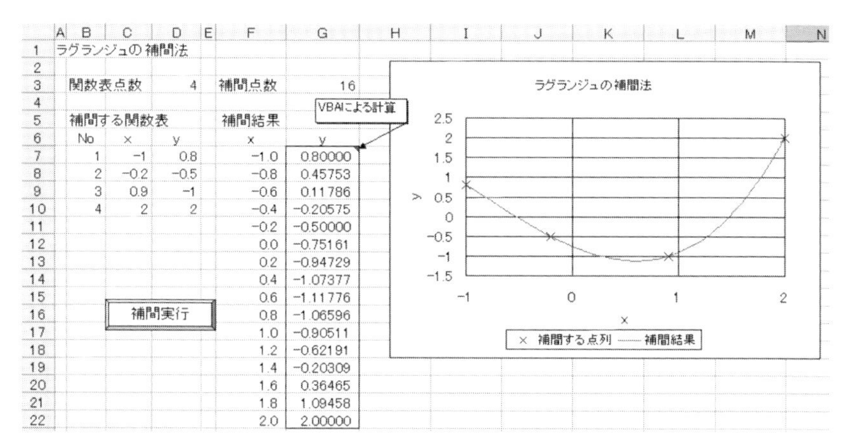

	A	B	C	D	E	F	G
1	ラグランジュの補間法						
2							
3		関数表点数		4		補間点数	16
4							
5		補間する関数表				補間結果	
6		No	x	y		x	y
7		1	−1	0.8		−1.0	0.80000
8		2	−0.2	−0.5		−0.8	0.45753
9		3	0.9	−1		−0.6	0.11786
10		4	2	2		−0.4	−0.20575
11						−0.2	−0.50000
12						0.0	−0.75161
13						0.2	−0.94729
14						0.4	−1.07377
15						0.6	−1.11776
16			補間実行			0.8	−1.06596
17						1.0	−0.90511
18						1.2	−0.62191
19						1.4	−0.20309
20						1.6	0.36465
21						1.8	1.09458
22						2.0	2.00000

図 2.8　ラグランジュ補間法による計算結果

```
Sub Lagrange()
'
' ラグランジェの補間法
'
    Dim x() As Double
    Dim y() As Double
    Dim no As Integer  ' 補間する関数表の点数
    '  関数表の点数読込み
    no = Cells(3, 4)
    ReDim x(no) As Double '補間する関数表の x 値
    ReDim y(no) As Double '補間する関数表の y 値
    ' 関数値の読込み
    For i = 0 To no - 1
      x(i) = Cells(7 + i, 3)
      y(i) = Cells(7 + i, 4)
    Next
    noh = Cells(3, 7) ' 補間点数読込み
    Dim xx As Double  ' 補間する x 値
    Dim yy As Double  ' 補間結果の y 値
    Dim Lk As Double  ' Lk(x)
    For i = 0 To noh - 1   ' 補間点数繰返し
      xx = Cells(7 + i, 6)    ' 補間する x 値の読込み
      ' 補間する y 値の計算
      yy = 0#
      For k = 0 To no - 1
```

```
        Lk = 1#
          For j = 0 To no - 1
            If k ' j Then Lk = Lk * (xx - x(j)) / (x(k) - x(j))
          Next
        yy = yy + Lk * y(k)
        Next
        Cells(7 + i, 7) = yy    '補間結果 y 値の出力
      Next  ' 繰返し終了
End Sub
```

リスト 2.1 ラグランジュ補間法

計算結果のグラフより，補間曲線は補間する点列上を必ず通ることがわかる．

2.5 スプライン補間法

スプラインはかつて製図で用いられた自在定規を意味しており，補間点を結ぶなめらかな曲線が描けることからこのようにいう．スプライン関数には基本スプライン(B-スプライン)，カーディナルスプライン(C-スプライン)，自然スプライン(N-スプライン)などの種類がある．ここでは，自然スプライン関数による3次の補間法について述べる．自然スプラインは，補間関数のなかでもっとも滑らかな関数である．

$n+1$ 個の補間点 $(x_0, y_0), (x_1, y_1), (x_2, y_2), \cdots, (x_n, y_n)$ が与えられたとき，i 番目の区間 $[x_{i-1}, x_i]$ を次の3次式で近似する[6)]．

$$P_i(x) = C_{1,i} + C_{2,i}(x - x_{i-1}) + C_{3,i}(x - x_{i-1})^2 + C_{4,i}(x - x_{i-1})^3 \tag{2.10}$$

$C_{1,i}$ は次式となる．

$$C_{1,i} = y_{i-1} \tag{2.11}$$

$C_{2,i}$ は次式の連立方程式の解となる．

$$\begin{bmatrix} \alpha_1 & \gamma_1 & 0 & 0 & \cdots & 0 \\ \beta_2 & \alpha_2 & \gamma_2 & & \cdots & 0 \\ 0 & \beta_3 & \alpha_3 & \gamma_3 & \cdots & 0 \\ \vdots & \vdots & \ddots & \ddots & \ddots & \vdots \\ 0 & 0 & \cdots & \beta_n & \alpha_n & \gamma_n \\ 0 & 0 & 0 & \cdots & \beta_{n+1} & \alpha_{n+1} \end{bmatrix} \begin{bmatrix} C_{2,1} \\ C_{2,2} \\ C_{2,3} \\ \vdots \\ C_{2,n} \\ C_{2,n+1} \end{bmatrix} = \begin{bmatrix} Y_1 \\ Y_2 \\ Y_3 \\ \vdots \\ Y_n \\ Y_{n+1} \end{bmatrix} \tag{2.12}$$

ここで，行列の元は次式となる．

$$\alpha_i = 2(\Delta x_i + \Delta x_{i-1}),\quad \beta_i = \Delta x_i,\quad \gamma_i = \Delta x_{i-1} \qquad (i=2, 3, \cdots, n) \tag{2.13}$$

$$\alpha_1 = 2\Delta x_1,\qquad \alpha_{n+1} = 2\Delta x_n \tag{2.14}$$

$$\gamma_1 = \Delta x_1,\qquad \beta_{n+1} = \Delta x_n \tag{2.15}$$

ただし，$\Delta x_i = x_i - x_{i-1}$ とする．

また，Y_i は次式となる．

$$Y_1 = 3(y_1 - y_0) \tag{2.16}$$

$$Y_i = 3\left[\Delta x_{i-1}\frac{y_i - y_{i-1}}{\Delta x_i} + \Delta x_i \frac{y_{i-1} - y_{i-2}}{\Delta x_{i-1}}\right] \qquad (i=2, 3, \cdots, n) \tag{2.17}$$

$$Y_{n+1} = 3(y_n - y_{n-1}) \tag{2.18}$$

$C_{3,i}$ は次式となる．

$$C_{3,i} = \frac{1}{\Delta x_i}\left[-2C_{2,i} - C_{2,i+1} + \frac{3(y_i - y_{i-1})}{\Delta x_i}\right] \qquad (i=1, 2, \cdots, n) \tag{2.19}$$

$C_{4,i}$ は次式となる．

$$C_{4,i} = \frac{1}{(\Delta x_i)^2}\left[C_{2,i} + C_{2,i+1} - \frac{2(y_i - y_{i-1})}{\Delta x_i}\right] \qquad (i=1, 2, \cdots, n) \tag{2.20}$$

例題 2.8　**Excel シート上の点列をスプライン補間法で補間する．**

図 2.9 のように，Excel シート上に補間する点列を設定する．次に，3 次関数

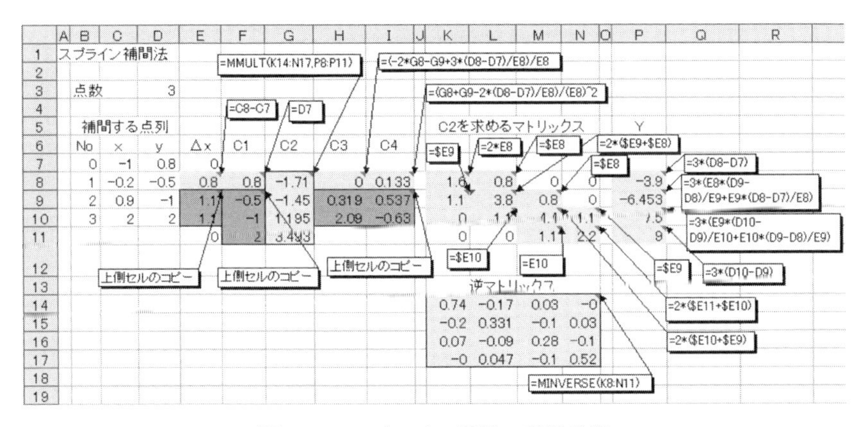

図 2.9　スプライン関数の係数計算

の係数(C_1, C_2, C_3, C_4)を計算する．C_2の計算は連立方程式を解く必要がある．

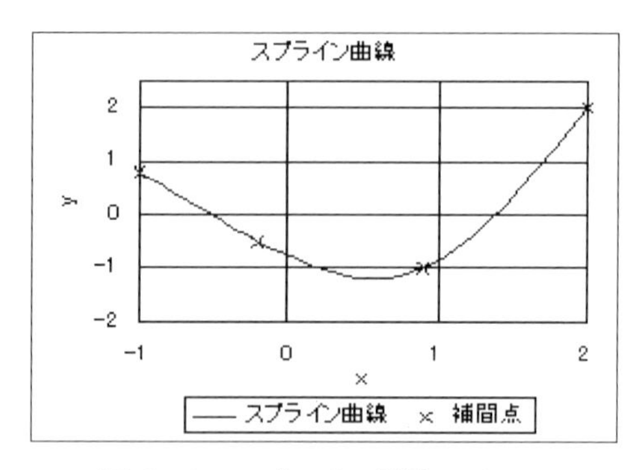

図 2.10　スプライン関数のグラフ

求まった係数より3次関数を計算し補間点間の値を求め，グラフを作成する(図2.10)．

2.6　最小2乗法

身長と体重の関係，年齢と年収の関係など，ばらつきのあるデータ(X, Y)を計測したとする．近似関数をつくり，計測点以外のデータを推定したい場合，最小2乗法がよく使われる．

近似関数は一般的にn次関数を用いる．ここでは，3次関数($f(x)=ax^3+bx^2+cx+d$)で説明する．次数が高いほど，点列に近い近似関数がつくれるが，次数が高すぎると誤差を拾う可能性があり，ほどほどの次数に設定する必要がある．最小2乗法では，近似関数は点列の近辺を通るなめらかな曲線となる．そのため，誤差を含むデータの近似方法として適合する．計測点列を絶対に通る近似関数をつくる場合には，前述のラグランジュ補間法，スプライン補間法などを使う必要がある．最小2乗法では，n次関数以外の近似関数も使える．特殊性のある点列の場合，他の近似関数を検討してもよい．

計測点がXのとき，Yと関数値$f(X)$の差$(Y-f(X))$を計算する．差の2乗$(Y-f(X))^2$が小さければ，Yと$f(X)$は近い値となる．1か所の計測点だけが近い値となるだけではだめである．関数をすべての計測点に近づける必要がある．そのため，差の2乗をすべての点で合計し，その合計値を最小にする．

$$T(\text{合計})=\sum(Y-f(X))^2 \tag{2.21}$$

Σ(シグマ)：すべての点で合計するという記号

式(2.21)の T(合計)が最小となる関数の係数(a, b, c, d)を求める．係数が求まると，任意の X での値 $f(X)=aX^3+bX^2+cX+d$ が求まる．式(2.21)の近似関数を3次関数とすると次の式(2.22)となる．

$$T=\sum(Y-aX^3-bX^2-cX-d)^2 \tag{2.22}$$

式(2.22)の T は係数(a, b, c, d)の関数とみることができる．式(2.22)の T を係数(a, b, c, d)で微分した式が0となるとき，式(2.22)の T は最小となる．すなわち，次式となる．

$$\frac{\partial T}{\partial d}=0 \qquad \frac{\partial T}{\partial c}=0 \qquad \frac{\partial T}{\partial b}=0 \qquad \frac{\partial T}{\partial a}=0$$

この式に式(2.22)を代入し整理すると，次の4元連立方程式(行列計算式)となる．

$$\begin{bmatrix} \sum X^0 & \sum X^1 & \sum X^2 & \sum X^3 \\ \sum X^1 & \sum X^2 & \sum X^3 & \sum X^4 \\ \sum X^2 & \sum X^3 & \sum X^4 & \sum X^5 \\ \sum X^3 & \sum X^4 & \sum X^5 & \sum X^6 \end{bmatrix}\begin{bmatrix} d \\ c \\ b \\ a \end{bmatrix}=\begin{bmatrix} \sum X^0Y \\ \sum X^1Y \\ \sum X^2Y \\ \sum X^3Y \end{bmatrix} \tag{2.23}$$

この連立方程式を解けば，3次関数の係数が求まり，近似関数が求まったことになる．

一般的に，n 次関数で近似すると，$n+1$ 元連立方程式となる．

例題 2.9　最小2乗法により Excel シート上の計測データの近似関数を求める．

図2.11，2.12のように，計測点列データからマトリックスの成分を計算し，逆行列を求めることで近似関数の係数を算出する．

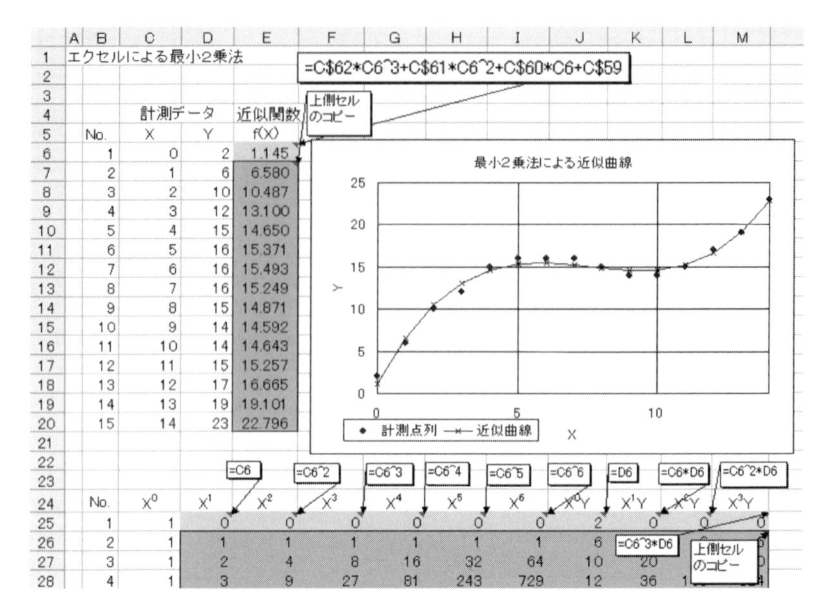

	A	B	C	D	E
1	エクセルによる最小2乗法				
4			計測データ		近似関数
5		No.	X	Y	f(X)
6		1	0	2	1.145
7		2	1	6	6.580
8		3	2	10	10.487
9		4	3	12	13.100
10		5	4	15	14.650
11		6	5	16	15.371
12		7	6	16	15.493
13		8	7	16	15.249
14		9	8	15	14.871
15		10	9	14	14.592
16		11	10	14	14.643
17		12	11	15	15.257
18		13	12	17	16.665
19		14	13	19	19.101
20		15	14	23	22.796

	B	C	D	E	F	G	H	I	J	K	L	M
24	No.	X^0	X^1	X^2	X^3	X^4	X^5	X^6	X^0Y	X^1Y	X^2Y	X^3Y
25	1	1	0	0	0	0	0	0	2	0	0	0
26	2	1	1	1	1	1	1	1	6	[illegible]	[illegible]	[illegible]
27	3	1	2	4	8	16	32	64	10	20	[illegible]	[illegible]
28	4	1	3	9	27	81	243	729	12	36	[illegible]	[illegible]

図 2.11　最小 2 乗法の計算(その 1)

	B	C	D	E	F	G	H	I	J	K	L	M
36	12	1	11	121	1331	14641	161051	2E+06	15	165	1815	19965
37	13	1	12	144	1728	20736	248832	3E+06	17	204	24[illegible]	[illegible]76
38	14	1	13	169	2197	28561	371293	5E+06	19	247	32[illegible]	[illegible]3
39	15	1	14	196	2744	38416	537824	8E+06	23	322	45[illegible]	[illegible]2
40	Σ	15	105	1015	11025	127687	2E+06	2E+07	210	1734	17630	198396
43	マトリックス $\boldsymbol{A}$					ベクトル $\boldsymbol{B}$						
45		15	105	1015	11025		210					
46		105	1015	11025	127687		1734					
47		1015	11025	127687	1539825		17630					
48		11025	1E+05	2E+06	1.9E+07		198396					
50	逆マトリックス $\boldsymbol{A}^{-1}$											
52		0.6729	−0.34	0.0474	−0.0019							
53		−0.344	0.276	−0.045	0.00198							
54		0.0474	−0.05	0.0079	−0.0004							
55		−0.002	0.002	−4E−04	1.7E−05							
57	解 $\boldsymbol{X}=\boldsymbol{A}^{-1}\boldsymbol{B}$											
59	d	1.1454										
60	c	6.2749										
61	b	−0.8794										
62	a	0.0387										

=SUM(D25:D39)
左側セルのコピー
=C40
=D40
=E40
=F40
=J40
=K40
=L40
=M40
=MINVERSE(C45:F48)
=MMULT(C52:F55,H45:H48)

図 2.12　最小 2 乗法の計算(その 2)

2.7　ソルバーを用いた最小２乗法

最小２乗法は目的関数(誤差の２乗の合計)が最小となる係数を探索する．この機能は Excel のソルバー機能と完全に一致する．2.6 節で説明したように，微分やマトリックス計算などの高等数学を用いて，最小２乗法を計算するのが一般的である．しかし，Excel のソルバーを用いると，簡単な四則演算の知識のみで，最小２乗法が活用できる．また，制約条件付き最小２乗法，重み付き最小２乗法も容易に設定できる．ソルバーを最小２乗法の計算に大いに活用すべきである．

2.6 節で説明した式(2.22)の T が最小となる係数を求めることになる．

$$T=\sum(Y-aX^3-bX^2-cX-d)^2 \tag{2.22}$$

例題 2.10　**ソルバーを用いた最小２乗法により［例題 2.9］を解く．**

図 2.13 のように，Excel シート上に近似関数の係数(a, b, c, d)を適当に設定し，関数 $f(X)$ を計算する．次に，計測値 (Y) と近似関数 $f(X)$ の誤差の２乗 $(f(X)-Y)^2$ を計算する．最後に，誤差の２乗を集計し，T(合計)を計算する．

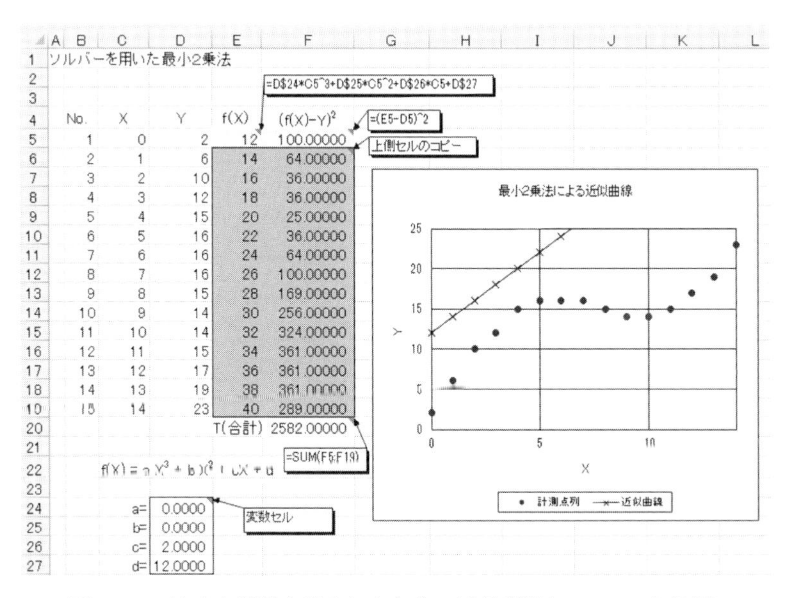

ソルバーを用いた最小2乗法

No.	X	Y	f(X)	(f(X)-Y)^2
1	0	2	12	100.00000
2	1	6	14	64.00000
3	2	10	16	36.00000
4	3	12	18	36.00000
5	4	15	20	25.00000
6	5	16	22	36.00000
7	6	16	24	64.00000
8	7	16	26	100.00000
9	8	15	28	169.00000
10	9	14	30	256.00000
11	10	14	32	324.00000
12	11	15	34	361.00000
13	12	17	36	361.00000
14	13	19	38	361.00000
15	14	23	40	289.00000
			T(合計)	2582.00000

$f(X)=aX^3+bX^2+cX+d$

a=	0.0000
b=	0.0000
c=	2.0000
d=	12.0000

図 2.13　適当な係数を設定したときの近似関数(ソルバー実行前)

試行錯誤により，近似関数の係数(a, b, c, d)を変更しても，近似関数を点列に近づけることは困難である．

Excelのソルバーは変数セルを指定し，目的セルを最小(最大，指定値)にする機能である．データタブのソルバーをクリックすると，図2.14のソルバーのパラメータ設定画面が現れる．ここでは，目標値として最小を選択し，変数セルを近似関数の係数(a, b, c, d)とし，目的セルはT(合計)とする．

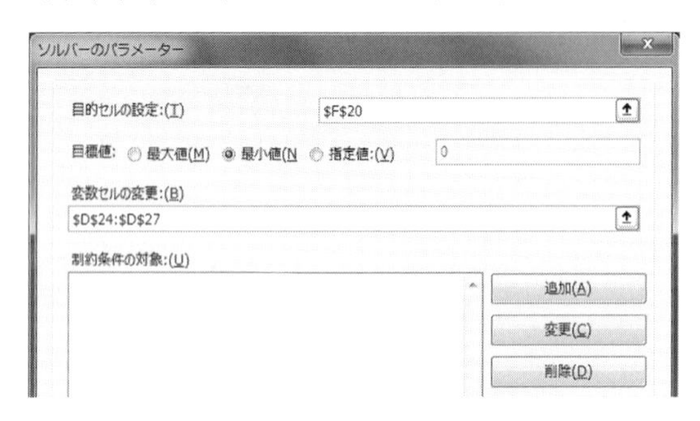

図 2.14　ソルバーのパラメータ設定画面

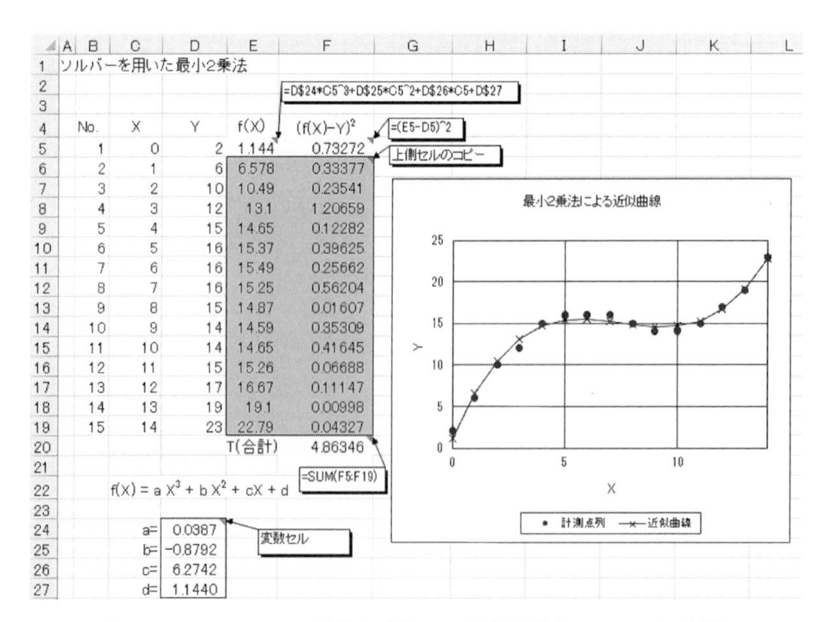

No.	X	Y	f(X)	(f(X)−Y)²
1	0	2	1.144	0.73272
2	1	6	6.578	0.33377
3	2	10	10.49	0.23541
4	3	12	13.1	1.20659
5	4	15	14.65	0.12282
6	5	16	15.37	0.39625
7	6	16	15.49	0.25662
8	7	16	15.25	0.56204
9	8	15	14.87	0.01607
10	9	14	14.59	0.35309
11	10	14	14.65	0.41645
12	11	15	15.26	0.06688
13	12	17	16.67	0.11147
14	13	19	19.1	0.00998
15	14	23	22.79	0.04327
			T(合計)	4.86346

a=	0.0387
b=	−0.8792
c=	6.2742
d=	1.1440

図 2.15　ソルバーで係数を計算した近似関数(ソルバー実行後)

パラメータ設定画面の解決ボタンをクリックすると，図 2.15 のように，近似曲線が点列に近づいた．T(合計値)が 4.86341 より小さい値となる近似関数の係数(a, b, c, d)を見つけた人は，“**ソルバーに不具合がある**”とマイクロソフト社にクレームを出して下さい．図 2.12 の解析解と本節のソルバー解が一致しているため，クレームは出せません．マイクロソフト社の技術はすばらしい！

例題 2.11　**制約条件付き最小２乗法**

$X=5$ の計測点を必ず通るなど，近似関数に制約条件を設定したい場合，図 2.16 のように，ソルバーのパラメータ設定画面で制約条件を追加する．

図 2.16　制約条件を追加したソルバーのパラメータ設定画面

ソルバーを実行すると，図 2.17 のように，$X=5$ のときの Y の値と $f(X)$ の値が一致する．

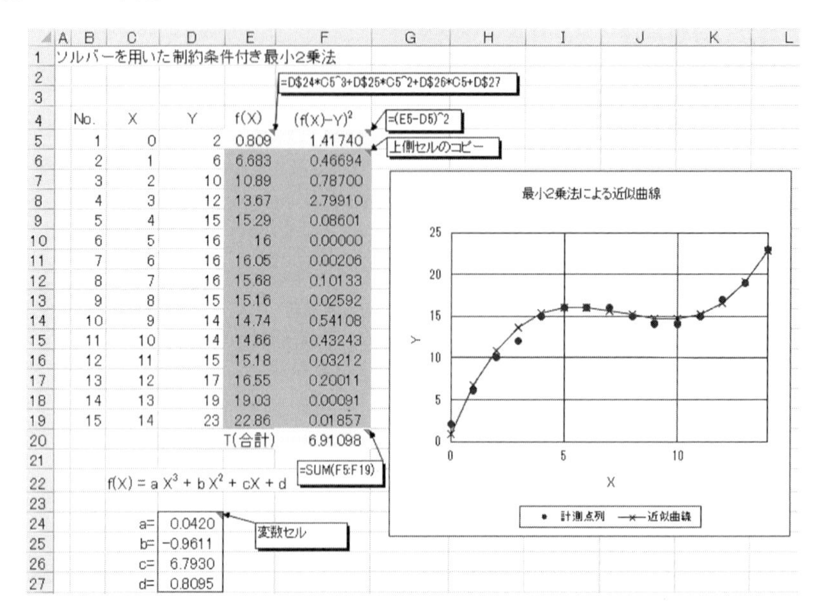

ソルバーを用いた制約条件付き最小2乗法

No.	X	Y	f(X)	(f(X)-Y)²
1	0	2	0.809	1.41740
2	1	6	6.683	0.46694
3	2	10	10.89	0.78700
4	3	12	13.67	2.79910
5	4	15	15.29	0.08601
6	5	16	16	0.00000
7	6	16	16.05	0.00206
8	7	16	15.68	0.10133
9	8	15	15.16	0.02592
10	9	14	14.74	0.54108
11	10	14	14.66	0.43243
12	11	15	15.18	0.03212
13	12	17	16.55	0.20011
14	13	19	19.03	0.00091
15	14	23	22.86	0.01857
			T(合計)	6.91098

f(X) = a X³ + b X² + cX + d

a=	0.0420
b=	−0.9611
c=	6.7930
d=	0.8095

図 2.17　制約条件付き最小 2 乗法の計算

例題 2.12　重み付き最小 2 乗法

最小 2 乗法の目的関数 T(合計)$=\Sigma(Y-f(X))^2$ に重み(W)を付けると，目的関数は T(合計)$=\Sigma W\cdot(Y-f(X))^2$ となる．近似曲線により近づけたい計測点がある場合，その点の重み(W)を大きく設定する．計測点の両端のみ重みを 10 とし，他の点の重みを 1 に設定し，ソルバーを実行すると，図 2.18 の結果が得られた．

図 2.18 のグラフより，近似曲線は両端の計測点により近づいた．その代わり，中央近辺の誤差が大きくなった．

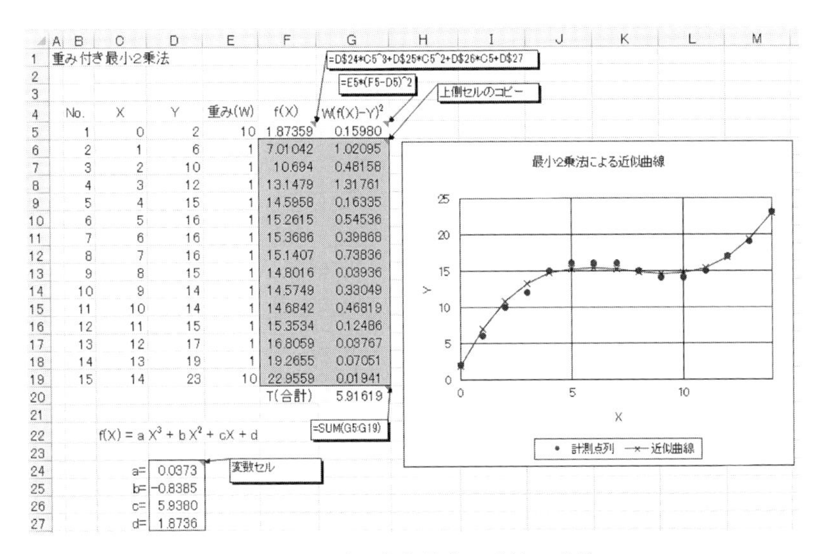

重み付き最小2乗法

No.	X	Y	重み(W)	f(X)	W(f(X)−Y)²
1	0	2	10	1.87359	0.15980
2	1	6	1	7.01042	1.02095
3	2	10	1	10.694	0.48158
4	3	12	1	13.1479	1.31761
5	4	15	1	14.5958	0.16335
6	5	16	1	15.2615	0.54536
7	6	16	1	15.3686	0.39868
8	7	16	1	15.1407	0.73836
9	8	15	1	14.8016	0.03936
10	9	14	1	14.5749	0.33049
11	10	14	1	14.6842	0.46819
12	11	15	1	15.3534	0.12486
13	12	17	1	16.8059	0.03767
14	13	19	1	19.2655	0.07051
15	14	23	10	22.9559	0.01941
				T(合計)	5.91619

f(X) = a X³ + b X² + cX + d

a=	0.0373
b=	−0.8385
c=	5.9380
d=	1.8736

図 2.18　重み付き最小 2 乗法の計算

2.8　誤差の絶対値和を最小にする方法（最小絶対値法）

最小 2 乗法は誤差の 2 乗和を最小にする．しかし，次式のように，誤差の絶対値和を最小にするほうがより直接的であり，より良い近似と思われる．

$$\text{目的関数：}\quad T(\text{合計})=\Sigma|Y-f(X)| \tag{2.24}$$

絶対値の式があると，目的関数は極端な非線形となり，数学的に取扱いが困難となる．しかし，次のように，絶対値の式は等価な 2 個の線形式に分離できる．

> 絶対値の不等式：　$M\geqq|K|$
>
> 等価な 2 個の線形不等式：　$M\geqq K,\quad M\geqq -K$

ここで，i 番目の点における誤差を変数 Z_i と定義すると，次式が成立する．

$$Z_i\geqq|Y_i-f(X_i)| \tag{2.25}$$

すると，ここでの問題は，次の目的関数と制約条件をもつ線形計画法（LP）の問題にモデル化できる．

$$\text{目的関数：}\quad T(\text{合計}) = \Sigma Z_i \tag{2.26}$$

$$\text{制約条件：}\quad Z_i \geqq Y_i - f(X_i),\quad Z_i \geqq -Y_i + f(X_i) \tag{2.27}$$

ソルバーを用いれば，線形計画法は容易に解ける．

例題 2.13　最小絶対値法により Excel シート上の計測データの近似関数を求める．

図 2.19 のように，Excel シート上に近似関数の係数(a, b, c, d)を適当に設定し，関数 $f(X)$ を計算する．次に，計測値(Y)と近似関数 $f(X)$ の誤差 $f(X)-Y$ と $Y-f(X)$ を計算する．最後に，Z_i に適当な（誤差の絶対値より大きな）値を設定し，それらの合計(T)を計算する．

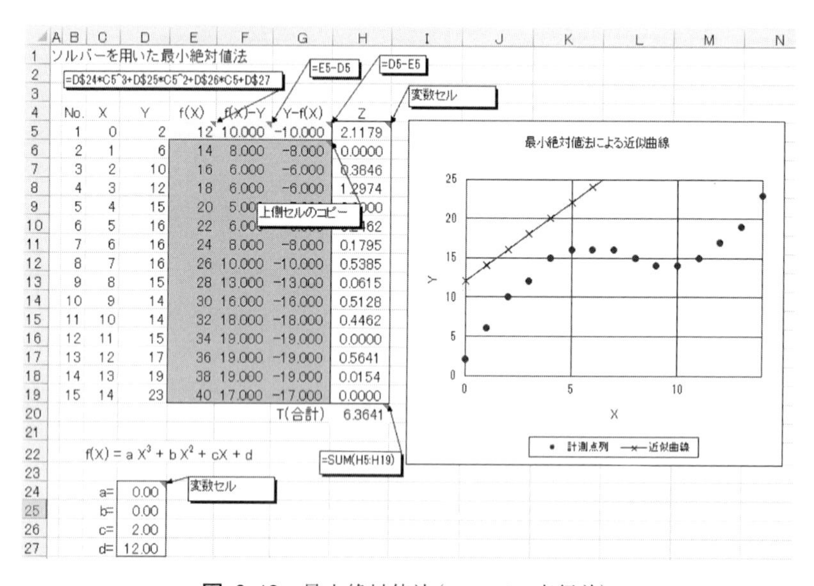

ソルバーを用いた最小絶対値法

No.	X	Y	f(X)	f(X)−Y	Y−f(X)	Z
1	0	2	12	10.000	−10.000	2.1179
2	1	6	14	8.000	−8.000	0.0000
3	2	10	16	6.000	−6.000	0.3846
4	3	12	18	6.000	−6.000	1.2974
5	4	15	20	5.00[illegible]	[illegible]	[illegible]
6	5	16	22	6.00[illegible]	[illegible]	[illegible]
7	6	16	24	8.000	−8.000	0.1795
8	7	16	26	10.000	−10.000	0.5385
9	8	15	28	13.000	−13.000	0.0615
10	9	14	30	16.000	−16.000	0.5128
11	10	14	32	18.000	−18.000	0.4462
12	11	15	34	19.000	−19.000	0.0000
13	12	17	36	19.000	−19.000	0.5641
14	13	19	38	19.000	−19.000	0.0154
15	14	23	40	17.000	−17.000	0.0000
					T(合計)	6.3641

$f(X) = aX^3 + bX^2 + cX + d$

a=	0.00
b=	0.00
c=	2.00
d=	12.00

図 2.19　最小絶対値法（ソルバー実行前）

データタブのソルバーをクリックすると，図 2.20 のソルバーのパラメータ設定画面が現れる．ここでは，目標値として最小値を選択し，変数セルを近似関数の係数(a, b, c, d)および Z とし，目的セルは T(合計)とする．制約条件として，$Z_i \geqq Y_i - f(X_i)$，$Z_i \leqq -Y_i + f(X_i)$ を設定する．

パラメータ設定画面の解決ボタンをクリックすると，図 2.21 のように，近似曲線が点列に近づいた.

図 2.20　ソルバーのパラメータ設定画面

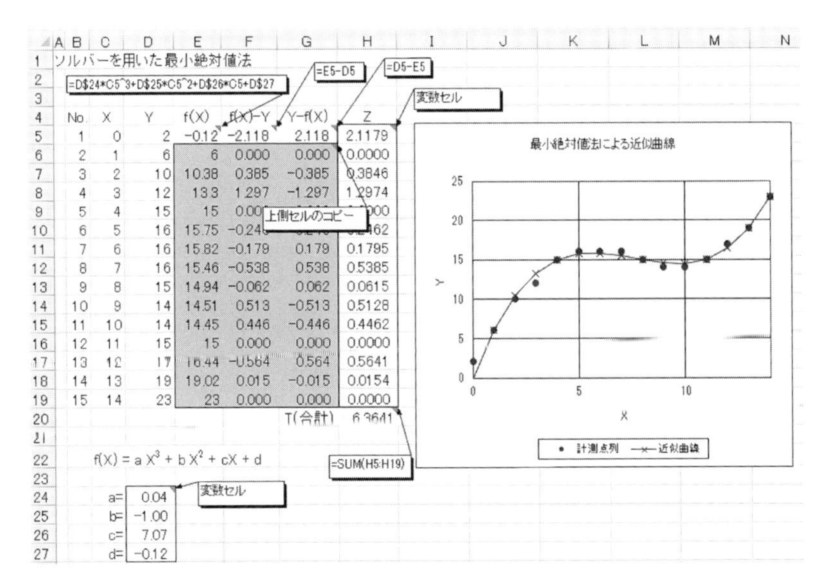

No.	X	Y	f(X)	f(X)−Y	Y−f(X)	Z
1	0	2	−0.12	−2.118	2.118	2.1179
2	1	6	6	0.000	0.000	0.0000
3	2	10	10.38	0.385	−0.385	0.3846
4	3	12	13.3	1.297	−1.297	1.2974
5	4	15	15	0.00[illegible]	[illegible]	[illegible]000
6	5	16	15.75	−0.24[illegible]	[illegible]	[illegible]462
7	6	16	15.82	−0.179	0.179	0.1795
8	7	16	15.46	−0.538	0.538	0.5385
9	8	15	14.94	−0.062	0.062	0.0615
10	9	14	14.51	0.513	−0.513	0.5128
11	10	14	14.45	0.446	−0.446	0.4462
12	11	15	15	0.000	0.000	0.0000
13	12	17	16.44	−0.564	0.564	0.5641
14	13	19	19.02	0.015	−0.015	0.0154
15	14	23	23	0.000	0.000	0.0000

a=	0.04
b=	−1.00
c=	7.07
d=	−0.12

図 2.21　最小絶対値法(ソルバー実行後)

3 フーリエ変換

音波，電磁波，地震波などの波は大きさ(振幅)，周波数，位相が異なる三角関数波(sin, cos)の組み合わせで表すことができる．フーリエ変換は与えられた波形から波の大きさ，周波数，位相を計算する．フーリエ逆変換は波の大きさ，周波数，位相から波形を逆算する．

フーリエ変換は波の分析ツールとしてよく使用され，オーディオ機器は音波を分析し，周波数(低音，中音，高音など)ごとの波の大きさをディスプレイしている．

フーリエ変換は時間(t)の関数である波形 $f(t)$ を周波数(k)の分布関数 $F(k)$ に変換する．その逆がフーリエ逆変換である．

フーリエ変換：　$$F(k)=\int_{-\infty}^{\infty} f(t)\mathrm{e}^{\mathrm{i}2\pi kt}\mathrm{d}t \tag{3.1}$$

フーリエ逆変換：　$$f(t)=\int_{-\infty}^{\infty} F(k)\mathrm{e}^{\mathrm{i}2\pi kt}\mathrm{d}k \tag{3.2}$$

i：虚数　$\mathrm{i}^2=-1$ となる．

$F(k)$ は一般的に複素数で，

$F(k)=x+\mathrm{i}y$

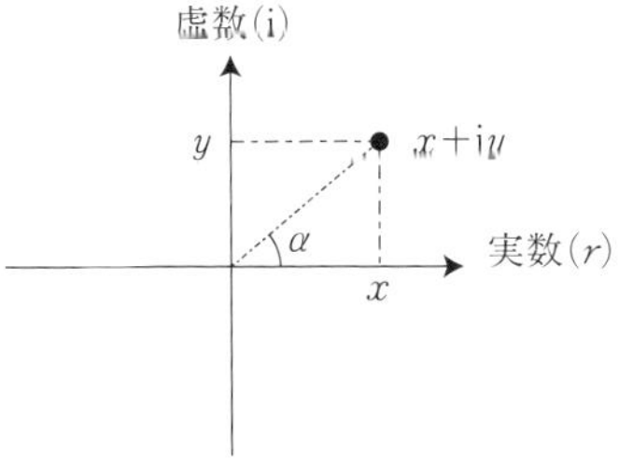

図 3.1　複素平面の説明

とした場合，図3.1のような，複素平面上の点として表現できる．

周波数(ヘルツ：Hz)とは，波が1秒間に振動する回数のことで，音波の場合，高音になるほど周波数が大きくなる．

周波数 k の波の大きさ(振幅)は $|F(k)|$ となり，その位相は複素平面上の原点と点 (x, y) を結ぶ線と実数軸がなす角 α となる．

$$|F(k)|=\sqrt{x^2+y^2} \tag{3.3}$$

$$\alpha=\tan^{-1}\left(\frac{y}{x}\right) \tag{3.4}$$

図3.2のように，位相とは波の時間のずれのことで，振幅 a，周波数 k の波 $a\cdot\cos(2\pi kt)$ の位相が α ずれる波は，$a\cdot\cos(2\pi kt+\alpha)$ となる．

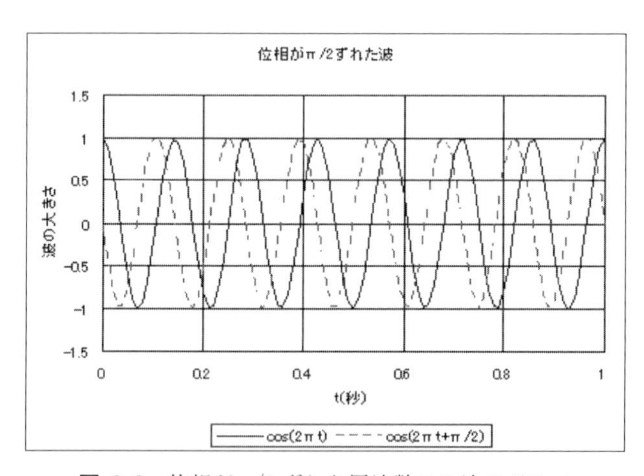

図 3.2　位相が $\pi/2$ ずれた周波数7の波のグラフ

3.1　波の合成

波は周期的に同じ形状を繰り返す．そして，その基本形状は三角関数(sin, cos)で表せる．波の周期を T 秒とすると，その振動数(ν)は $\nu=1/T$ となる．波の大きさ(振幅)を a とすると，時間 t(秒)で変化する基本形状の波は $a\cdot\sin((\nu/2\pi)\cdot t)$ となる．

三角関数の単位は度ではなくラジアンのため，数式に π が現れる(360度 $=2\pi$ ラジアン)．この π を消去するため，単位時間あたりの角度変化(ラジアン)である角振動数($\omega=\nu/2\pi$)が定義されている．角振動数ωを使用すると，基本形状は$a\cdot\sin(\omega\cdot t)$となる．この波は時間$t$が0のとき，0となる．波形をずらし，0でない波の値からスタートするとき，位相のずれαを考慮する．そのときの波形は$a\cdot\sin(\omega\cdot t+\alpha)$となる．任意形状の波形はこの基本形状の組み合わせで表せる．

例題 3.1　角振動数が異なる2個の基本形状波を合成する．

図3.3のように，角振動数7のP波と角振動数8のQ波の2波を計算し，合成(加算)した．振動数が近い2波を合成すると，グラフのようにうねり現象がおこる．2個の音源があり，それらの振動数がわずかに違っているとき，音が大きくなったり小さくなったりする．2波の山が重なると音が大きくなり，山と谷が重なると音が小さくなる．

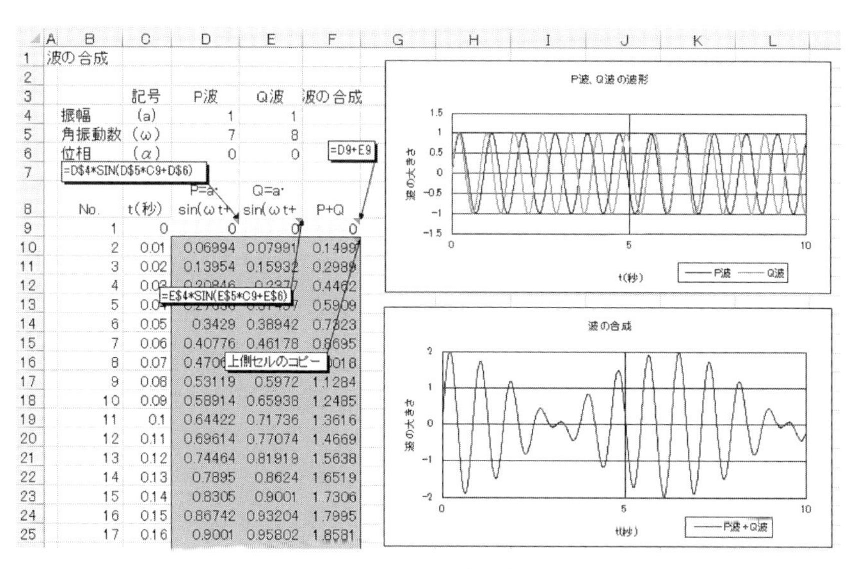

	A	B	C	D	E	F
1	波の合成					
2						
3			記号	P波	Q波	波の合成
4		振幅	(a)	1	1	
5		角振動数	(ω)	7	8	
6		位相	(α)	0	0	
7						
8		No.	t(秒)	P=a·sin(ωt+	Q=a·sin(ωt+	P+Q
9		1	0	0	0	0
10		2	0.01	0.06994	0.07991	0.1499
11		3	0.02	0.13954	0.15932	0.2989
12		4	0.03	0.20846	0.2377	0.4462
13		5	0.04	[illegible]	[illegible]	0.5909
14		6	0.05	0.3429	0.38942	0.7323
15		7	0.06	0.40776	0.46178	0.8695
16		8	0.07	[illegible]	[illegible]	[illegible]
17		9	0.08	0.53119	0.5972	1.1284
18		10	0.09	0.58914	0.65938	1.2485
19		11	0.1	0.64422	0.71736	1.3616
20		12	0.11	0.69614	0.77074	1.4669
21		13	0.12	0.74464	0.81919	1.5638
22		14	0.13	0.7895	0.8624	1.6519
23		15	0.14	0.8305	0.9001	1.7306
24		16	0.15	0.86742	0.93204	1.7995
25		17	0.16	0.9001	0.95802	1.8581

図 3.3　2波の合成計算結果

3.2　Excelを用いた高速フーリエ変換(FFT)

Excelの分析ツールのフーリエ変換は高速フーリエ変換(FFT)であるため，波形データの個数は2のn乗(2, 4, 8, 16, 32, …)になる．

例題 3.2　**シート上の波形データをフーリエ変換する.**

データタブのデータ分析をクリックすると，データ分析ツールの選択画面が現れる．フーリエ解析を選択し，OKをクリックすると，図3.4のフーリエ解析設定画面が現れる．入力範囲に入力波形を設定し，隣接するセルに出力先(フーリエ解析結果)を設定する．データ分析ボタンがないとき，ファイルタブのオプションをクリックし，オプション画面から分析ツールをアドインしてください．

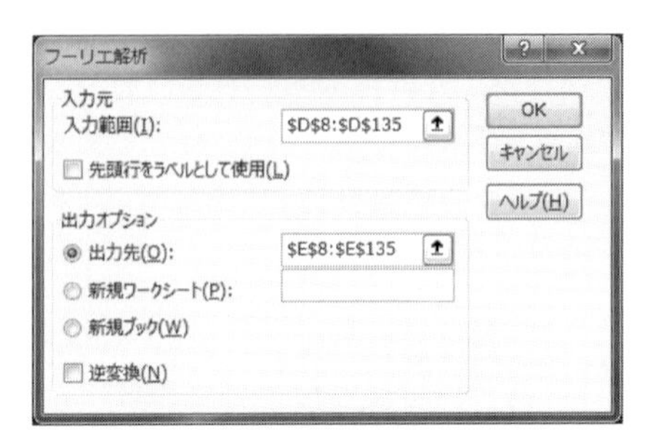

図 3.4　フーリエ解析設定画面

OKボタンをクリックすると，図3.5のフーリエ変換結果が出力する．フーリエ変換結果は複素数のため $x+iy$ の複素数表記になっている．

	A	B	C	D	E
1	フーリエ変換				
2					
3		時間刻み	0.1	sec	データ分析ツールの
4		データ数	128		フーリエ解析結果
5					
6				波の	
7		No.	時間	大きさ	フーリエ変換
8		1	0	0	0
9		2	0.1	0.5	−1.07023765830865+1.25226144362007i
10		3	0.2	1	−0.237380587876395−1.94405335913077i
11		4	0.3	0.5	−0.628099207169703+0.417126456624216
12		5	0.4	0	0.65328148243819+0.270598050073098i
13		6	0.5	−0.5	1.13316346646452+1.93807315782041i
14		7	0.6	−1	1.16102523590497+0.201241545326i
15		8	0.7	−0.5	0.81030230474155−1.453254691018i
16		9	0.8	0	−0.707106781186547+0.707106781186548
17		10	0.9	0.5	−0.389959560400793+0.487755253172992
18		11	1	0.5	−1.10121776836902−1.76237012284001i

図 3.5　フーリエ変換結果

今回，波形のデータ数(n)を128，時間刻み(dt)を0.1秒とした．そのため，周波数が$1/(n \cdot dt)$刻みのフーリエ変換結果となる．すなわち，1番目のフーリエ変換結果の周波数は$1/(n \cdot dt)$となる．また128あるフーリエ変換結果の後半は前半と対称であり，前半の64個のデータしか意味をもたない．フーリエ変換結果の絶対値(関数：IMABS(複素数))をとり，振幅を算出する．振幅を入力波と対応させたい場合，振幅をデータ数/2＝64で割る必要がある．

周波数と振幅の関係グラフを図3.6に示す．図3.6のように，振幅と周波数の関係を示すグラフをパワースペクトルという．パワースペクトルだけでは周波数ごとの位相が不明なため波形は再現できない．しかし音波の場合，位相が異なっていても，パワースペクトルが同じであればほとんど同じ音に聞こえる．

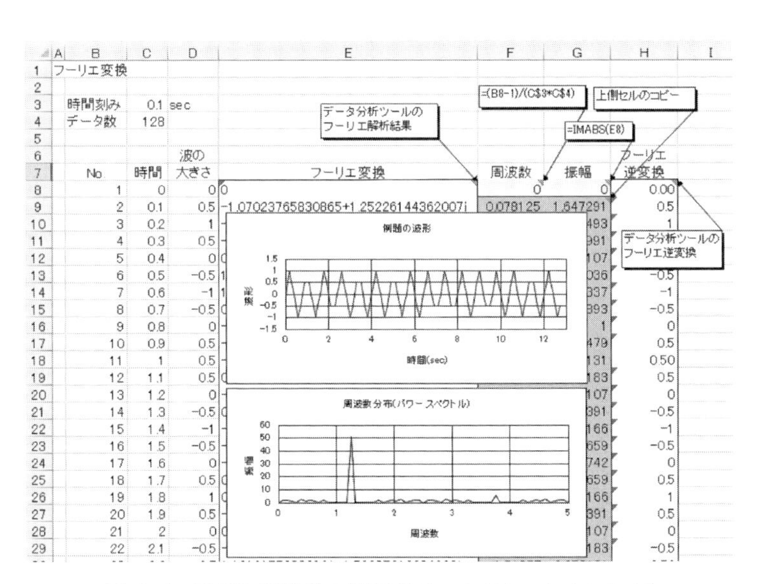

図 3.6　振幅と周波数の関係グラフ(パワースペクトル)

例題 3.3　フーリエ変換結果をフーリエ逆変換する．

図3.4のフーリエ解析設定画面において，入力範囲にフーリエ変換結果を設定し，逆変換にチェックを入れ，出力先(フーリエ逆変換結果)を指定し，OKボタンをクリックすると，フーリエ逆変換機能が実行される．図3.6より，フーリエ

逆変換結果は入力波形と同一であることがわかる．

フーリエ変換では指数に虚数をもつ関数が現れる．計算ができそうにないと思われるが，指数関数をテイラー展開すると次式となる．

$$\mathrm{e}^{z}=1+z+\frac{z^{2}}{2!}+\frac{z^{3}}{3!}+\frac{z^{4}}{4!}+\cdots$$

$z=\mathrm{i}x$ とおくと，

$$\begin{aligned}\mathrm{e}^{\mathrm{i}x}&=1+\mathrm{i}x-\frac{x^{2}}{2!}-\mathrm{i}\frac{x^{3}}{3!}+\frac{x^{4}}{4!}+\mathrm{i}\frac{x^{5}}{5!}-\cdots\\&=\left(1-\frac{x^{2}}{2!}+\frac{x^{4}}{4!}-\cdots\right)+\mathrm{i}\left(x-\frac{x^{3}}{3!}+\frac{x^{5}}{5!}-\cdots\right)\end{aligned}$$

となる．実数部は $\cos(x)$，虚数部は $\sin(x)$ のテイラー展開結果であるため，この式は，

$$\mathrm{e}^{\mathrm{i}x}=\cos(x)+\mathrm{i}\sin(x)$$

と書くことができる．

4

積分計算

4.1　台形公式による無限積分

定積分は関数，x の区間，x 軸で囲まれた領域の面積を計算する．台形公式では関数を直線で近似し，台形の面積を累積することで近似面積を求める．台形公式を有限区間の積分に適用すると精度が非常に悪い．しかし，台形公式を無限区間の積分に適応し，これを等間隔の刻み幅 h の分点で計算すると，きわめて精度のよい結果が得られることが知られている[8]．

図 4.1 のような台形の面積 S は台形の面積公式を用いると，次式となる．

$$S=\frac{(a+b)h}{2} \tag{4.1}$$

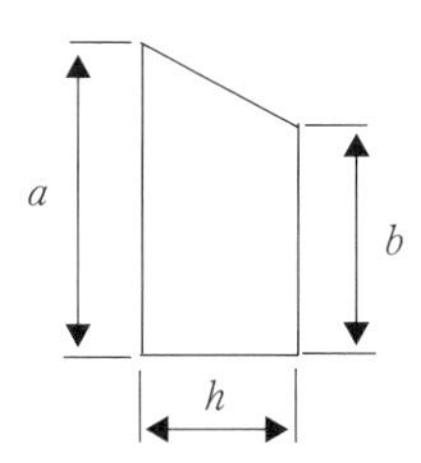

図 4.1　台形形状

例題 4.1　次式を台形公式により数値積分する

この積分には解析解がある．そのため数値計算の精度が明確になる．

$$\int_0^\infty \exp(-x^2)\mathrm{d}x=\frac{\sqrt{\pi}}{2}$$

図 4.2 のように，刻み幅 h を 0.5 として Excel を用い数値積分を行った．

$x=6$ で台形の面積がきわめて小さくなったため累積を中断した．計算結果と解析解は 16 桁以上一致しており，きわめて精度がよいことがわかる．

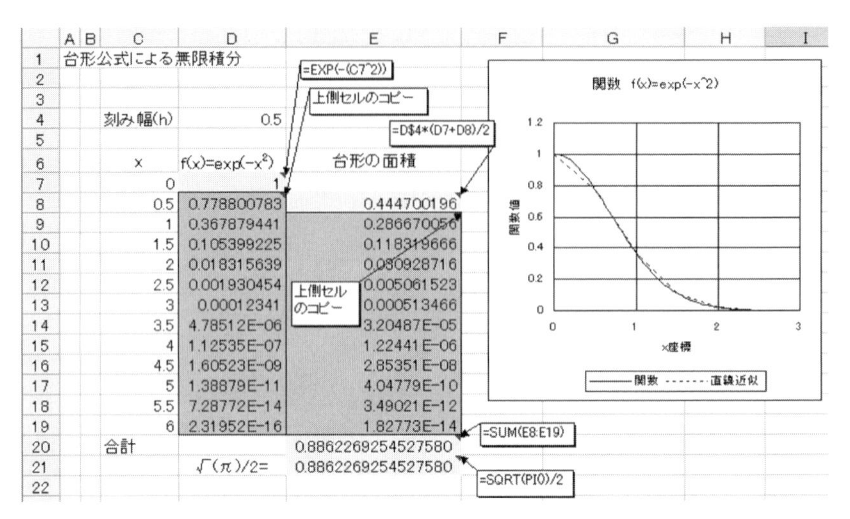

	C	D	E
1	台形公式による無限積分		
2			
3			
4	刻み幅(h)	0.5	
5			
6	x	f(x)=exp(−x²)	台形の面積
7	0	1	
8	0.5	0.778800783	0.444700196
9	1	0.367879441	0.286670056
10	1.5	0.105399225	0.118319666
11	2	0.018315639	0.030928716
12	2.5	0.001930454	0.005061523
13	3	0.00012341	0.000513466
14	3.5	4.78512E-06	3.20487E-05
15	4	1.12535E-07	1.22441E-06
16	4.5	1.60523E-09	2.85351E-08
17	5	1.38879E-11	4.04779E-10
18	5.5	7.28772E-14	3.49021E-12
19	6	2.31952E-16	1.82773E-14
20	合計		0.8862269254527580
21		√(π)/2=	0.8862269254527580
22			

図 4.2　台形公式による数値積分

4.2　シンプソン公式による数値積分

シンプソン公式では，隣接する 3 点を放物線(2 次関数)で近似し，数値積分を行う．そのため，積分する関数 $f(x)$ の積分区間 $[a:b]$ を偶数個 $(M=2N)$ に等分割し，分割点での関数値 $(y_0,\ y_1,\ \cdots,\ y_{2M})$ が必要となる．刻み幅 h は $h=(a-b)/M$ となる．積分値 I は

$$I=\int_a^b f(x)\mathrm{d}x=\frac{h}{3}[y_0+4(y_1+y_3+\cdots+y_{2M-1})+2(y_2+y_4+\cdots+y_{2M-2})+y_{2M}\} \tag{4.2}$$

となる．

次節ではシンプソン公式の活用例として，クロソイド曲線を求める．

例題 4.2　**関数 $f(x)=4/(1+x^2)$ を区間 $[0, 1]$ で積分する．**

理論解は π であることがわかっている．図 4.3 のように，Excel シート上に，分割数(M)，区間$[a, b]$を設定する．xの領域とそれに対応する関数$f(x)$を設定する．関数を変更すれば，その関数に対応した数値積分が可能となる．最後に計算結果エリアを設定する．

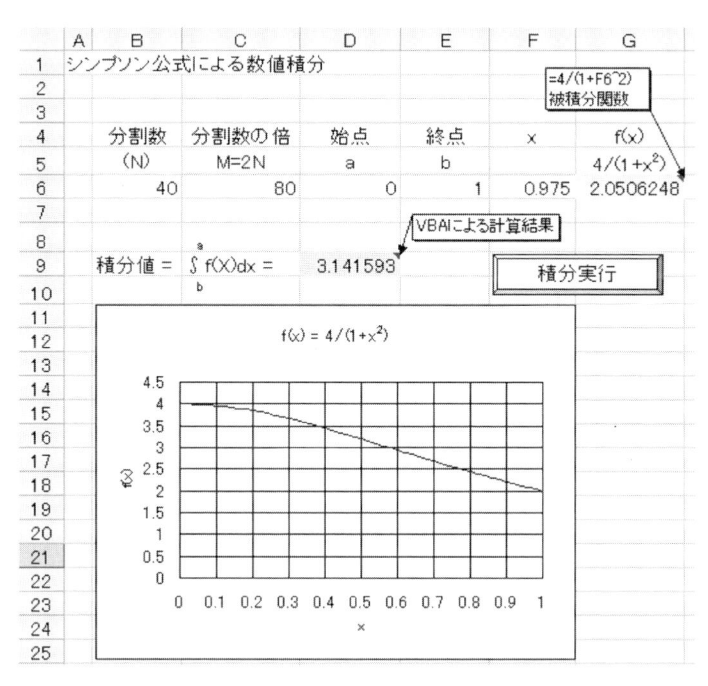

図 4.3　シンプソン公式による数値積分

シンプソン公式では，Excelの操作による計算よりも，VBAによる数値積分プログラムを作成したほうが楽である(リスト4.1)．図4.3のVBAはセルの値を読み込み，シンプソン公式を用い数値積分を行い，計算結果をセルに出力する．関数はシート上のxに値を設定し，$y=f(x)$の値を取り出す．

```
Sub Simpoon()
' シンプソン公式による数値積分
Dim N, M, i As Long
Dim a, b As Double
Dim h, sa, sb, s1, s2, s As Double
    N = Cells(6, 2)    ' 分割数の読込み
```

```
    M = Cells(6, 3)    ' 分割数の倍読込み
' エラーチェック
    If M <= 0 Then
      MsgBox ("分割数エラー")
    End If
    ' 始点，終点の読込み
    a = Cells(6, 4)
    b = Cells(6, 5)
    If a > b Then
      MsgBox ("積分範囲エラー")
    End If
    h = (b - a) / M  ' 刻み幅 h 計算
    Cells(6, 6) = a
    sa = Cells(6, 7)  ' 始点での関数値
    Cells(6, 6) = b
    sb = Cells(6, 7)  ' 終点での関数値
    '  偶数部の加算計算
    s1 = 0#
    For i = 1 To 2 * N - 1 Step 2
      Cells(6, 6) = a + h * i
      s1 = s1 + Cells(6, 7)  '  関数値の加算
    Next
    '  奇数部の加算計算
    s2 = 0#
    For i = 2 To 2 * N - 2 Step 2
      Cells(6, 6) = a + h * i
      s2 = s2 + Cells(6, 7)  '  関数値の加算
    Next
    '  合計計算
    s = h * (sa + sb + 4# * s1 + 2# * s2) / 3#
    Cells(9, 4) = s  '  積分値出力
End Sub
```

リスト 4.1　シンプソン公式の VBA

積分実行のボタンをつくり，マクロを登録しておくと便利である．積分実行ボタンをクリックすると，積分値が算出される．積分値は π の値になっている．

例題 4.3　平均値 50，標準偏差 10 の正規分布関数を区間[60，70]で積分する．

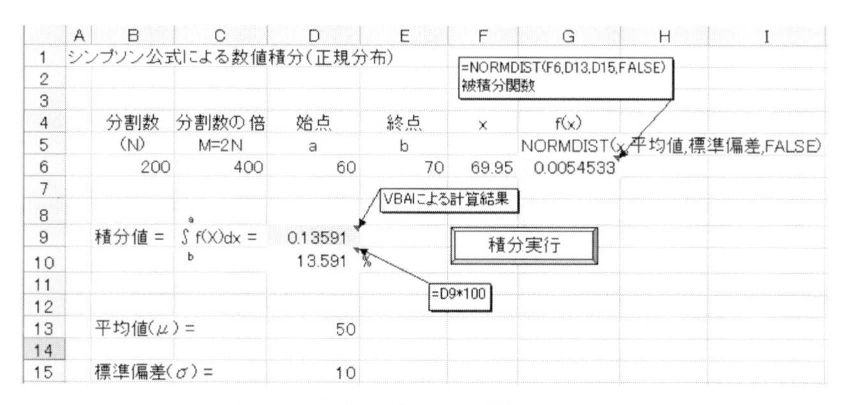

図 4.4　正規分布関数の数値積分結果

NORMDIST(x，平均値，標準偏差，FALSE)が正規分布関数である(図 4.4)．

4.3　数値積分によるクロソイド曲線

高速道路は車の走行性を考慮し，直線と半径 R のカーブの間に緩和曲線が設定されている．この緩和曲線は一定のスピードで走行する車のハンドルを一定の回転速度で回し続けた車の軌跡である．この緩和曲線をクロソイド曲線とよぶ．クロソイド曲線の積分式を次に示す．

$$x=\int_0^t \cos(\tau^2)\,\mathrm{d}\tau$$
$$y=\int_0^t \sin(\tau^2)\,\mathrm{d}\tau \qquad (4.3)$$

x：x 座標値

y：y 座標値

t：曲線上の距離

例題 4.4　シンプソン公式の数値積分により，クロソイド曲線を求める．

クロソイド曲線の軌跡を計算する場合，積分の途中結果も必要となる．積分区間$[0, t]$の積分値に微小距離$(\mathrm{d}t)$の積分値(I)を加算すると積分区間$[0, t+\mathrm{d}t]$の積分値が算出される．刻み幅$(h=\mathrm{d}t/2)$，3点$(t,\ t+h,\ t+2h)$の被積分関数値を$(y_0,\ y_1,\ y_2)$とすると，微小距離$(\mathrm{d}t)$での積分値(I)は次式となる．

$$I=\frac{h}{3}(y_0+4y_1+y_2) \tag{4.4}$$

したがって，図4.5のように，クロソイド曲線の軌跡の計算は式(4.4)を用い3点ずつ積分し，累積することとなる．

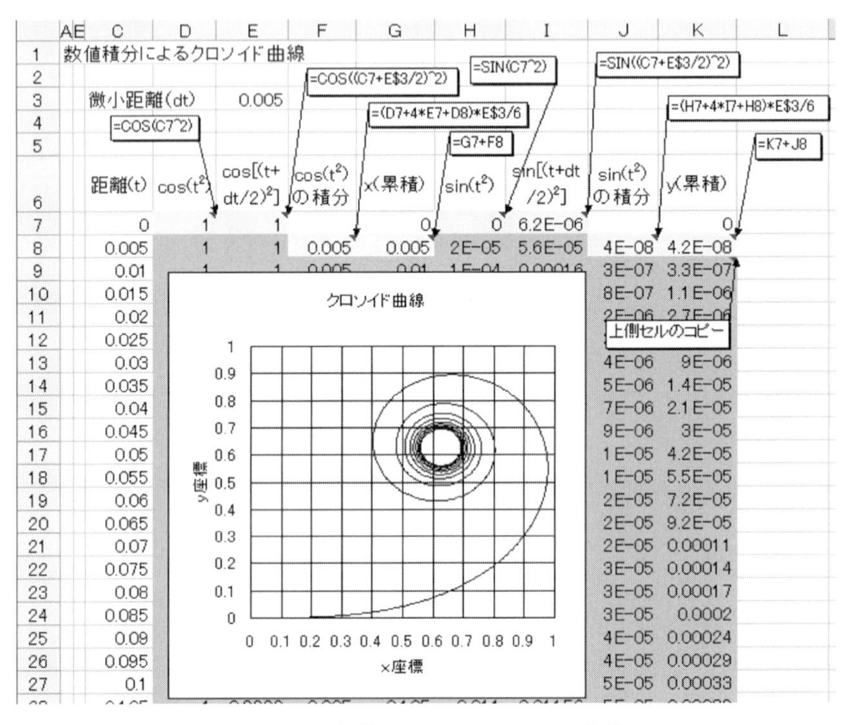

図 4.5　数値積分によるクロソイド曲線

5
微分計算

5.1　ルンゲ-クッタ法

解析的に微分方程式を解くことは非常に煩雑であり，必ず解けるとは限らない．微分方程式を1階連立微分方程式に変換し，数値積分法の一種であるルンゲ-クッタ法を適用すると，ワンパターンの計算で数値解が求まる．

ここでは，古典的な4次のルンゲ-クッタ法を次の1階2元連立微分方程式で説明する．

$$\begin{aligned}\frac{\mathrm{d}\varphi}{\mathrm{d}t}&=F(t,\varphi,\omega)\\ \frac{\mathrm{d}\omega}{\mathrm{d}t}&=G(t,\varphi,\omega)\end{aligned}\tag{5.1}$$

F, G は時間 t と変数 ϕ, ω の関数である．初期値 $t=t_0$ のとき，$\phi=\phi_0, \omega=\omega_0$ とすると，Δt 後の変数値は下式となる．

$$k_1=\Delta t\cdot F(t_0,\varphi_0,\omega_0)$$

$$m_1=\Delta t\cdot G(t_0,\varphi_0,\omega_0)$$

$$k_2=\Delta t\cdot F\left(t_0+\frac{\Delta t}{2},\ \varphi_0+\frac{1}{2}k_1,\ \omega_0+\frac{1}{2}m_1\right)$$

$$m_2=\Delta t\cdot G\left(t_0+\frac{\Delta t}{2},\ \varphi_0+\frac{1}{2}k_1,\ \omega_0+\frac{1}{2}m_1\right)$$

$$k_3=\Delta t\cdot F\left(t_0+\frac{\Delta t}{2},\ \varphi_0+\frac{1}{2}k_2,\ \omega_0+\frac{1}{2}m_2\right)$$

$$m_3=\Delta t\cdot G\left(t_0+\frac{\Delta t}{2},\ \varphi_0+\frac{1}{2}k_2,\ \omega_0+\frac{1}{2}m_2\right)$$

$$k_4=\Delta t\cdot F(t_0+\Delta t,\ \varphi_0+k_3,\ \omega_0+m_3)$$
$$m_4=\Delta t\cdot G(t_0+\Delta t,\ \varphi_0+k_3,\ \omega_0+m_3)$$

$$k=\frac{1}{6}(k_1+2k_2+2k_3+k_4)$$

$$m=\frac{1}{6}(m_1+2m_2+2m_3+m_4)$$

Δt 後の変数値 ϕ_1, ω_1 は,

$$\varphi_1=\varphi_0+k$$
$$\omega_1=\omega_0+m$$

となる．この手続きを繰り返せば，離散的だが，すべての時間での変数値が求まる．ちなみに，Δt は 0.0001 秒のような微小値を設定する必要がある．Δt が大きすぎると解が発散する場合がある．

5.2　単振り子の運動方程式

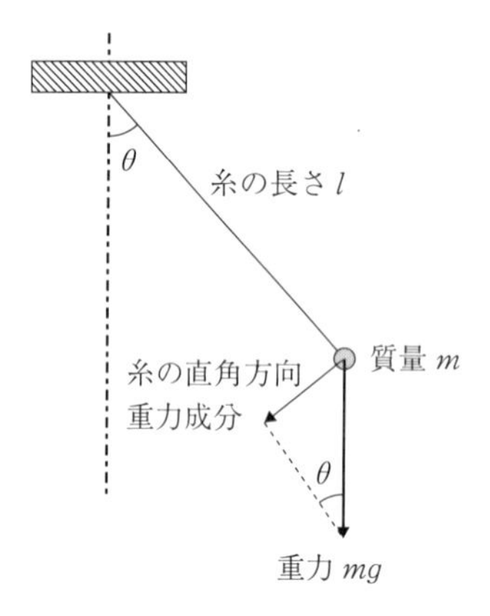

図 5.1　単振り子の説明

図 5.1 の単振り子の運動方程式は,

$$\frac{\mathrm{d}^2\theta}{\mathrm{d}t^2}=-\frac{g}{l}\sin\theta \tag{5.2}$$

l：振り子の糸の長さ

θ：糸が鉛直方向となす振れの角

t：経過時間

g：重力の加速度(9.8 m/s^2)

と書ける(振り子の質量 m は振り子運動に影響しない). この方程式は非線形であるため, 解析解は楕円関数で表現される. 振れの角 θ が小さいとき, $\sin\theta \fallingdotseq \theta$ となり, 式(5.2)は単振動の式

$$\frac{\mathrm{d}^2\theta}{\mathrm{d}t^2} = -\frac{g}{l}\theta \tag{5.3}$$

となる. 式(5.3)の解析解は式(5.4)となり, 振幅 k, 周期 T_0 の単振動を表す. 周期とは, 振り子が1回振動するのに要する時間(秒)である.

$$\theta = k\sin\left(\sqrt{\frac{g}{l}}\,t\right) \tag{5.4}$$

$$T_0 = 2\pi\sqrt{\frac{l}{g}} \tag{5.5}$$

単振り子の運動方程式(5.2)は2階微分方程式である. ルンゲ-クッタ法は1階連立微分方程式の解法である. そのため式(5.2)を1階連立微分方程式に変換する. 角速度 ω は時間(秒)あたりの角度(ラジアン)変化である. よって,

$$\frac{\mathrm{d}\theta}{\mathrm{d}t} = \omega \tag{5.6}$$

となる. 角速度 ω を使うと, 式(5.2)は,

$$\begin{aligned} \frac{\mathrm{d}\omega}{\mathrm{d}t} &= -\frac{g}{l}\sin\theta \\ \frac{\mathrm{d}\theta}{\mathrm{d}t} &= \omega \end{aligned} \tag{5.7}$$

の1階連立微分方程式で表現できる. また関数 F, G を用いれば,

$$\begin{aligned} \frac{\mathrm{d}\omega}{\mathrm{d}t} &= F(t, \omega, \theta) \qquad F(t, \omega, \theta) = -\frac{g}{l}\sin\theta \\ \frac{\mathrm{d}\theta}{\mathrm{d}t} &= G(t, \omega, \theta) \qquad G(t, \omega, \theta) = \omega \end{aligned} \tag{5.8}$$

と表現できる.

例題 5.1　4次のルンゲ-クッタ法により単振り子の2階連立微分方程式を解く．

振り子の糸の長さ $l=0.5$ m とする．振れの角度 $\theta=1$ ラジアン $=180/\pi$ 度 $=57.3$ 度からスタートする．すなわち，初期値は $t_0=0$ 秒，$\omega_0=0$ ラジアン/秒 $\theta_0=1$ ラジアンとなる．

図5.2のように，シート上で初期値からの増分を計算する．初期値 + 増分が次(Δt 秒後)の値(t, ω, θ)となる．

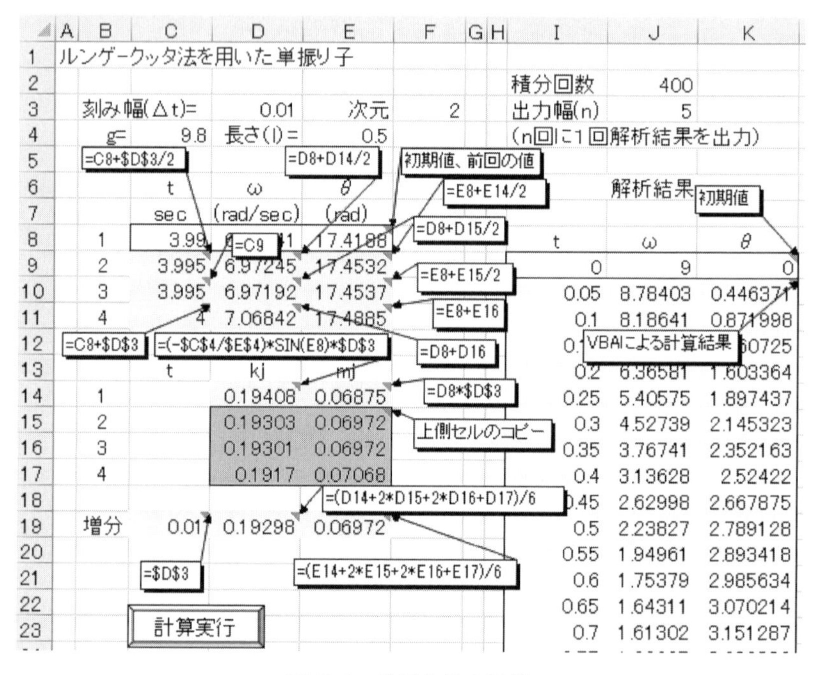

図 5.2　単振り子の計算

計算を指定回数繰り返す必要があるため，リスト5.1のVBAを作成する．計算実行ボタンにマクロを登録し，ボタンをクリックするとルンゲ-クッタ法の計算が実行される．計算結果から描ける角度変化と角速度変化のグラフは図5.3のようになる．

```
Option Explicit
Sub RungeKutta()
' ルンゲ-クッタ法
Dim kaisuu As Integer ' 積分回数
Dim n As Integer       ' 出力幅
Dim h As Double        ' 刻み幅
Dim jigen As Long     ' 次元
Dim i As Integer
Dim j As Integer
Dim ii As Integer
Dim col As Integer
Dim x0(3) As Double
Dim xn(3) As Double
kaisuu = Cells(2, 10)   '  積分回数の読込み
n = Cells(3, 10)        '  出力幅の読込み
h = Cells(3, 4)         '  刻み幅の読込み
jigen = Cells(3, 6)     '  次元の読込み
'  初期値の読込み
col = 9
For j = 0 To jigen
  x0(j) = Cells(col, j + 9)
Next
' 積分回数繰返し
For i = 1 To kaisuu
  ' 初期値，前回の値を出力
  For j = 0 To jigen
    Cells(8, j + 3) = x0(j)
  Next
  ' 前回値に増分を加算
  For j = 0 To jigen
    xn(j) = x0(j) + Cells(19, j + 3)
  Next
  ' 計算結果を出力幅ごとに出力
  ii = i Mod n
  If ii = 0 Then
    col = col + 1
    For j = 0 To jigen
      Cells(col, j + 9) = xn(j)
    Next
  End If
  ' 計算結果を前回の値に置き換える
```

```
    For j = 0 To jigen
      x0(j) = xn(j)
    Next
Next
' 繰返し計算終了
End Sub
```

リスト 5.1 ルンゲ-クッタ法の繰返し処理用 VBA

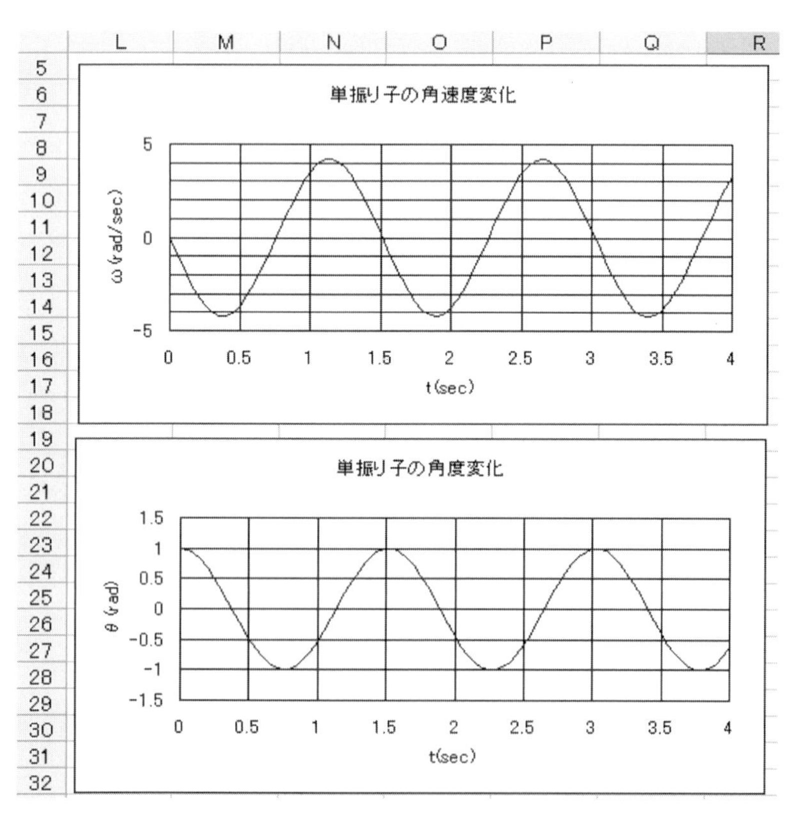

図 5.3 単振り子の角度変化と角速度変化のグラフ

単振動の場合，振り子の周期 T_0 は式(5.5)より，$T_0=1.4192$ 秒となる．振れの角度 θ が大きい場合，周期 T は近似的に式(5.9)となり[12)]，そのグラフは図5.4である．

$$T = T_0\left(1 + \frac{\theta^2}{16}\right) \tag{5.9}$$

振れの角度 $\theta=1$ の場合，式(5.9)より $T=1.5079$ 秒となり，ルンゲ-クッタ法による解析結果から読みとれる周期とよく一致している．振れの角度が1ラジアン $=57°$ 以下ならば振り子の周期はほとんど振幅に無関係である．これは振り子の等時性とよばれる性質である．

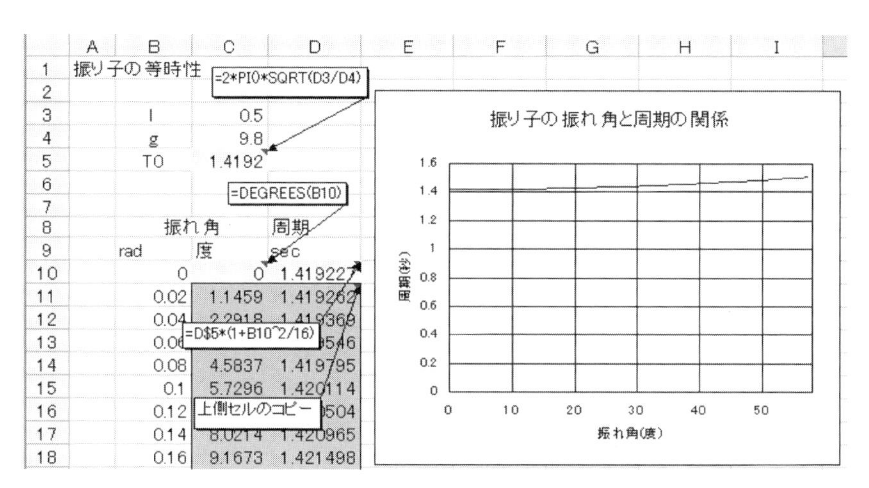

図 5.4　単振り子の振れ角度と周期の関係

例題 5.2　**単振り子に大きな初速(角速度)を設定し，運動方程式を解く．**

図5.2において，大きな初期角速度 $\omega=9$ ラジアン/秒を設定すると，図5.5のグラフのように，単振り子は振動せず，回転する(振り子ではない)．

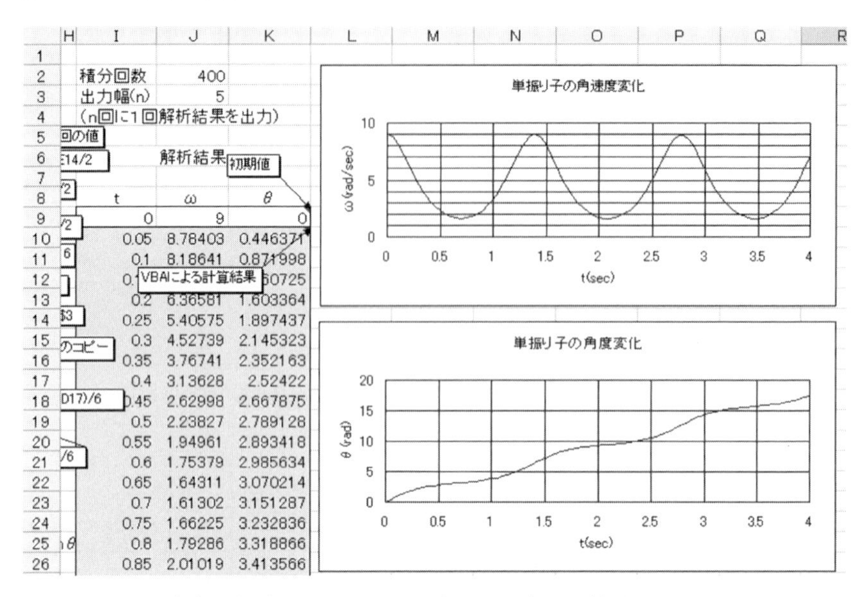

図 5.5　大きな初速度を振り子に設定した場合の計算結果とそのグラフ

5.3　ルンゲ-クッタ-フェールベルグ法

常微分方程式のポピュラーな解法は 4 段 4 次のルンゲ-クッタ法である．ここでは，より高性能である 6 段 5 次のルンゲ-クッタ-フェールベルグ法（Runge-Kutta-Fehlberg method：RKF45）を説明する．ルンゲ-クッタ-フェールベルグ法は誤差をチェックし，時間刻み幅を変更しながら計算するため，4 次のルンゲクッタ法と比較して非常に精度がよい方法である．

次の 1 階微分方程式で説明する．

$$\frac{\mathrm{d}y}{\mathrm{d}t}=F(t,y) \tag{5.10}$$

F は時間 t と変数 y の関数である．初期値 $t=t_0$ のとき $y=y_0$ とすると，Δt 後の 6 個の次の変数値を計算する[9]．

$$k_1=\Delta t\cdot F(t_0, y_0) \tag{5.11}$$

$$k_2=\Delta t\cdot F\left(t_0+\frac{1}{4}\Delta t,\ y_0+\frac{1}{4}k_1\right) \tag{5.12}$$

$$k_3=\Delta t\cdot F\left(t_0+\frac{3}{8}\Delta t,\ y_0+\frac{3}{32}k_1+\frac{9}{32}k_2\right) \tag{5.13}$$

$$k_4=\Delta t\cdot F\left(t_0+\frac{12}{13}\Delta t,\ y_0+\frac{1932}{2197}k_1-\frac{7200}{2197}k_2+\frac{7296}{2197}k_3\right) \tag{5.14}$$

$$k_5=\Delta t\cdot F\left(t_0+\Delta t,\ y_0+\frac{439}{216}k_1-8k_2+\frac{3680}{513}k_3-\frac{845}{4104}k_4\right) \tag{5.15}$$

$$k_6=\Delta t\cdot F\left(t_0+\frac{1}{2}\Delta t,\ y_0-\frac{8}{27}k_1+2k_2-\frac{3544}{2565}k_3+\frac{1859}{4104}k_4-\frac{11}{40}k_5\right) \tag{5.16}$$

Δt 後の変数値 y_1 は 4 次の近似とし，次式となる．

$$y_1=y_0+\frac{25}{216}k_1+\frac{1408}{2565}k_3+\frac{2197}{4104}k_4-\frac{1}{5}k_5 \tag{5.17}$$

また，5 次の近似は次式となる．

$$y_1'=y_0+\frac{16}{135}k_1+\frac{6656}{12825}k_3+\frac{28561}{56430}k_4-\frac{9}{50}k_5+\frac{2}{55}k_6 \tag{5.18}$$

5 次の近似式と 4 次の近似式の差を誤差 R とする．

$$R=|y_1'-y_1|=\left|\frac{1}{360}k_1-\frac{128}{4275}k_3-\frac{2197}{75240}k_4+\frac{1}{50}k_5+\frac{2}{55}k_6\right| \tag{5.19}$$

誤差の判定は，次式で s を求め，$s\geqq 1$ の場合，近似値が許容誤差内と判定し次の時間ステップに進む．そうでない場合，$\Delta t=s\Delta t$ に変更し，計算をやり直す．

$$s=\left(\frac{\varepsilon\Delta t}{2R}\right)^{\frac{1}{4}} \qquad \varepsilon：許容誤差\ =0.00001 \tag{5.20}$$

例題の VBA プログラムでは，$s>0.1$ の制限を設定している．

5.4　2 質点系ばねマスモデルの振動解析

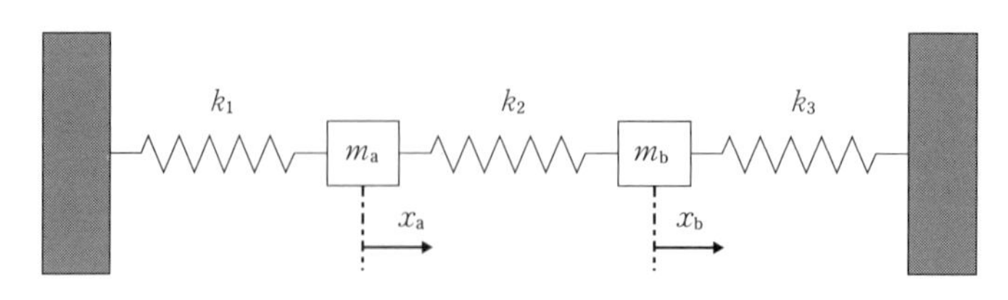

図 5.6　ばねマスモデル

図 5.6 のように，固定された壁の間に二つの質点 a, b（質量 m_a, m_b）があり，質点がばねで接合されたモデルを想定する．ばね定数は左から k_1, k_2, k_3 とする．質点の水平方向変位をそれぞれ，x_a, x_b とし，水平方向の振動運動を解析する．

フックの法則に基づき，ばねに加えられた力 F は伸び量 x に比例する．その比例定数がばね定数 k である．

$$\text{フックの法則}\quad F = kx \tag{5.21}$$

フックの法則に従い，各ばねに働く力（Fk_1, Fk_2, Fk_3）は

$$\begin{aligned} Fk_1 &= k_1 x_a \\ Fk_2 &= k_2(x_b - x_a) \\ Fk_3 &= k_3(-x_b) \end{aligned} \tag{5.22}$$

となる．

質量 m の物体に力 F を加えたとき，ニュートンの第 2 法則に従い，物体は α の加速度で運動する．

$$\text{ニュートンの第 2 法則}\quad F = m\alpha \tag{5.23}$$

ニュートンの第 2 法則に従い，質点（質量 m_a, m_b）の運動方程式は，

$$\begin{aligned} m_a \cdot \alpha_a &= -k_1 x_a - k_2(x_a - x_b) \\ m_b \cdot \alpha_b &= -k_3 x_b - k_2(x_b - x_a) \end{aligned} \tag{5.24}$$

　　α_a：質点 a（質量 m_a）の加速度

　　α_b：質点 b（質量 m_b）の加速度

加速度は変位を時間 t で 2 回微分したものである．よって，運動方程式は次式となる．

$$m_a \frac{d^2 x_a}{dt^2} = -k_1 x_a - k_2(x_a - x_b) \tag{5.25}$$

$$m_b \frac{d^2 x_b}{dt^2} = -k_3 x_b - k_2(x_b - x_a) \tag{5.26}$$

これを，ルンゲ-クッタ法で解くことにする．まず，この式を 1 階連立微分方程式に変換する必要がある．変位の 1 階微分は速度であり，速度の 1 階微分は加速度である．質点 a, b の速度を v_a, v_b とし，この速度の式を運動方程式に代入すると，次の 1 階連立方程式となる．

$$\frac{dx_a}{dt} = v_a \tag{5.27}$$

$$m_a \frac{dv_a}{dt} = -k_1 x_a - k_2(x_a - x_b) \tag{5.28}$$

$$\frac{dx_b}{dt} = v_b \tag{5.29}$$

$$m_b \frac{dv_b}{dt} = -k_3 x_b - k_2(x_b - x_a) \tag{5.30}$$

エネルギー保存の法則に従い，すべての時間において，質点の運動エネルギーとばねのポテンシャルエネルギーの和は一定である．ルンゲ-クッタ法による数値積分の精度を確認する目的で，各時間でのエネルギーを計算する．質点 a, b の運動エネルギーは，

$$\frac{1}{2} m_a \cdot v_a^2 \qquad \frac{1}{2} m_b \cdot v_b^2 \tag{5.31}$$

となる．ばねのポテンシャルエネルギーは，

$$\frac{1}{2} k_1 \cdot x_a^2 \qquad \frac{1}{2} k_2 \cdot (x_b - x_a)^2 \qquad \frac{1}{2} k_3 \cdot x_b^2 \tag{5.32}$$

となる．

“Excel で気軽に化学工学” の著者である伊東章先生（新潟大学（現 東京工業大学））より，ルンゲ-クッタ-フェールベルグ法による常微分方程式解法シート（ITO シート）作成を依頼された．ITO シートを用い運動方程式を解く[1)]．

例題 5.3　4次のルンゲ-クッタ法により，ばねマスモデルの運動方程式を解く.

ばね定数は $k_1=1$, $k_2=2$, $k_3=1$ とし，質量は $m_a=4$, $m_b=2$ とする．質点 m_a の初速度を 5 とする.

図 5.7 の計算結果より，当初 50 であったエネルギーの合計はだんだん減少し，時間が 30 秒経過したとき，エネルギーの合計は 48.333 となった．質点の変化と速度のグラフは図 5.8, 5.9 のようになる.

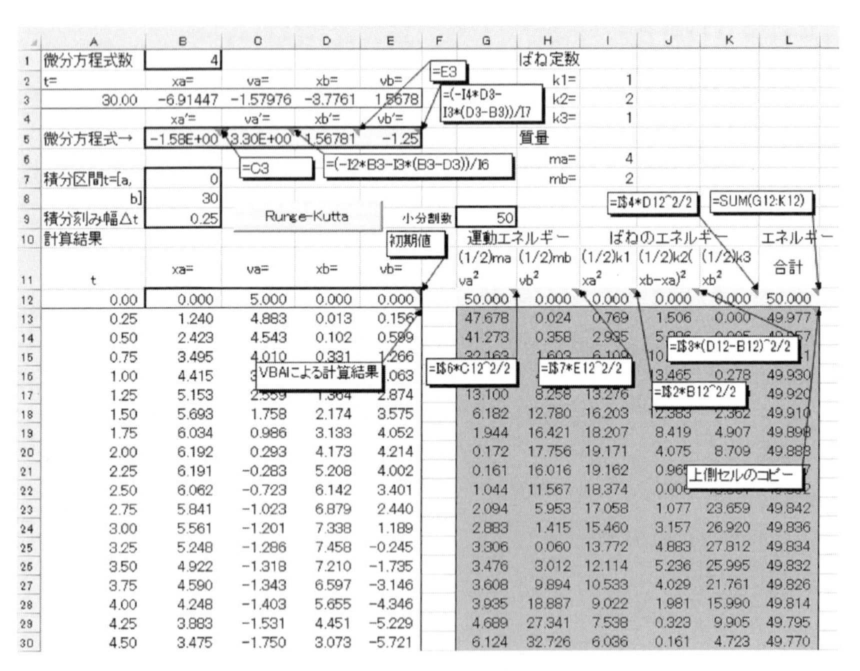

	A	B	C	D	E	F	G	H	I	J	K	L
1	微分方程式数	4						ばね定数				
2	t=	xa=	va=	xb=	vb=			k1=	1			
3	30.00	−6.91447	−1.57976	−3.7761	1.5678			k2=	2			
4		xa′=	va′=	xb′=	vb′=			k3=	1			
5	微分方程式→	−1.58E+00	3.30E+00	1.56781	−1.25			質量				
6								ma=	4			
7	積分区間t=[a,	0						mb=	2			
8	b]	30										
9	積分刻み幅Δt	0.25	Runge-Kutta			小分割数	50					
10	計算結果						運動エネルギー		ばねのエネルギー			エネルギー
11	t	xa=	va=	xb=	vb=		(1/2)ma va²	(1/2)mb vb²	(1/2)k1 xa²	(1/2)k2(xb−xa)²	(1/2)k3 xb²	合計
12	0.00	0.000	5.000	0.000	0.000		50.000	0.000	0.000	0.000	0.000	50.000
13	0.25	1.240	4.883	0.013	0.156		47.678	0.024	0.769	1.506	0.000	49.977
14	0.50	2.423	4.543	0.102	0.599		41.273	0.358	2.935	5.[illegible]	[illegible]	[illegible]
15	0.75	3.495	4.010	0.331	1.266		[illegible]	1.603	6.109	10.[illegible]	[illegible]	[illegible]
16	1.00	4.415	[illegible]	[illegible]	[illegible]		[illegible]	[illegible]	[illegible]	13.465	0.278	49.930
17	1.25	5.153	[illegible]	[illegible]	2.874		13.100	8.258	13.276	[illegible]	[illegible]	49.920
18	1.50	5.693	1.758	2.174	3.575		6.182	12.780	16.203	12.383	2.362	49.910
19	1.75	6.034	0.986	3.133	4.052		1.944	16.421	18.207	8.419	4.907	49.898
20	2.00	6.192	0.293	4.173	4.214		0.172	17.756	19.171	4.075	8.709	49.883
21	2.25	6.191	−0.283	5.208	4.002		0.161	16.016	19.162	0.965	[illegible]	[illegible]
22	2.50	6.062	−0.723	6.142	3.401		1.044	11.567	18.374	0.006	[illegible]	[illegible]
23	2.75	5.841	−1.023	6.879	2.440		2.094	5.953	17.058	1.077	23.659	49.842
24	3.00	5.561	−1.201	7.338	1.189		2.883	1.415	15.460	3.157	26.920	49.836
25	3.25	5.248	−1.286	7.458	−0.245		3.306	0.060	13.772	4.883	27.812	49.834
26	3.50	4.922	−1.318	7.210	−1.735		3.476	3.012	12.114	5.236	25.995	49.832
27	3.75	4.590	−1.343	6.597	−3.146		3.608	9.894	10.533	4.029	21.761	49.826
28	4.00	4.248	−1.403	5.655	−4.346		3.935	18.887	9.022	1.981	15.990	49.814
29	4.25	3.883	−1.531	4.451	−5.229		4.689	27.341	7.538	0.323	9.905	49.795
30	4.50	3.475	−1.750	3.073	−5.721		6.124	32.726	6.036	0.161	4.723	49.770

図 5.7　常微分方程式解法シート(4次のルンゲ-クッタ法)

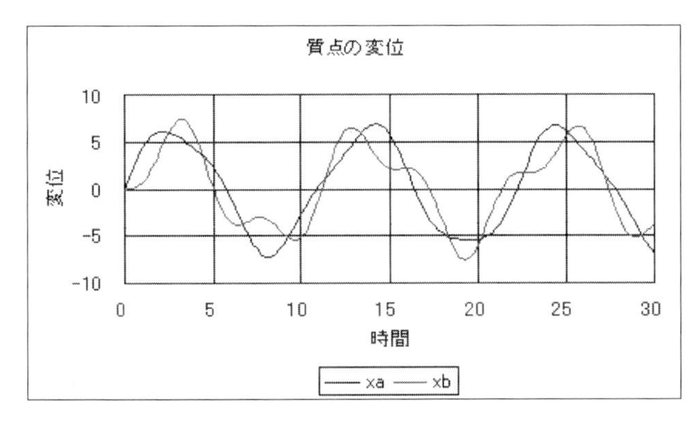

図 5.8　質点の変位

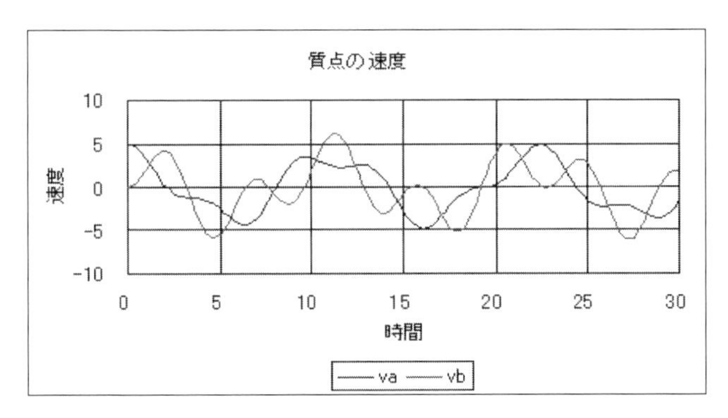

図 5.9　質点の速度

例題 5.4　**ルンゲ-クッタ-フェールベルグ法により，ばねマスモデルの運動方程式を解く．** ただし条件は[例題 5.3]と同じとする．

図 5.10 の計算結果より，ルンゲ-クッタ-フェールベルグ法ではエネルギーの合計は一定となっている．この方法は非常に性能(精度)のよい方法であることがわかる．

	A	B	C	D	E	F	G	H	I	J	K	L
1	微分方程式数	4						ばね定数				
2	t=	xa=	va=	xb=	vb=			k1=	1			
3	29.97	−6.95452	−1.72934	−3.848	1.6681			k2=	2			
4		xa′=	va′=	xb′=	vb′=			k3=	1			
5	微分方程式→	−1.73E+00	3.29E+00	1.66814	−1.183			質量				
6								ma=	4			
7	積分区間t=[a,	0						mb=	2			
8	b]	30										
9	分割数	100	Runge-Kutta-Fehlberg									
10	計算結果						運動エネルギー		ばねのエネルギー			エネルギー
11	t	xa=	va=	xb=	vb=		(1/2)ma va^2	(1/2)mb vb^2	(1/2)k1 xa^2	(1/2)k2(xb−xa)^2	(1/2)k3 xb^2	合計
12	0.00	0.000	5.000	0.000	0.000		50.000	0.000	0.000	0.000	0.000	50.000
13	0.14	0.681	4.965	0.002	0.046		49.306	0.002	0.232	0.460	0.000	50.000
14	0.27	1.352	4.862	0.017	0.184		47.270	0.034	0.914	1[illegible]	[illegible]	50.000
15	0.41	2.005	4.692	0.056	0.406		44.025	0.165	2.010	3[illegible]	[illegible]	50.000
16	0.55	2.637	4[illegible]	[illegible]	[illegible].708		[illegible]	[illegible]	[illegible]	6[illegible]	[illegible]	50.000
17	0.69	3.245	[illegible]	[illegible]	[illegible].083		34.603	1.173	5.266	8.925	0.033	50.000
18	0.83	3.804	3.813	0.438	1.505		29.080	2.265	7.234	[illegible]	[illegible]6	50.000
19	0.96	4.288	3.445	0.667	1.935		23.735	3.744	9.192	13.106	0.228	50.000
20	1.09	4.707	3.061	0.944	2.360		18.744	5.571	11.079	14.160	0.446	50.000
21	1.22	5.069	2.667	1.269	2.770		14.228	7.671	12[illegible]	[illegible]	[illegible]805	50.000
22	1.34	5.378	2.267	1.640	3.152		10.279	9.934	14[illegible]	[illegible]	[illegible]344	50.000
23	1.47	5.637	1.866	2.056	3.495		6.961	12.216	15.886	12.824	2.113	50.000
24	1.59	5.846	1.467	2.514	3.787		4.304	14.345	17.089	11.101	3.161	50.000
25	1.72	6.008	1.075	3.013	4.016		2.313	16.127	18.050	8.971	4.539	50.000
26	1.85	6.124	0.695	3.549	4.166		0.965	17.358	18.750	6.631	6.296	50.000
27	1.99	6.193	0.329	4.117	4.222		0.216	17.827	19.174	4.307	8.476	50.000
28	2.13	6.214	−0.020	4.716	4.163		0.001	17.328	19.307	2.246	11.118	50.000
29	2.27	6.190	−0.318	5.282	3.983		0.203	15.865	19.159	0.826	13.948	50.000
30	2.40	6.129	−0.570	5.805	3.689		0.650	13.611	18.784	0.105	16.850	50.000

図 5.10　常微分方程式解法シート（ルンゲ-クッタ-フェールベルグ法）

4 次のルンゲ-クッタ法とルンゲ-クッタ-フェールベルグ法の数値積分の分割数，計算時間を比較した表 5.1 を示す．この表より，ルンゲ-クッタ-フェールベルグ法は精度がよいうえに，数値積分の分割数が少ないため計算時間が少なくてすむことがわかる．ルンゲ-クッタ-フェールベルグ法の VBA はリスト 5.2 のとおりである．

表 5.1　解法の比較

解　　法	数値積分の分割数	計算時間（秒）
4 次のルンゲ-クッタ法	6000	805
ルンゲ-クッタ-フェールベルグ法	227	21

```
Option Explicit
Dim Y() As Double        '近似値(ワーク)
Dim Y0() As Double       '初期値又は決定近似値
Dim YS() As Double       'ステップ前の積分値
Dim NM As Integer        '微分方程式数-1
Dim XA As Double         '積分区間始端
Dim XB As Double         '積分区間終端
Dim ND As Integer        '区間分割数
Dim Lin As Long          '計算結果出力ライン番号
Dim YH0 As Double        '積分最大刻み幅(入力値)
Dim YH1 As Double        'ステップ毎の積分刻み幅
Dim X0 As Double         'ステップ前の時間
Dim NK As Integer        '微分方程式数のループカウンター
Dim NZ As Long           '積分ステップ番号
Dim X As Double          '計算中の時間(ワーク)
Dim K() As Double        'K1～K6 の値
Dim Keisu_K1 As Variant  'K1 の係数
Dim Keisu_K2 As Variant  'K2 の係数
Dim Keisu_K3 As Variant  'K3 の係数
Dim Keisu_K4 As Variant  'K4 の係数
Dim Keisu_K5 As Variant  'K5 の係数
Dim Keisu_K6 As Variant  'K6 の係数
Dim Keisu_R As Variant   '打ち切り誤差の係数
Dim Keisu_W As Variant   '近似値の係数
Dim R() As Double        '打ち切り誤差
Dim TOL() As Double      '許容限度
Dim YHmin As Double      '積分最小刻み幅
Dim Ret As Integer       'リターンコード
Sub H_onClick()
' Runge-Kutta-Fehlberg 法
NM = Cells(1, 2)
NM = NM - 1
ReDim Y(NM), Y0(NM), YS(NM)
ReDim K(6, NM)
ReDim R(NM)
RoDim TOL(NM)
For NK = 0 To NM
  TOL(NK) = 0.00001
Next
Keisu_K1 = Array(0#, 0#)
Keisu_K2 = Array(1 / 4, 1 / 4)
```

```
Keisu_K3 = Array(3 / 8, 3 / 32, 9 / 32)
Keisu_K4 = Array(12 / 13, 1932 / 2197, -7200 / 2197, 7296 / 2197)
Keisu_K5 = Array(1#, 439 / 216, -8#, 3680 / 513, -845 / 4104)
Keisu_K6 = Array(1 / 2, -8 / 27, 2#, -3544 / 2565, 1859 / 4104, -11 / 40)
Keisu_R = Array(1 / 360, 0#, -128 / 4275, -2197 / 75240, 1 / 50, 2 / 55)
Keisu_W = Array(25 / 216, 0#, 1408 / 2565, 2197 / 4104, -1 / 5)
' 区間，刻み幅，初期値の設定
XA = Cells(7, 2)
XB = Cells(8, 2)
ND = Cells(9, 2)
If ND <= 0 Then
  Ret = MsgBox("区間分割数 <= 0", vbOKOnly)
  Exit Sub
End If
YH0 = (XB - XA) / ND
If YH0 <= 0# Then
  Ret = MsgBox("積分刻み幅 <= 0", vbOKOnly)
  Exit Sub
End If
YHmin = 0.00001
For NK = 0 To NM
  Y0(NK) = Cells(12, NK + 2)
Next
'---
YH1 = YH0
X0 = XA
NZ = 0
'積分ステップの繰り返し
Do While X0 < XB
  For NK = 0 To NM
    YS(NK) = Y0(NK)
  Next
' K1 の計算
  Call keisu_Calc(1, Keisu_K1)
' K2 の計算
  Call keisu_Calc(2, Keisu_K2)
' K3 の計算
  Call keisu_Calc(3, Keisu_K3)
' K4 の計算
  Call keisu_Calc(4, Keisu_K4)
' K5 の計算
```

```
  Call keisu_Calc(5, Keisu_K5)
' K6の計算
  Call keisu_Calc(6, Keisu_K6)
' 誤差の判定
  If (gosa_hantei) Then
' 近似値の計算
     Call kinji_kai
  End If
' 増分刻み幅の計算
  If delta_calc Then Exit Sub
Loop
End Sub
Sub keisu_Calc(k_no As Integer, keisu As Variant)
' runge-kutta-fehlberg法の(K1〜K6)の計算
' k_no : K番号(1〜6)
' Keisu : 係数
Dim i As Integer
X = X0 + keisu(0) * YH1
Cells(3, 1) = X
For NK = 0 To NM
  Y(NK) = YS(NK)
  If (k_no > 1) Then
     For i = 0 To k_no - 2
        Y(NK) = Y(NK) + keisu(i + 1) * K(i, NK)
     Next
  End If
  Cells(3, NK + 2) = Y(NK)
Next
For NK = 0 To NM
  K(k_no - 1, NK) = YH1 * Cells(5, NK + 2)
Next
End Sub
Function gosa_hantei() As Boolean
'誤差の判定　True:ok False:ng
Dim i As Integer
Dim rt As Double
gosa_hantei = True
For NK = 0 To NM
  rt = 0#
  For i = 0 To 5
     rt = rt + Keisu_R(i) * K(i, NK)
```

```
    Next
    R(NK) = Abs(rt) / YH1
    If R(NK) > TOL(NK) Then
      gosa_hantei = False
    End If
  Next
  End Function
  Sub kinji_kai()
  '近似値の計算，出力
  Dim i As Integer
  NZ = NZ + 1
  X0 = X0 + YH1
  Lin = NZ + 12
  Cells(Lin, 1) = X0
  For NK = 0 To NM
    For i = 0 To 4
      Y0(NK) = Y0(NK) + Keisu_W(i) * K(i, NK)
    Next
    Cells(Lin, NK + 2) = Y0(NK)
  Next
  End Sub
  Function delta_calc() As Boolean
  '増分刻み幅の計算
  Dim delta As Double
  Dim delta_min As Double
  delta_calc = False
  delta_min = 9999#
  For NK = 0 To NM
    If R(NK) > 0# Then
      delta = (TOL(NK) / (2# * R(NK))) ^ (0.25)
      If delta_min > delta Then delta_min = delta
    End If
  Next
  If delta_min <= 0.1 Then
    YH1 = 0.1 * YH1
  Else
    If delta_min >= 4# Then
      YH1 = 4# * YH1
    Else
      YH1 = delta_min * YH1
    End If
  End If
```

```
If YH1 > YH0 Then YH1 = YH0
If X0 >= XB Then
  delta_calc = True
Else
  If X0 + YH1 > XB Then
    YH1 = XB - X0
  Else
    If YH1 < YHmin Then
      delta_calc = True
      Ret = MsgBox("許容限度をオーバー", vbOKOnly)
    End If
  End If
End If
End Function
```

リスト 5.2　ルンゲ-クッタ-フェールベルグ法の VBA

5.5　微分によるクロソイド曲線

"4 章　積分計算" でクロソイド曲線の計算を行ったが，微分方程式を解くことによってもクロソイド曲線の計算は可能である．クロソイド曲線の微分方程式を次に示す．

$$
\begin{aligned}
\frac{\mathrm{d}x}{\mathrm{d}t} &= \cos\left(t^2\right) \\
\frac{\mathrm{d}y}{\mathrm{d}t} &= \sin\left(t^2\right)
\end{aligned}
\tag{5.33}
$$

x：x 座標値

y：y 座標値

t：曲線上の距離

例題 5.5　**ルンゲ-クッタ-フェールベルグ法によりクロソイド曲線を計算する．**

常微分方程式解法シート（ITO シート）を用いると簡単にクロソイド曲線が計算できる（図 5.11）．

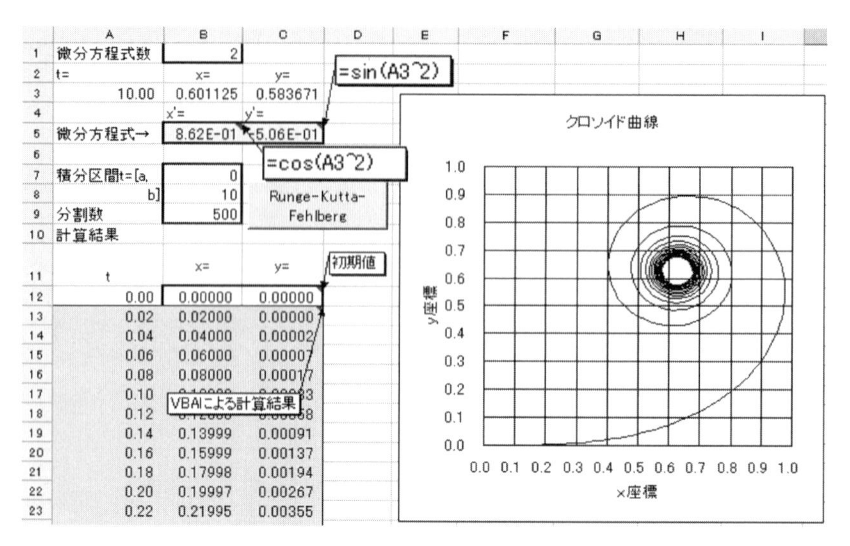

図 5.11　常微分方程式解法シート(ルンゲ-クッタ-フェールベルグ法)

5.6　電気回路方程式

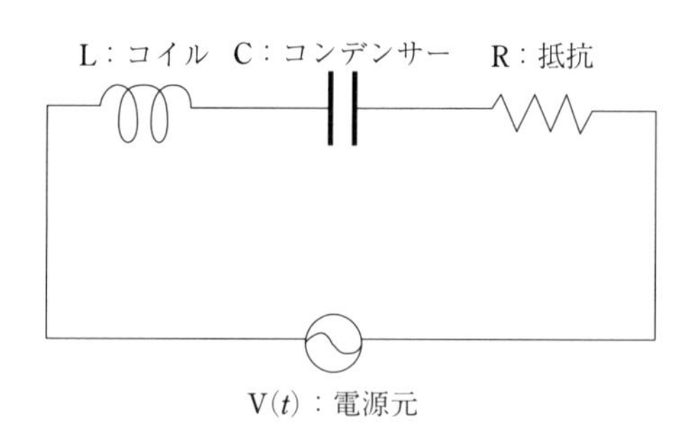

図 5.12　直列 LCR 回路モデル

図 5.12 の直列 LCR 回路方程式は次式となる.

$$L\frac{\mathrm{d}i}{\mathrm{d}t}+Ri+\frac{1}{c}\int i\mathrm{d}t=V(t) \tag{5.34}$$

　　i：電流(A：アンペア)

t：時間(秒)

L：コイルの自己リアクタンス(H：ヘンリー)

R：電気抵抗(Ω：オーム)

C：コンデンサーの静電容量(F：ファラデー)

$V(t)$：時間的に変化する電圧元の電圧

$V(t)=V_{\mathrm{m}}\cdot\sin(\omega t)$とする.

V_{m}：最大電圧(V：ボルト)

ω：電圧元の角周波数(ラジアン/秒)

式(5.34)をtについて微分すると，次の2階微分方程式となる.

$$L\frac{\mathrm{d}^2 i}{\mathrm{d}t^2}+R\frac{\mathrm{d}i}{\mathrm{d}t}+\frac{1}{c}i=U(t) \tag{5.35}$$

$$U(t)=\frac{\mathrm{d}V(t)}{\mathrm{d}t}=V_{\mathrm{m}}\cdot\omega\cos(\omega t) \tag{5.36}$$

ルンゲ-クッタ法は1階連立方程式の解法であるため，式(5.35)を次式のように，2個の1階微分方程式に分けて計算する.

$$\begin{aligned}\frac{\mathrm{d}i}{\mathrm{d}t}&=s\\ \frac{\mathrm{d}s}{\mathrm{d}t}&=\frac{-R\cdot s-\dfrac{1}{C}i+U(t)}{L}\end{aligned} \tag{5.37}$$

例題 5.6 **LC 回路を解く.**

図5.13のように，$L=0.02$，$C=0.01$，初期電流1Aの条件でLC回路方程式を解くと，電流が共振していることがわかる. 共振の周期Tの理論解は$T=2\pi\sqrt{LC}=0.028$となり，グラフから読み取れる周期と一致している.

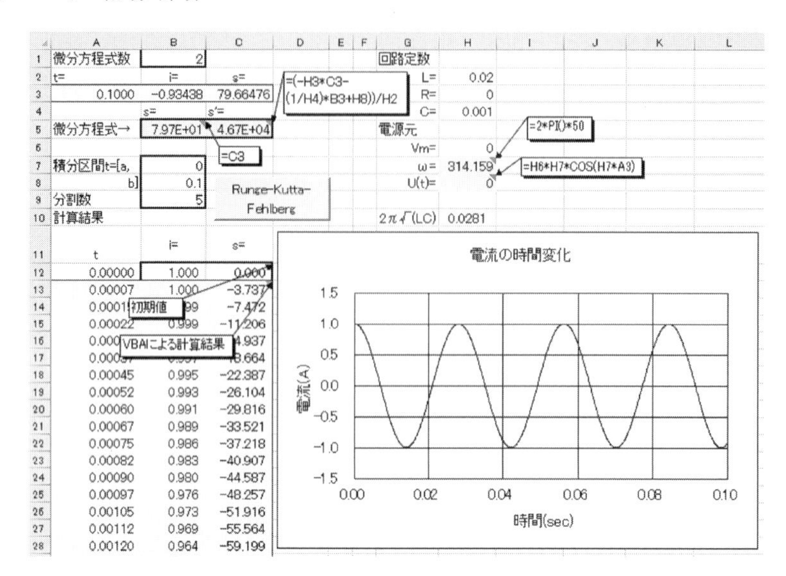

図 5.13　LC 回路の計算(ルンゲ-クッタ-フェールベルグ法)

例題 5.7　**LCR 回路を解く.**

図 5.13 で，抵抗 $R=1$ を設定し，LCR 回路方程式にして解くと，図 5.14 のように，抵抗 R により共振の振幅が減衰する.

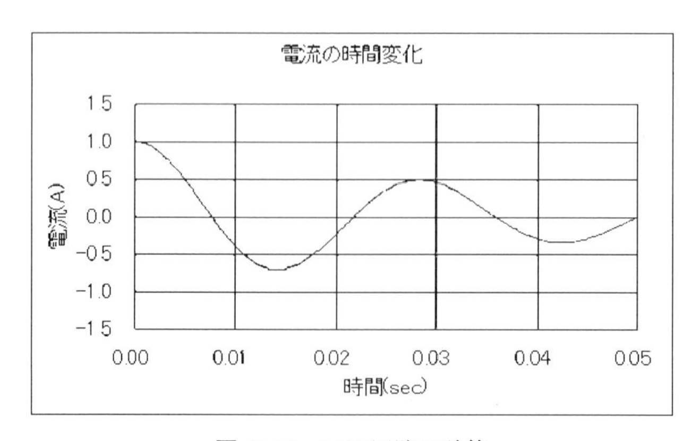

図 5.14　LCR 回路の計算

例題 5.8 1 V，50 Hz の交流電圧を加えたときの LCR 回路を解く．

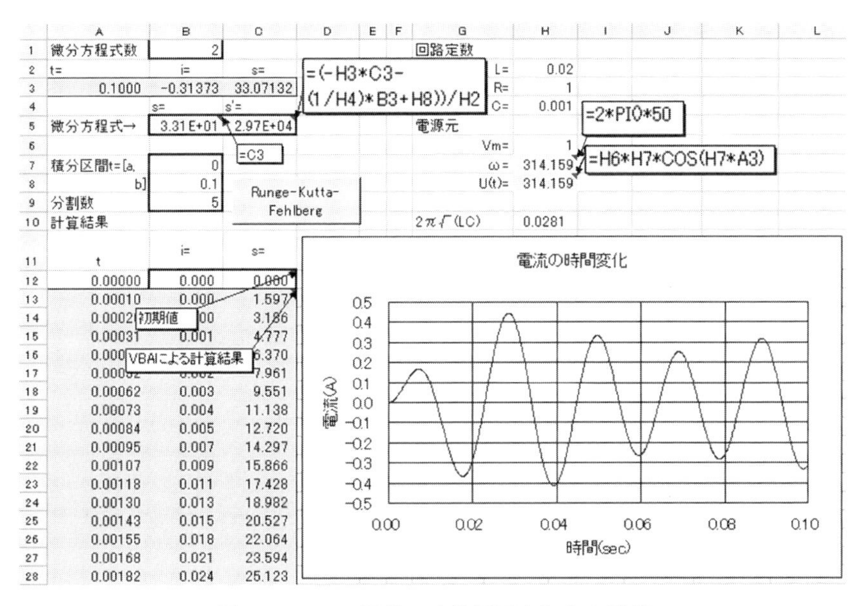

図 5.15 LCR 回路に交流電圧を加えた計算

5.7 ラグランジュポイントにおける物体の運動

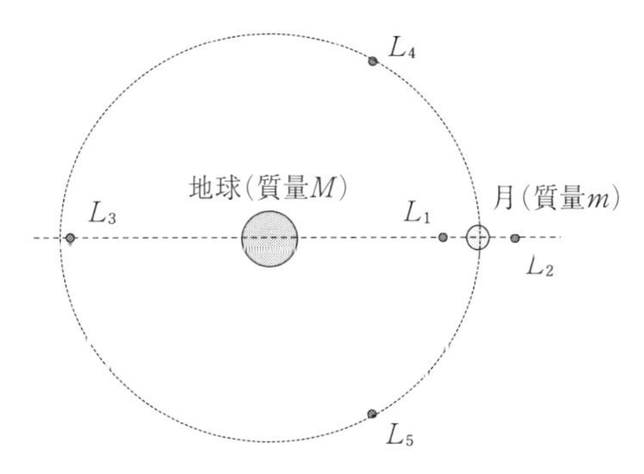

図 5.16 ラグランジュポイントの説明

質量の小さい物体が質量の大きな 2 天体（地球と月）から引力を受け，2 天体と同じ周期で円運動できる位置は5か所ある．その位置をラグランジュポイントという．L_1, L_2, L_3 は2天体を結ぶ直線上にあり，L_4, L_5 は2天体と正三角形をなす位置にある．L_1, L_2, L_3 は不安定なつり合い点であるが，L_4, L_5 には復元力があり，物体がこの位置から大きくずれることはない．このため，宇宙人が地球を攻撃するための秘密基地になる可能性がある．ここでの計算を決して宇宙人には教えないで下さい！

二つの物体の間には，物体の質量に比例し，2物体間の距離の2乗に反比例する引力が働く．

$$\text{万有引力の法則}\quad F=\frac{GMm}{r^2} \tag{5.38}$$

F：万有引力

M, m：2物体の質量

r：2物体間の距離

G：万有引力定数（$6.67259\times10^{-11}\ \mathrm{m^3\cdot s^{-2}\cdot kg^{-1}}$）

(1)　月が地球の裏側でもなぜ満潮がおこるのか

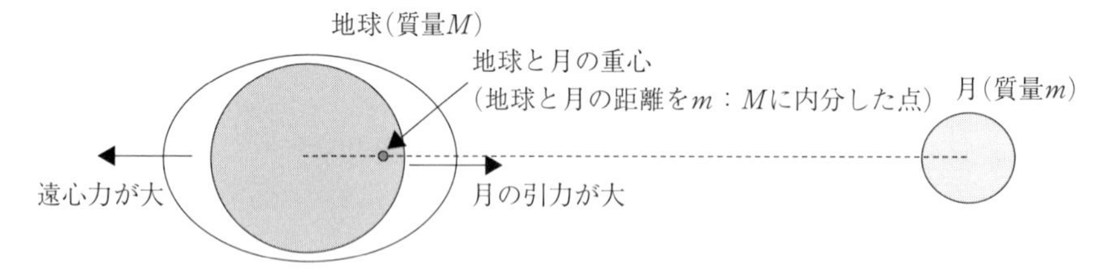

図 5.17　地球と月の重心の説明

図5.17のように，月が地球を回っているのではなく，地球と月の重心を地球と月が回っている．地球の質量を M，月の質量を m としたとき，地球と月の距離 r を $m:M$ に内分した点が地球と月の重心となる．重心から月の距離を r_m，角速度を ω としたとき，遠心力 E は次式となる．

$$E=m\cdot r_\mathrm{m}\cdot\omega^2 \tag{5.39}$$

$$r_\mathrm{m}=r\frac{M}{M+m} \tag{5.40}$$

引力 F と遠心力 E が等しいため，角速度 ω は式(5.38)，(5.39)から求められる．

$$\omega=\sqrt{\frac{F}{m\cdot r_{\mathrm{m}}}} \tag{5.41}$$

角速度と公転周期 T の関係は次式となり，公転周期は日に換算すると 27.3 日(約 1 か月)となる．

$$T=\frac{2\pi}{\omega} \tag{5.42}$$

図 5.17 のように地球の月側は月の引力が原因で満潮になり，裏側は遠心力が原因で満潮になる．これを図 5.18 のように計算すると，地球の月側も裏側もほとんど同じ力が海水に作用することがわかる．

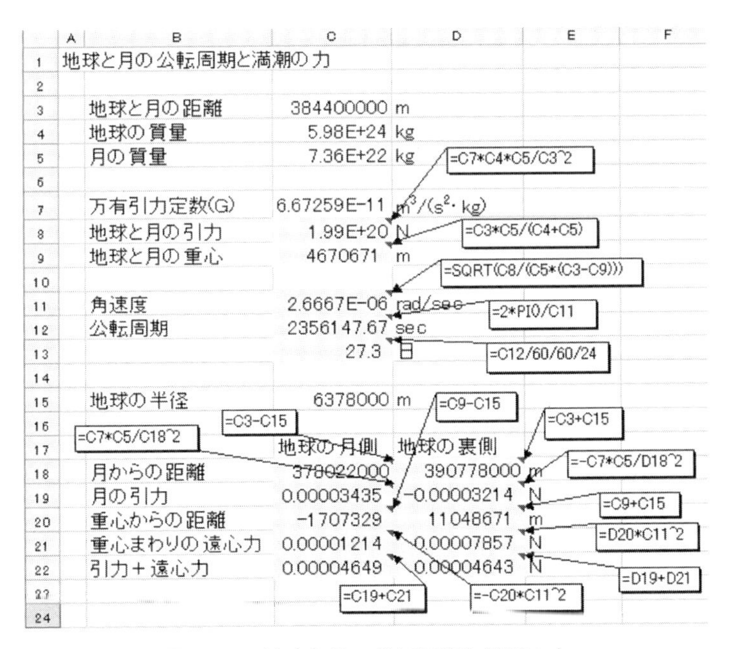

	A	B	C	D	E	F
1	地球と月の公転周期と満潮の力					
2						
3		地球と月の距離	384400000	m		
4		地球の質量	5.98E+24	kg		
5		月の質量	7.36E+22	kg		
6						
7		万有引力定数(G)	6.67259E-11	m³/(s²·kg)		
8		地球と月の引力	1.99E+20	N		
9		地球と月の重心	4670671	m		
10						
11		角速度	2.6667E-06	rad/sec		
12		公転周期	2356147.67	sec		
13			27.3	日		
14						
15		地球の半径	6378000	m		
16						
17			地球の月側	地球の裏側		
18		月からの距離	378022000	390778000 m		
19		月の引力	0.00003435	-0.00003214 N		
20		重心からの距離	-1707329	11048671 m		
21		重心まわりの遠心力	0.00001214	0.00007857 N		
22		引力＋遠心力	0.00004649	0.00004643 N		
23						
24						

図 5.18　地球と月の公転周期と満潮の力

(2)　ソルバーを用いたラグランジュポイントの探索

ラグランジュポイントは地球と月の引力と遠心力がつり合う点である．非線形連立方程式を解く要領で，ラグランジュポイントを探索するこができる．

図 5.19 のように，ラグランジュポイントの位置(X,Y 座標)を適当に設定する．

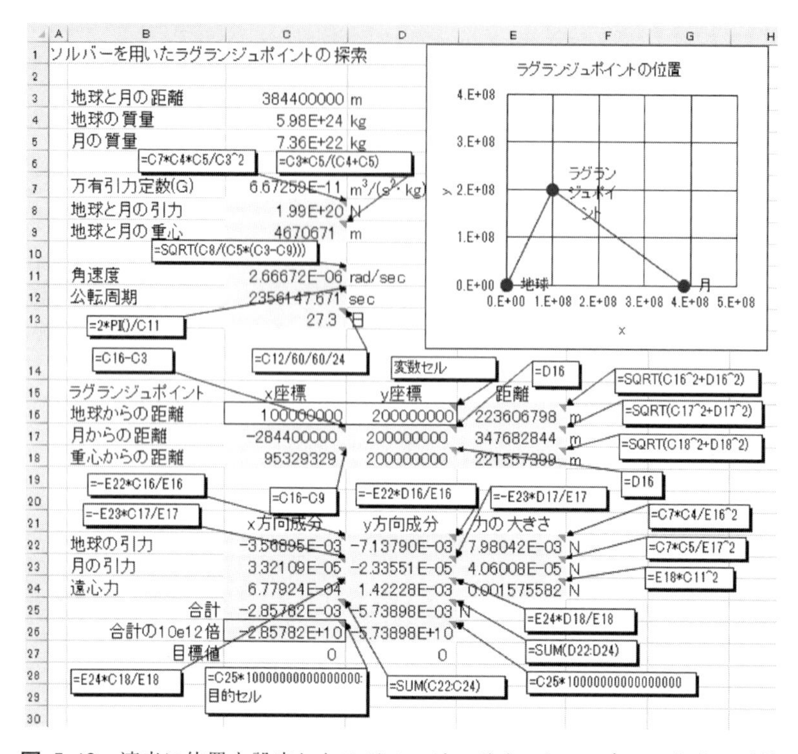

図 5.19　適当に位置を設定したラグランジュポイントでの力のつり合い計算

設定した位置での地球の引力，月の引力，遠心力を計算し合計する．適当な設定位置のため，力の合計は 0 にならない．

データタブのソルバーをクリックすると，図 5.20 のソルバーのパラメータ設定画面が現れる．目的セルは x 方向成分の合計とし，目標値を 0 とする．実際の合計値が小さいため，合計の 10×10^{12}倍を合計値とする．変数セルを X, Y 座標とし，制約条件として，y 方向成分の合計 $=0$ を設定する．

図 5.20　ソルバーのパラメータ設定画面

解決ボタンをクリックすると，図 5.21 のように，力の合計が 0 となるラグランジェポイントを探索する．正三角形の頂点位置が地球の引力と月の引力と遠心力がつり合うラグランジュポイントとなっている．ラグランジュポイントは 5 点しかないと考えられているが，他のポイントを探索したい人はこの Excel シートを利用し，トライしてください．

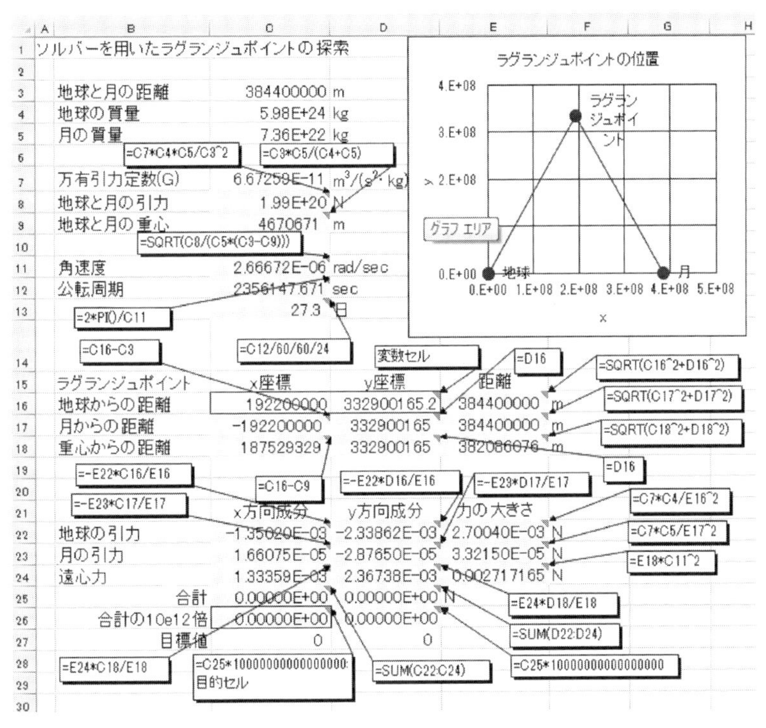

図 5.21　ラグランジュポイントでの力のつり合い計算（ソルバー実行後）

(3)　ラグランジュポイント近傍での物体の運動

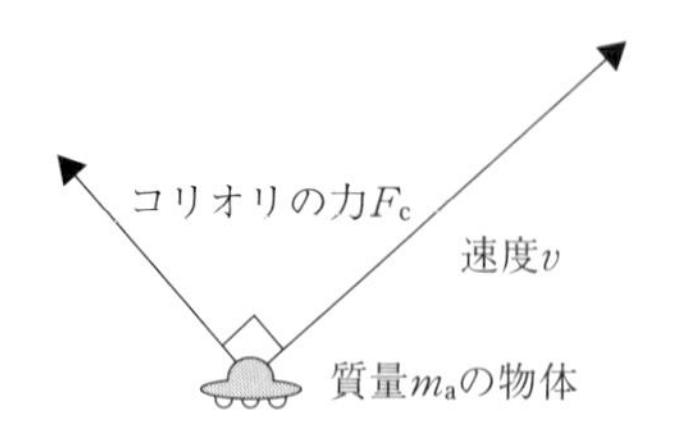

図 5.22　コリオリの力の説明

角速度 ω で回転する座標系に現れる力として，遠心力とコリオリの力がある．質量 m_a の物体がこの座標系において速度 v で運動するとき，速度と直角の方向にコリオリの力 F_c が作用する．その大きさは次式となる．

$$\text{コリオリの力}\quad F_c = 2m_a \cdot v \cdot \omega \tag{5.43}$$

ラグランジュポイントでは，このコリオリの力がポイントから離れる物体を引き止める復元力となる．

質量 m_a の物体の運動方程式は次式となる．

$$\boldsymbol{F} = m_a \cdot \boldsymbol{a} \tag{5.44}$$

$\boldsymbol{a}$ は加速度，$\boldsymbol{F}$ は地球の引力，月の引力，遠心力，コリオリの力の合計である．式(5.44)を1階微分方程式にすると，次式となる．

$$\begin{aligned} \frac{\mathrm{d}x}{\mathrm{d}t} &= v_x \qquad & \frac{\mathrm{d}v_x}{\mathrm{d}t} &= \frac{F_x}{m_a} \\ \frac{\mathrm{d}y}{\mathrm{d}t} &= v_y \qquad & \frac{\mathrm{d}v_y}{\mathrm{d}t} &= \frac{F_y}{m_a} \end{aligned} \tag{5.45}$$

F_x：物体にかかる力の x 成分

F_y：物体にかかる力の y 成分

v_x：物体の速度の x 成分

v_y：物体の速度の y 成分

例題 5.9　**ラグランジュポイントから x 方向に 500 m離れた位置に出現した謎の物体の運動を計算する．**

図 5.23 の計算結果より，謎の物体は予想もつかないような運動を行う．

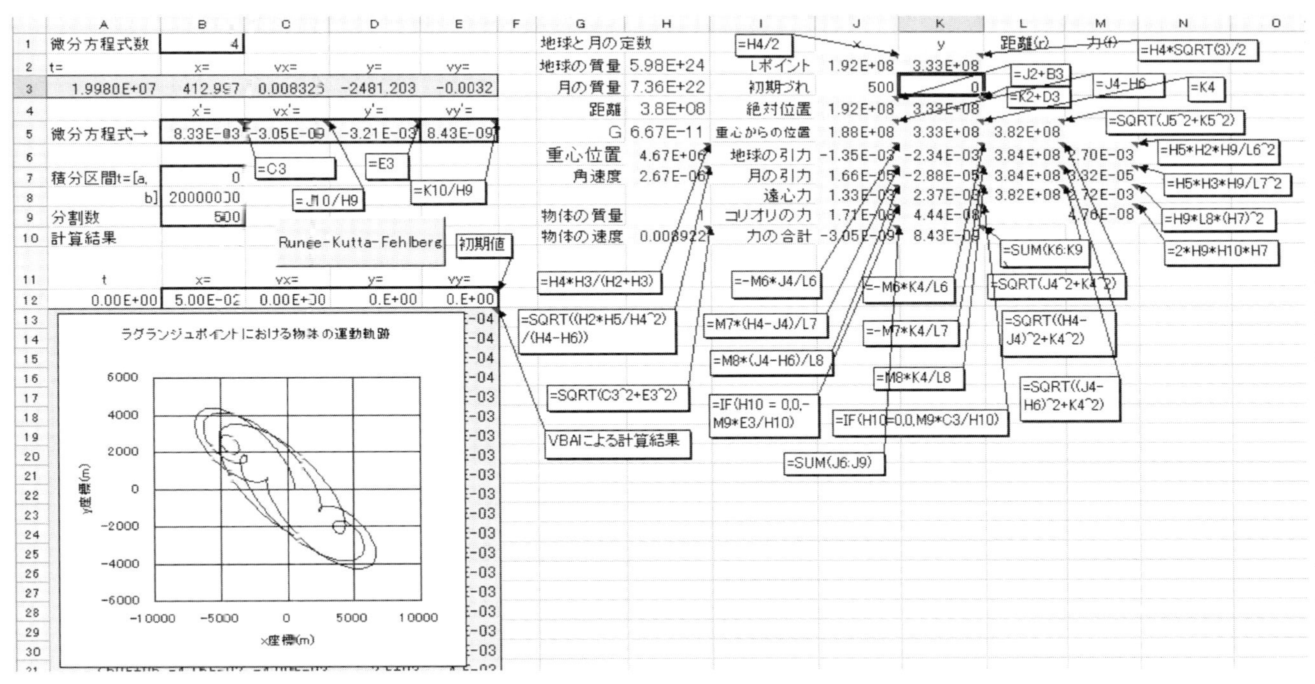

図 5.23　ラグランジュポイントでの物体の運動計算

6 固有値計算

6.1 固有値とは

$n \times n$ 行列 $\boldsymbol{A}$ に対して

$$\boldsymbol{Ax} = \lambda \boldsymbol{x} \qquad \boldsymbol{x} \neq 0 \tag{6.1}$$

を満たすとき，λ を $\boldsymbol{A}$ の固有値，$\boldsymbol{x}$ を固有ベクトルという．

固有値は次式から算出できる．

$$|\boldsymbol{A} - \lambda \boldsymbol{E}| = 0 \tag{6.2}$$

$\boldsymbol{E}$：単位マトリックス

式(6.2)は n 次の代数方程式となり，n 次方程式を解けば，固有値は求まる．数式で定義された固有値や固有ベクトルは感覚的に理解しがたいと思われる．

我々が一番身近に感じる固有値は，あらゆる構造物や建物がもつ固有振動数や固有周期だと思われる．地震時には，建物は固有の振動数の地震波に共振することが知られており，固有振動数は構造物の耐震設計で利用される．また構造物での固有ベクトルは固有モードにあたる．弦楽器は，弦の長さと張力で固有振動数を調整し，その弦を弾くことによりある音階を出している．

18 世紀初頭，いくつかの質点がつけられた重さのない弦の運動を研究しているうちに固有値問題につきあたった．18 世紀後半に，ラプラスとラグランジュはこの問題をさらに研究し，弦の運動の安定性には固有値が関係していることをつきとめた．

ここでは解法とともに，後ろの項で，固有値計算が必要な例として主成分分析と 5.4 節で取り上げたばねマスモデルを取り上げる．

6.2 べき乗法

べき乗法は，絶対値が最大の固有値とその固有ベクトルのみを算出する．行列 $\boldsymbol{A}$ の固有値(λ_i)と対応する規格化(単位ベクトル化)された固有ベクトル($\boldsymbol{x}_i$)より，任意のベクトル($\boldsymbol{u}_0$)は次のように表せる[15)]．

$$\boldsymbol{u}_0=\sum_{i=1}^{n}a_i\boldsymbol{x}_i \tag{6.3}$$

式(6.3)の両辺に行列 $\boldsymbol{A}$ を掛けたベクトル $\boldsymbol{u}_1$ は次式になる．

$$\boldsymbol{u}_1=\boldsymbol{A}\boldsymbol{u}_0=\sum_{i=1}^{n}a_i\lambda_i\boldsymbol{x}_i \tag{6.4}$$

次に，次式のように反復計算を行う．

$$\boldsymbol{u}_2=\boldsymbol{A}u_1 \tag{6.5}$$

反復回数が十分大きい r に達したとき，$\boldsymbol{u}_r$ は次式となる．

$$\boldsymbol{u}_r=\boldsymbol{A}\boldsymbol{u}_{r-1}=\boldsymbol{A}^r\boldsymbol{u}_0=\sum_{i=1}^{n}a_i\lambda_i{}^r\boldsymbol{x}_i=\lambda_1{}^r\left\{a_1\boldsymbol{x}_1+\sum_{i=2}^{n}a_i\left(\frac{\lambda_i}{\lambda_1}\right)^r\boldsymbol{x}_i\right\} \tag{6.6}$$

λ_1 が絶対値最大の固有値の場合，(λ_i/λ_1) は 1 より小さいため，r を十分大きくすると $(\lambda_i/\lambda_1)^r$ は 0 に近づく．よって式(6.6)は式(6.7)とおける．

$$\boldsymbol{u}_r\cong\lambda_1{}^r a_1\boldsymbol{x}_1 \tag{6.7}$$

すなわち，$\boldsymbol{u}_r$ は最大固有値 λ_1 の固有ベクトル $\boldsymbol{x}_1$ に近づくことがわかる．

$\boldsymbol{u}_r$ が最大固有値 λ_1 の固有ベクトルであれば，下式がいえる．

$$\boldsymbol{u}_{r+1}=\lambda_1\boldsymbol{u}_r$$

$\boldsymbol{u}_r$ で内積をとると，下式となり

$$(\boldsymbol{u}_r, \boldsymbol{u}_{r+1})=\lambda_1(\boldsymbol{u}_r, \boldsymbol{u}_r)$$

$\boldsymbol{u}_r$ を規格化する(大きさを 1 とする)と，$(\boldsymbol{u}_r, \boldsymbol{u}_r)=1$ である．

よって，固有値は次式となる．

$$\lambda_1=(\boldsymbol{u}_r, \boldsymbol{u}_{r+1}) \tag{6.8}$$

規格化された適当なベクトル $\boldsymbol{u}_0$ を仮定し，$\boldsymbol{u}_1=\boldsymbol{A}\boldsymbol{u}_0$ を計算し，式(6.8)で固有値 λ_1 を求める．$\boldsymbol{u}_1$ を規格化し $\boldsymbol{u}_0$ と置き換える．これを何回も繰り返すと絶対値最大の固有値と固有ベクトルが求まる．

例題 6.1　べき乗法で固有値を求める.

図6.1にExcelを用いたべき乗法の1回目の計算例題を示す．行列の次数は3で，初期ベクトル $\boldsymbol{u}_0=(1,0,0)$ とする．

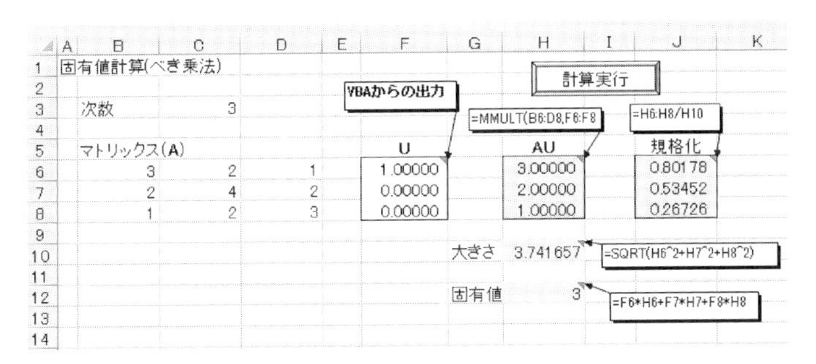

図 6.1　Excelを用いたべき乗法の1回目の計算

べき乗法の繰返し計算を行うためにVBAを作成した．そのソースコードを下記に示す．

```
Option Explicit
' べき乗法による固有値計算
Sub power()
Dim n As Long
Dim u() As Double
Dim i As Long
Dim j As Long
Dim eig As Double
Dim eig_old As Double
Dim gosa As Double
n = Cells(3, 3).Value  ' 次数の入力
ReDim u(n)             ' 固有ベクトルテーブル定義
eig_old = Cells(12, 8).Value  ' 計算前の固有値読込み
For i = 1 To 500  ' 500回繰返し
  ' 規格化されたベクトル読込み
  For j = 1 To n
    u(j) = Cells(j + 5, 10).Value
  Next
  ' 規格化されたベクトルをUに出力
  For j = 1 To n
```

```
        Cells(j + 5, 6).Value = u(j)
    Next
    eig = Cells(12, 8).Value  ' 計算後の固有値読込み
    ' 計算前と計算後の固有値の相対誤差を計算
    gosa = Abs((eig_old - eig) / eig)
    '相対誤差が小さいとき，計算終了
    If gosa < 0.000000001 Then
        Exit Sub
    End If
    eig_old = eig  ' 次の計算用に計算前の固有値入替え
Next  '  繰返しの終了
End Sub
```

リスト 6.1　べき乗法の繰返し計算を行うための VBA

ボタンにマクロを登録し，計算実行を行い，固有値と固有ベクトルを計算した．計算結果は $\boldsymbol{Au}=\lambda\boldsymbol{u}$ を満たす解となっている．

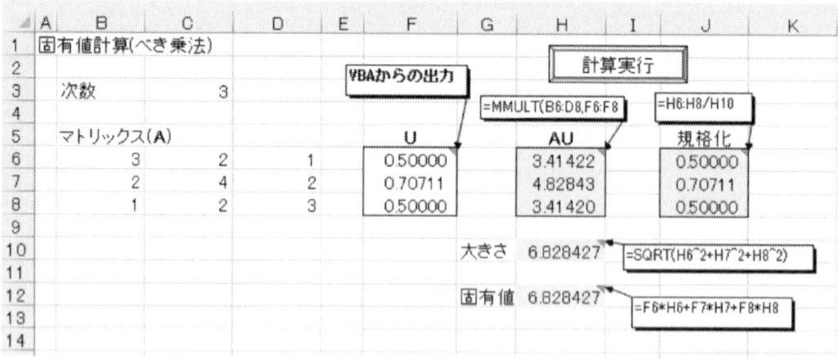

	A	B	C	D	E	F	G	H	I	J	K
1	固有値計算(べき乗法)										
2								計算実行			
3		次数	3			VBAからの出力					
4								=MMULT(B6:D8,F6:F8)		=H6:H8/H10	
5		マトリックス(A)				U		AU		規格化	
6		3	2	1		0.50000		3.41422		0.50000	
7		2	4	2		0.70711		4.82843		0.70711	
8		1	2	3		0.50000		3.41420		0.50000	
9											
10							大きさ	6.828427	=SQRT(H6^2+H7^2+H8^2)		
11											
12							固有値	6.828427	=F6*H6+F7*H7+F8*H8		
13											
14											

図 6.2　べき乗法による固有値計算，固有ベクトル計算結果

6.3 ヤ コ ビ 法

ヤコビ法は実対称行列に対する固有値計算の古典的方法である[15]．

(1) 行 列 の 対 角 化

行列 $\boldsymbol{A}$ は相似変換によって対角行列にすることができる．

対角行列：対角成分以外の成分が0の行列
対称行列：p行q列とq行p列の成分が一致する行列

ある正則な行列$\boldsymbol{S}$によって，下記の行列をつくる．

$$\boldsymbol{D}=\boldsymbol{S}^{-1}\boldsymbol{A}\boldsymbol{S} \tag{6.9}$$

この変換を相似変換といい，相似変換により固有値や固有ベクトルは変化しない．

$\boldsymbol{A}$の固有値を$\lambda_1, \lambda_2, \cdots, \lambda_n$とし，対応する固有ベクトルを$\boldsymbol{x}_1, \boldsymbol{x}_2, \cdots, \boldsymbol{x}_n$とすると，次式が成立する．

$$\boldsymbol{A}x_i=\lambda_i\boldsymbol{x}_i \quad (i=1, 2, \cdots, n) \tag{6.10}$$

ここで，固有ベクトルを使い行列$\boldsymbol{S}$をつくる．

$$\boldsymbol{S}=\{\boldsymbol{x}_1, \boldsymbol{x}_2, \cdots, \boldsymbol{x}_n\} \tag{6.11}$$

このとき，$\boldsymbol{D}$は対角行列となり，その対角成分は固有値となる．

$\boldsymbol{A}$が対称行列の場合，固有ベクトル$\boldsymbol{x}_i$の大きさを1(規格化)にすると，$\boldsymbol{S}$は直交行列となり，下式のように，その逆行列は転置行列となる．

$$\boldsymbol{S}^{-1}=\boldsymbol{S}^t \tag{6.12}$$

転置行列：行列$\boldsymbol{S}$の行と列を入れ替えた行列

よって，この行列$\boldsymbol{S}$と対角行列$\boldsymbol{D}$を求めることにより，固有値と固有ベクトルが算出できる．すなわち，対角行列$\boldsymbol{D}$の対角値が固有値であり，行列$\boldsymbol{S}$の列ベクトルが固有ベクトルとなる．

(2)　ヤコビ法による固有値計算の手順

ヤコビ法は実対称行列$\boldsymbol{A}$の固有値と固有ベクトルを求める方法である．正則行列として，回転行列を利用する．一度に行列$\boldsymbol{S}$は求まらないため，繰返し計算となる．その手順を下記に示す．

①　行列$\boldsymbol{A}$の非対角成分で絶対値が最大の成分(a_{pq})を探す．

② 成分(a_{pq})をピボットにし，面内回転を行う．

回転角をθとすると，次式となる．

$$\tan(2\theta)=\frac{2a_{pp}}{a_{pp}-a_{qq}}$$

$$\theta=\frac{a\tan2(a_{pp}-a_{qq}, 2a_{pq})}{2} \tag{6.13}$$

注） Excel 関数 `atan(y/x)` を用いると，$x=0$ のときエラーとなる．それを避けるため，Excel 関数 `atan2(x,y)` を使用する．

回転行列 $\boldsymbol{S}_1$ は，単位行列の p, q の行列に下記回転成分を設定する．

$$s_{pp}=\cos(\theta)$$
$$s_{pq}=-\sin(\theta)$$
$$s_{qp}=\sin(\theta)$$
$$s_{qq}=\cos(\theta)$$

下式で回転を行い，行列 $\boldsymbol{A}_2$ を求める．

$$\boldsymbol{A}_2=\boldsymbol{S}_1{}^t\boldsymbol{A}\boldsymbol{S}_1 \tag{6.14}$$

③ 次式のように，①，②の処理を r 回繰り返し，$\boldsymbol{A}_{r+1}$ が対角行列になると解が求まったとし，終了する．

$$\boldsymbol{A}_{r+1}=\boldsymbol{S}_r{}^t\boldsymbol{A}_r\boldsymbol{S}_r \tag{6.15}$$

$$\boldsymbol{S}=\boldsymbol{S}_1\boldsymbol{S}_2\cdots\boldsymbol{S}_r \tag{6.16}$$

例題 6.2　ヤコビ法で固有値を求める．

図 6.3 のように Excel シートに例題の行列を設定し，計算式を設定する．`=MMULT(A,B)` は行列 $\boldsymbol{AB}$ の積関数であり，`=TRANSPOSE(A)` は行列 $\boldsymbol{A}$ の転置行列である．

VBA で $\boldsymbol{A}$ 行列(初回)または $\boldsymbol{A}_{r+1}$ 行列(2 回目以降)を a テーブルに読み込み，行列の非対角要素の絶対値の最大値を探し，最大値取出しのセルに出力する．最大値 <0.0000001 となったとき，$\boldsymbol{A}_{r+1}$ 行列は対角行列と判定し，VBA を終了する．Excel 上で計算された回転角(θ)を読込み，行列 $\boldsymbol{S}_r$(sr テーブル)を作成し，Sr セルに出力する．同時に a テーブルも Ar セルに出力する．最後にシート上の

$\boldsymbol{S}$ 行列を $\boldsymbol{S}_1\boldsymbol{S}_2\cdots\boldsymbol{S}_{r-1}$ にコピーし，更新する．これらを収束判定するまで繰り返す．

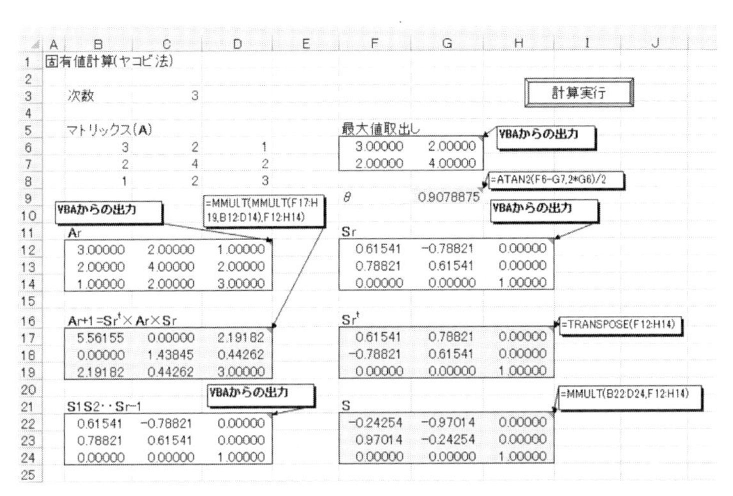

図 6.3　ヤコビ法による 1 回目の固有値計算結果

```
'ヤコビ法による固有値解析
Sub yacobi()
Dim i As Long
Dim n As Long
Dim j As Long
Dim k As Long
Dim im As Long
Dim jm As Long
Dim amax As Double
Dim q As Double
Dim a() As Double
Dim sr() As Double
n = Cells(3, 3).Value   ' 次数読込み
ReDim a(n, n)          ' A 行列テーブル設定
ReDim sr(n, n)         ' Sr 行列テーブル設定
'  初期設定
'  A 行列の入力
For i = 1 To n
  For j = 1 To n
```

```
      a(i, j) = Cells(i + 5, j + 1).Value
    Next
Next
' S1S2・・・Sr-1の初期設定
For i = 1 To n
    For j = 1 To n
        If i = j Then
            sr(i, j) = 1
        Else
            sr(i, j) = 0
        End If
    Next
Next
For i = 1 To n
    For j = 1 To n
        Cells(i + 21, j + 1).Value = sr(i, j)
    Next
Next
For k = 1 To 100    '  繰返し
    ' 行列成分の最大値の探索
    amax = 0#
    For i = 1 To n - 1
        For j = i + 1 To n
            If Abs(a(i, j)) > amax Then
                amax = Abs(a(i, j))
                im = i
                jm = j
            End If
        Next
    Next
    '行列の最大値が0かを判定し，最大値が0のとき計算を終了する．
    If amax < 0.0000001 Then Exit For
    ' Ar行列をセルに出力する．
    For i = 1 To n
        For j = 1 To n
            Cells(i + 11, j + 1).Value = a(i, j)
        Next
    Next
    ' 最大値をセルに出力する．
    Cells(6, 6).Value = a(im, im)
    Cells(6, 7).Value = a(im, jm)
```

```
Cells(7, 6).Value = a(jm, im)
Cells(7, 7).Value = a(jm, jm)
q = Cells(9, 7).Value    ' 回転角の読込み
' Sr 行列の作成
For i = 1 To n
  For j = 1 To n
    If i = j Then
      sr(i, j) = 1
    Else
      sr(i, j) = 0
    End If
  Next
Next
sr(im, im) = Cos(q)
sr(im, jm) = -Sin(q)
sr(jm, im) = Sin(q)
sr(jm, jm) = Cos(q)
'  Sr 行列をセルに出力する.
For i = 1 To n
  For j = 1 To n
    Cells(i + 11, j + 5).Value = sr(i, j)
  Next
Next
' S=S1・S2・S3・・・Sr の設定
For i = 1 To n
  For j = 1 To n
    sr(i, j) = Cells(i + 21, j + 5).Value
  Next
Next
'  次の計算用に S=S1・S2・S3・・・Sr-1 を出力する.
For i = 1 To n
  For j = 1 To n
    Cells(i + 21, j + 1).Value = sr(i, j)
  Next
Next
' Ar + 1 を読み込み, A 行列を更新する.
For i = 1 To n
  For j = 1 To n
    a(i, j) = Cells(i + 16, j + 1).Value
  Next
Next
```

```
  Stop  ' 途中結果を確認するため一時停止　実行→継続で次に進む.
Next  ' 繰返し終了
End Sub
```

リスト 6.2　ヤコビ法の繰返し計算を行うための VBA

ボタンにマクロを登録し，計算実行を行った．計算結果の対角行列より，固有値がわかる．固有ベクトルは行列 $\boldsymbol{S}$ の列となる．

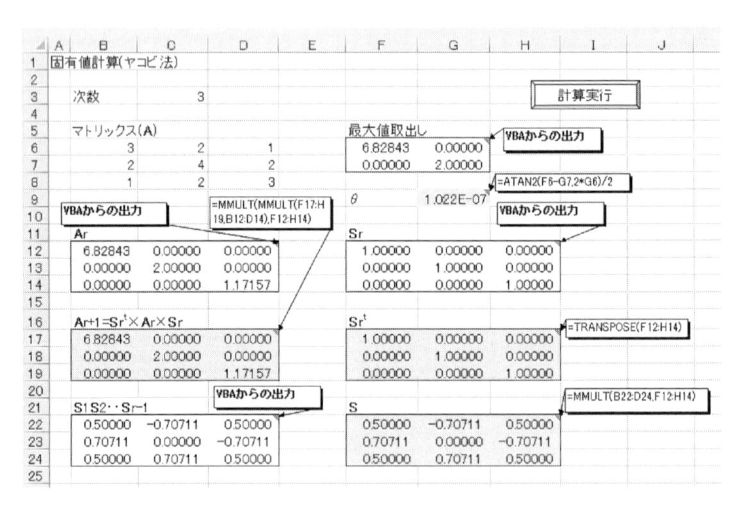

図 6.4　ヤコビ法による固有値計算結果

6.4　ヒッチコック-ベアストウ法

ヒッチコック-ベアストウ法は，実係数の高次代数方程式の実根および虚根を求めるのに使われる．$n \times n$ 行列 $\boldsymbol{A}$ の固有値も n 次代数方程式を解くことにより算出できる．よって，ヒッチコック-ベアストウ法により，複素数を含む固有値が算出できる[15]．

(1)　固有値を求める n 次代数方程式の係数計算

$n \times n$ 行列 $\boldsymbol{A}$ の固有値を求める n 次方程式を

$$x^n + a_1 x^{n-1} + \cdots + a_n = 0$$

とすると，するとその係数 a_k は下記となる．

$$a_1 = -\mathrm{tr}(\boldsymbol{A})$$

tr はトレースといい，行列の対角成分の和である．

$$\boldsymbol{H}_1 = \boldsymbol{A} + a_1\boldsymbol{E}$$

$$a_2 = -\frac{\mathrm{tr}(\boldsymbol{A} \times \boldsymbol{H}_1)}{2}$$

…

$$\boldsymbol{H}_{k-1} = A \times \boldsymbol{H}_k - 2 + a_{k-1}\boldsymbol{E}$$

$$a_k = -\frac{\mathrm{tr}(\boldsymbol{A} \times \boldsymbol{H}_{k-1})}{k}$$

$\boldsymbol{E}$ は対角成分が 1 の単位マトリックスである．

例題 6.3　**3×3 の行列 $\boldsymbol{A}$ の固有値代数方程式の係数を求めよ．**

Excel シート上に行列を設定し，下図のように計算する．

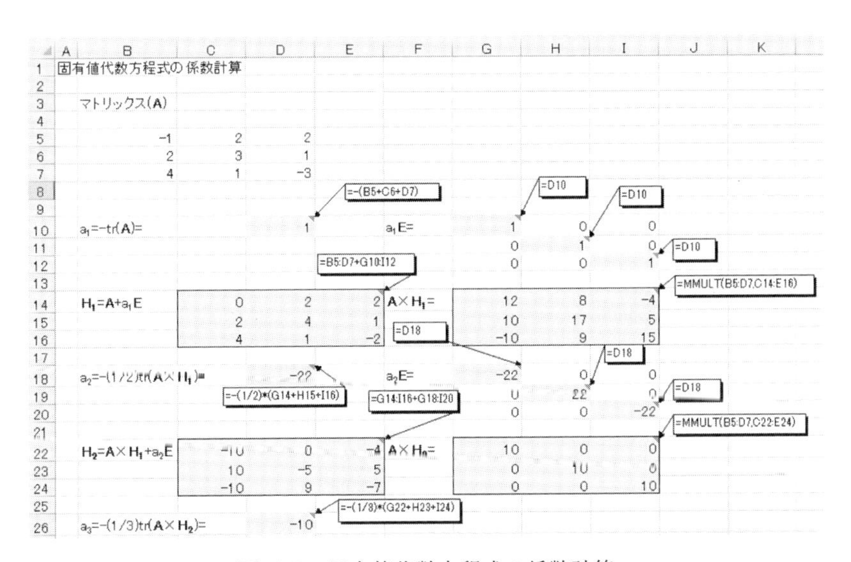

図 6.5　固有値代数方程式の係数計算

(2)　ヒッチコック-ベアストウ法

n 次代数方程式を式(6.17)とする．

$$f(x)=x^n+a_1x^{n-1}+a_2x^{n-2}+\cdots+a_{n-1}x+an=0 \tag{6.17}$$

2 個の実数を p, q とし，この p, q を使用し，式(6.17)を次式に展開する．

$$f(x)=(x^2+px+q)(x^{n-2}+b_1x^{n-3}+\cdots+b_{n-3}x+b_{n-2})+Rx+S \tag{6.18}$$

ここで，R と S が 0 となる p, q が求まれば，式(6.18)は因数分解ができたことになり，式(6.18)の 2 次方程式(下式)の 2 根が解となる．

$$x^2+px+q=0 \tag{6.19}$$

2 次方程式の解は次式となる．

$$x=\frac{-p\pm\sqrt{\mathrm{D}}}{2} \qquad D=p^2-4q$$

D が負のとき，虚数となる．

2 根が求まれば，同様に残った$n-2$次代数方程式を次々と解いていけばすべての方程式の根は求まる．式(6.18)を展開すると，次の関係式が得られ，残った $n-2$ 次代数方程式の係数が求まる．

$$b_1=a_1-p$$

$$b_2=a_2-pb_1-q$$

$$b_3=a_3-pb_2-qb_1$$

$$\cdots\cdots\cdots\cdots\cdots$$

$$b_k=a_k-pb_{k-1}-qb_{k-2}$$

$$\cdots\cdots\cdots\cdots\cdots$$

$$b_{n-2}=a_{n-2}-pb_{n-3}-qb_{n-4}$$

$$R=a_{n-1}-pb_{n-2}-qb_{n-3}$$

$$S=a_n-qb_{n-2}$$

ただし，$a_0=1, b_0=1$

例題 6.4　[例題 6.3] で求めた固有値代数方程式をヒッチコック-ベアストウ法で解く．

図のように，Excel 上に適当な p, q 値を設定し，代数方程式の係数 a_n から b_n, R, S を算出する．

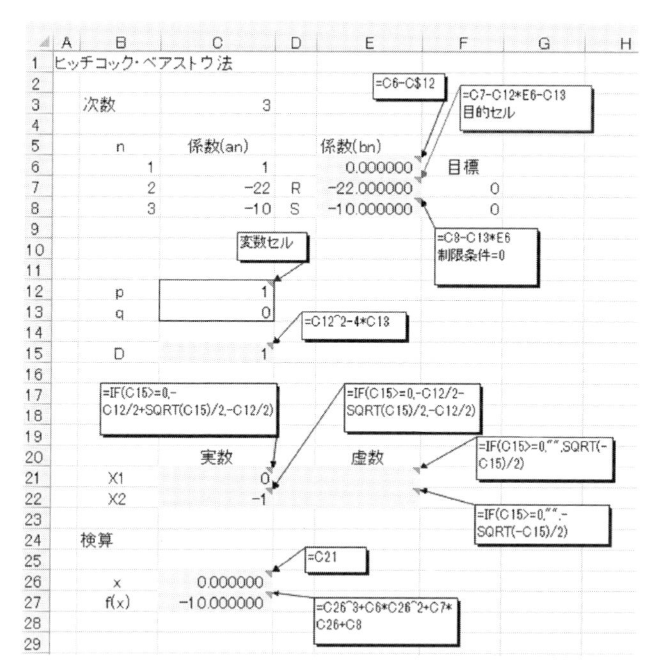

図 6.6　ヒッチコック-ベアストウ法による計算(ソルバー実行前)

データタブのソルバーをクリックすると，図 6.7 のソルバーのパラメータ設定画面が表示される．変数セルを p, q とし目的セルを R にし，目標値を 0 に設定する．また，制約条件として，$S=0$ を設定する．

図 6.7　ソルバーのパラメータ設定画面

ソルバーを解決すると，R, S が 0 となる p, q が算出され，2 根が求まる．

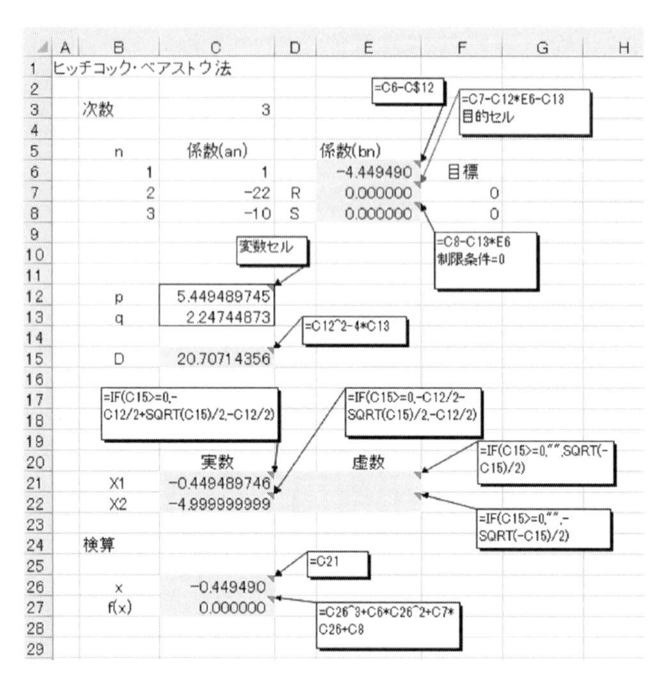

図 6.8　ヒッチコック-ベアストウ法による計算（ソルバー実行後）

例題 6.5　**［例題 6.4］で求めた固有値から，行列 $\boldsymbol{A}$ の固有ベクトルを求めよ．**

固有値(λ)と固有ベクトル($\boldsymbol{x}$)の関係は次式となる．

$$(\boldsymbol{A}-\lambda\boldsymbol{E})\boldsymbol{x}=0$$

下図のように，ソルバーで算出された固有値の -5 を使用し，適当な固有ベクトルを設定する．上式の左辺を計算しても，0 にはならない．

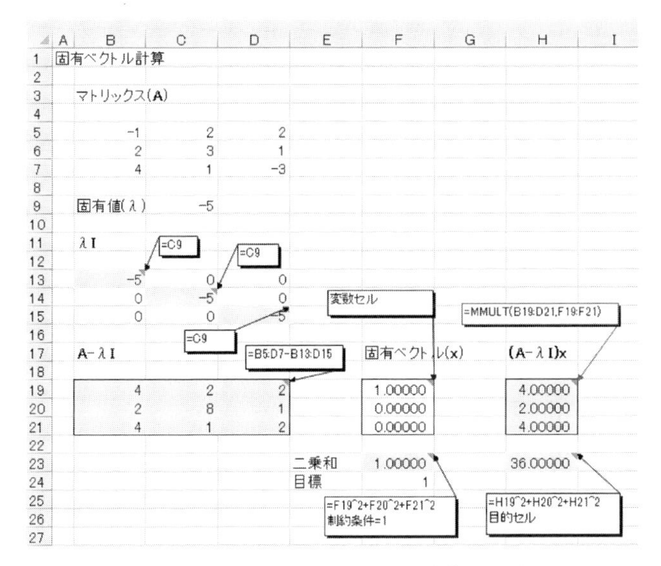

図 6.9 適当な固有ベクトルで計算した結果

データタブのソルバーをクリックすると，右図のソルバーのパラメータ設定画面が表示される．

変数セルを固有ベクトルとし，目的セルをベクトル$(\boldsymbol{A}-\lambda\boldsymbol{E})\boldsymbol{x}$の 2 乗和に設定し，目標値を最小値に設定し，制約条件として，固有ベクトルが単位ベクトルとなるよう，固有ベクトルの 2 乗和を 1 に設定し，規格化する．

図 6.10 ソルバーのパラメータ設定画面

ソルバーを解決すると，$(\boldsymbol{A}-\lambda \boldsymbol{E})\boldsymbol{x}$ が 0 となる固有ベクトル $\boldsymbol{x}$ が算出される．他の固有値に対応する固有ベクトルも同様に計算できる．

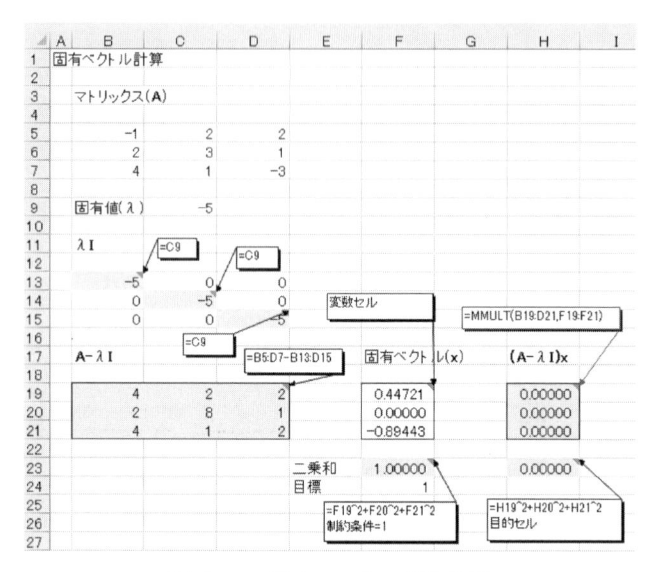

図 6.11　固有ベクトル計算結果

6.5　主成分分析と固有値計算

多次元のデータを 1，2 次元のデータに縮約する手法として，主成分分析がある．下図のような散布図データがあるとき，データの分散が最大となる方向ベク

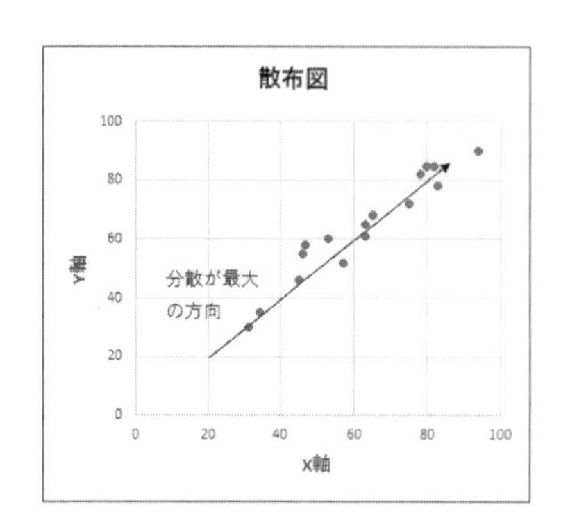

図 6.12　主成分分析の説明図

トルを算出し，それを新たな指標(主成分)にするのが，主成分分析である．

m 個の n 次元のデータを想定し，i 個目のデータを n 次元ベクトル $\boldsymbol{X}_i=(x_{1i}, x_{2i}, \cdots, x_{ni})$ とする．主成分の方向の単位ベクトルを $\boldsymbol{A}=(a_1, a_2, \cdots, a_n)$ とすると，$\boldsymbol{X}_i$ から主成分ベクトルに下ろした垂線の足の原点からの距離 H_i はベクトル内積 $(\boldsymbol{A}, \boldsymbol{X}_i)$ となる．

$(\boldsymbol{A}, \boldsymbol{X}_i)=|\boldsymbol{A}||\boldsymbol{X}_i|\cos(\theta)=R_i\cdot\cos(\theta)=H_i$

$|\boldsymbol{X}i|$：ベクトル $\boldsymbol{X}_i$ の絶対値で原点と $\boldsymbol{X}_i$ の距離(R_i)となる．

$|\boldsymbol{A}|$：ベクトル $\boldsymbol{A}$ の絶対値で単位ベクトルのため $=1$ である．

θ：ベクトル $\boldsymbol{X}_i$ と $\boldsymbol{A}$ のなす角である．

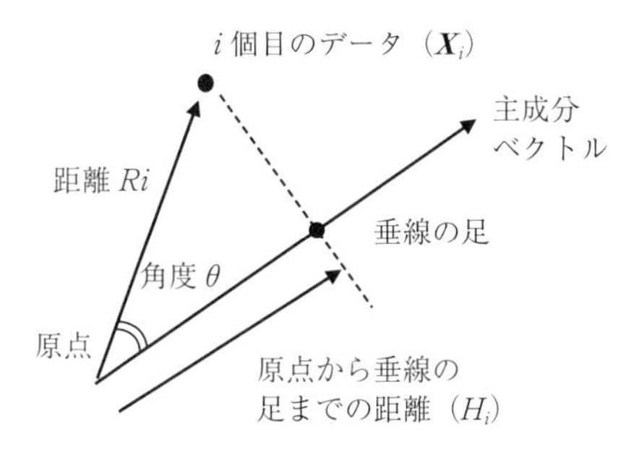

図 6.13 ベクトルの内積の説明

よって，主成分方向の分散(B)は下式となる．

$$\begin{aligned} B&=\frac{1}{m}\sum_{i=1}^{m}((\boldsymbol{A}, \boldsymbol{X}_i)-(\boldsymbol{A}, \boldsymbol{X}_c))^2 \\ &=\frac{1}{m}\sum_{i=1}^{m}((\boldsymbol{A}, \boldsymbol{X}_i-\boldsymbol{X}_c))^2 \end{aligned} \tag{6.20}$$

ただし，$\boldsymbol{X}_c=(x_{1c}, x_{2c}, \cdots, x_{nc})$ は平均値であり，その j 番目成分は下式となる．

$$x_{jc}=\frac{1}{m}\sum_{i=1}^{m}x_{ji}$$

主成分ベクトルは単位ベクトルであるため，$a_1{}^2+a_2{}^2+\cdots+a_n{}^2=1$ という制約条件があり，制約条件付きの最大化問題となる．制約条件付きの最大化問題はラグランジュの未定乗数法で解くことができる．すなわち，未定定数を λ とおいて，下式を最大化する問題に帰着できる.

$$L=\frac{1}{m}\sum_{i=1}^{m}((\boldsymbol{A},\boldsymbol{X}_i-\boldsymbol{X}_c))^2-\lambda(a_1{}^2+a_2{}^2+\cdots+a_n{}^2-1) \tag{6.21}$$

式(6.21)の内積を成分で表記すると，下式になる.

$$(\boldsymbol{A},\boldsymbol{X}_i-\boldsymbol{X}_c)=a_1(x_{1i}-x_{1c})+a_2(x_{2i}-x_{2c})+\cdots+a_n(x_{ni}-x_{nc})$$

よって，式(6.21)を $a_1, a_2, \cdots, a_n$ で微分すると下式となる.

$$\frac{\partial L}{\partial a_1}=\frac{2a_1}{m}\sum_{i=1}^{m}(x_{1i}-x_{1c})^2+\frac{2a_2}{m}\sum_{i=1}^{m}(x_{1m}-x_{1c})(x_{2m}-x_{2c})$$
$$+\cdots+\frac{2a_n}{m}\sum_{i=1}^{m}(x_{1i}-x_{1c})(x_{ni}-x_{nc})-2a_1\lambda$$

$$\frac{\partial L}{\partial a_2}=\frac{2a_1}{m}\sum_{i=1}^{m}(x_{2i}-x_{2c})(x_{1i}-x_{1c})+\frac{2a_2}{m}\sum_{i=1}^{m}(x_{2m}-x_{2c})^2$$
$$+\cdots+\frac{2a_n}{m}\sum_{i=1}^{m}(x_{2i}-x_{2c})(x_{ni}-x_{nc})-2a_2\lambda$$

$$\vdots$$

$$\frac{\partial L}{\partial a_n}=\frac{2a_1}{m}\sum_{i=1}^{m}(x_{ni}-x_{nc})(x_{1i}-x_{1c})+\frac{2a_2}{m}\sum_{i=1}^{m}(x_{ni}-x_{nc})(x_{2i}-x_{2c})$$
$$+\cdots+\frac{2a_n}{m}\sum_{I=1}^{m}(x_{ni}-x_{nc})^2-2a_n\lambda$$

j 次元目のデータの分散を S_{jj}，j 次元目と k 次元目のデータの共分散を S_{jk} とすると $(j\neq k)$，それぞれ次式となる.

$$s_{jj}=\frac{1}{m}\sum_{i=1}^{m}(x_{ji}-x_{jc})^2$$

$$s_{jk}=\frac{1}{m}\sum_{i=1}^{m}(x_{ji}-x_{jc})(x_{ki}-x_{kc})$$

微分式を $=0$ とおき，式を S_{jj}, S_{jk} で表記すると，下の連立方程式となる.

$$s_{11}a_1+S_{12}a_2+\cdots+S_{1n}a_n-\lambda a_1=0$$
$$s_{21}a_1+S_{22}a_2+\cdots+S_{2n}a_n-\lambda a_2=0$$
$$\vdots$$
$$s_{n1}a_1+S_{n2}a_2+\cdots+S_{nn}a_n-\lambda a_n=0$$

行列 $\boldsymbol{M}$ を下式で定義する．

$$\boldsymbol{M}=\begin{pmatrix} s_{11} & s_{12} & \cdots & s_{1n} \\ s_{21} & s_{22} & \cdots & s_{2n} \\ \vdots & \vdots & & \vdots \\ s_{n1} & s_{n2} & \cdots & s_{nn} \end{pmatrix}$$

$S_{ij}=S_{ji}$ であるため，この行列は対称行列である．連立方程式は下式のように，行列表記できる．この式により，主成分ベクトルの求め方は固有値問題であることがわかる．

$$\boldsymbol{MA}=\lambda\boldsymbol{A}$$

例題 6.6　**16人のクラスで数学，理科，英語のテストを行った．このテスト結果を主成分分析する．**

下図のようにテスト結果の分散，共分散を求め，行列 $\boldsymbol{M}$ を求める．分散のExcel関数は `VARP`(データ範囲)，共分散のExcel関数は `COVAR`(i データの範囲, j データの範囲)です．

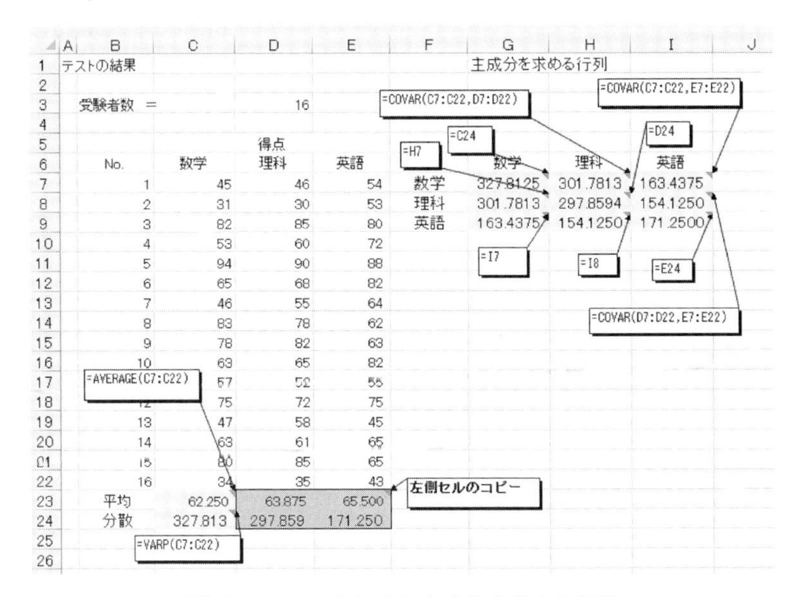

テストの結果

受験者数 = 16

No.	数学	理科	英語
1	45	46	54
2	31	30	53
3	82	85	80
4	53	60	72
5	94	90	88
6	65	68	82
7	46	55	64
8	83	78	62
9	78	82	63
10	63	65	82
	57	52	55
12	75	72	75
13	47	58	45
14	63	61	65
15	80	85	65
16	34	35	43
平均	62.250	63.875	65.500
分散	327.813	297.859	171.250

主成分を求める行列

	数学	理科	英語
数学	327.8125	301.7813	163.4375
理科	301.7813	297.8594	154.1250
英語	163.4375	154.1250	171.2500

図 6.14　テスト結果と主成分を求める行列

主成分を求める行列は対称行列であるため，6.3 節で説明したヤコビ法による固有値計算ができる．下図にヤコビ法による固有値解析結果を示す．第 1 主成分は分散が最大のベクトルとなり．第 2 主成分は第 2 主成分と直交する分散が最大のベクトルとなる．また，第 3 主成分は第 1 主成分と第 2 主成分と直交するベクトルとなる．

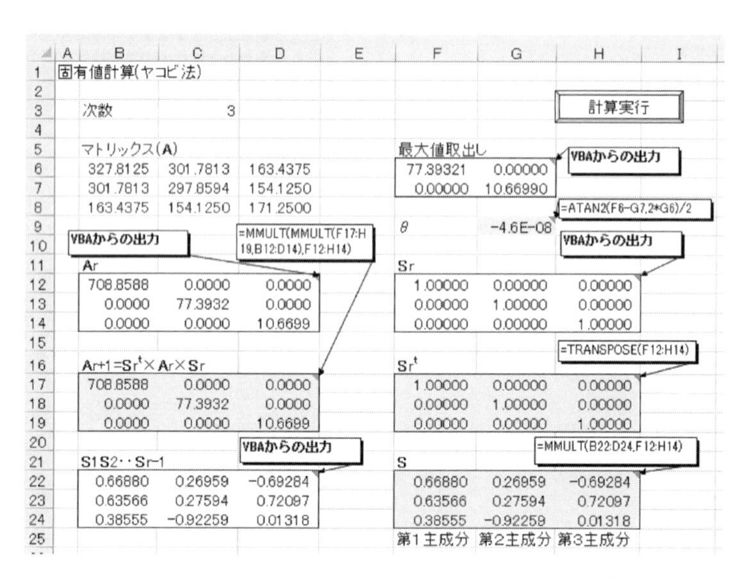

図 6.15　ヤコビ法による主成分を求める行列の固有値計算

(1)　ソルバーを用いた主成分分析

分散が最大となる主成分ベクトルを求める問題なら，ソルバーを用いても解くことができる．

例題 6.7　**[例題 6.6]の問題を，ソルバーを用いて，主成分ベクトルを求める．**

下図のように，適当な主成分ベクトルを設定し，その 2 乗和を計算する．主成分ベクトルと個人の得点の内積で個人の主成分値を計算し，主成分値の分散を計算する．主成分値の分散を目的セルとし，目標値として最大値を選択する．主成分ベクトルを変数とし，制限条件として主成分ベクトルの 2 乗和 $=1$，主成分値の範囲を $(-1, 1)$ とし，ソルバーで解決する．すると，固有値解析結果の第 1 主成分ベクトルと同じ値が算出される．分散値が固有値になっているようだ．第 1 主成分値は成績全体の指標となりそうです．逆方向の主成分ベクトルも分散が最大となるため，正解です．初期値によっては，逆方向のベクトルが算出される場合もある．

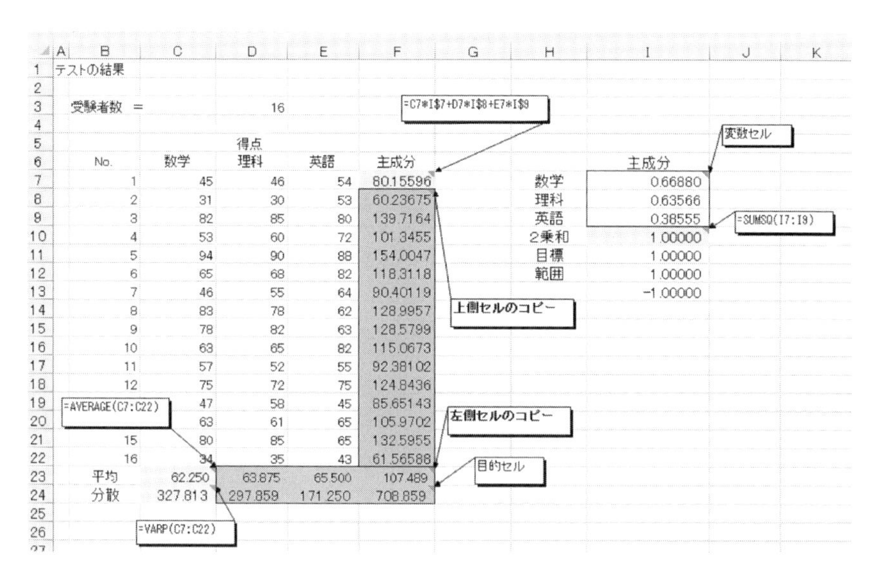

	A	B	C	D	E	F	G	H	I	J	K
1	テストの結果										
2											
3		受験者数　=		16							
4											
5				得点							
6		No.	数学	理科	英語	主成分			主成分		
7		1	45	46	54	80.15596		数学	0.66880		
8		2	31	30	53	60.23675		理科	0.63566		
9		3	82	85	80	139.7164		英語	0.38555		
10		4	53	60	72	101.3455		2乗和	1.00000		
11		5	94	90	88	154.0047		目標	1.00000		
12		6	65	68	82	118.3118		範囲	1.00000		
13		7	46	55	64	90.40119			-1.00000		
14		8	83	78	62	128.9957					
15		9	78	82	63	128.5799					
16		10	63	65	82	115.0673					
17		11	57	52	55	92.38102					
18		12	75	72	75	124.8436					
19			47	58	45	85.65143					
20			63	61	65	105.9702					
21		15	80	85	65	132.5955					
22		16	34	35	43	61.56588					
23		平均	62.250	63.875	65.500	107.489					
24		分散	327.813	297.859	171.250	708.859					
25											
26											

図 6.16　ソルバーを用いた主成分分析

6.6　2 質点系ばねマスモデルの固有値計算

2 質点系ばねマスモデルでの質点の運動は，2 つの固有振動数をもつ波の合成となる．式(5.25)，(5.26)の運動方程式を行列表記すると，次式となる．

$$\boldsymbol{M}\frac{\mathrm{d}^2\boldsymbol{x}}{\mathrm{d}t^2}+\boldsymbol{K}\boldsymbol{x}=0 \tag{6.22}$$

$\boldsymbol{x}$：変位ベクトル　　$\boldsymbol{x}=\begin{bmatrix} x_a \\ x_b \end{bmatrix}$

$\boldsymbol{M}$：質量マトリックス　　$\boldsymbol{M}=\begin{bmatrix} m_a & 0 \\ 0 & m_b \end{bmatrix}$

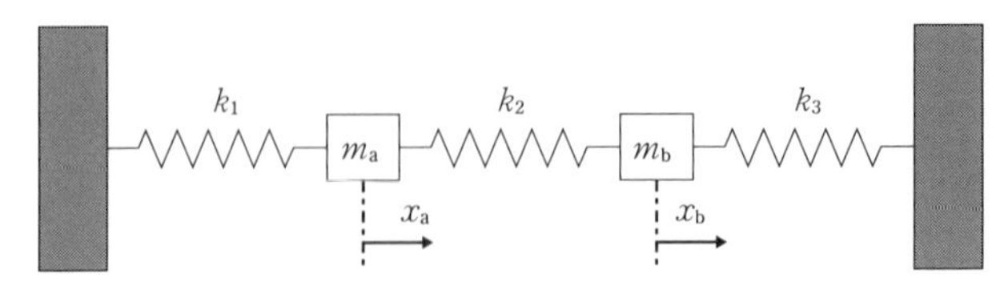

図 6.17　ばねマスモデル

$\boldsymbol{K}$：剛性マトリックス　　$\boldsymbol{K}=\begin{bmatrix} k_1+k_2 & -k_2 \\ -k_2 & k_3+k_2 \end{bmatrix}$

いま，式(6.22)の解を次式と仮定する．

$$\boldsymbol{x}=\boldsymbol{X}\exp(\mathrm{i}\omega t) \tag{6.23}$$

$\boldsymbol{X}$：モードベクトル

ω：角振動数

角振動数(ω)と振動数(ν)と周期(T)の関係は次式となる．

$$\nu=\frac{\omega}{2\pi},\qquad T=\frac{1}{\nu}$$

式(6.23)を式(6.22)に代入すると，次式となる．

$$(-\omega^2\boldsymbol{M}+\boldsymbol{K})\boldsymbol{X}\exp(\mathrm{i}\omega t)=0$$

$\exp(\mathrm{i}\omega t)$は0でないので，次式となる．

$$(-\omega^2\boldsymbol{M}+\boldsymbol{K})\boldsymbol{X}=0$$

$$\boldsymbol{K}\boldsymbol{X}=\omega^2\boldsymbol{M}\boldsymbol{X}$$

$$\boldsymbol{M}^{-1}\boldsymbol{K}\boldsymbol{X}=\omega^2\boldsymbol{X} \tag{6.24}$$

式(6.24)は行列 $\boldsymbol{A}=\boldsymbol{M}^{-1}\boldsymbol{K}$ の固有値(ω^2)を求める固有値問題である．

例題 6.8　**[例題 5.3]のばねマスモデルの運動方程式の固有値と固有ベクトルを求める．**

図6.18のように，Excelを用いて，質量とばね定数から行列 $\boldsymbol{A}$ を求めた．行列 $\boldsymbol{A}$ を

$$\boldsymbol{A}=\begin{bmatrix} a_{11} & a_{12} \\ a_{21} & a_{22} \end{bmatrix}$$

とすると，その固有値 λ は二次方程式 $a\lambda^2+b\lambda+c=0$ の根となり，その係数は

次式となる．

$$a=1$$

$$b=a_{11}+a_{22}$$

$$c=a_{11}a_{22}-a_{12}a_{21}$$

よって，固有値 λ は次式となる．

$$\lambda=\frac{-b\pm\sqrt{b^2-4ac}}{2a}$$

この計算により，図 6.18 のように，固有値，角振動数，振動数，周期が求まる．

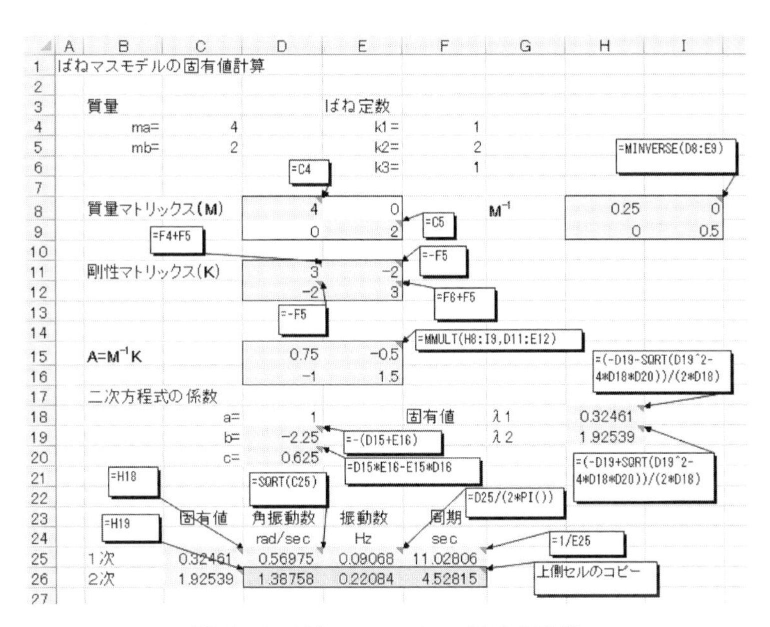

図 6.18　ばねマスモデルの固有値計算

次に，行列 $\boldsymbol{A}$ と求まった固有値 λ と適当に設定した固有ベクトル $\boldsymbol{X}$ から $(\boldsymbol{A}-\lambda\boldsymbol{E})\boldsymbol{X}$ を求め，その2乗和を目的セルに設定する．ソルバーのパラメータ設定画面で，目的セルを指定値0とし，固有ベクトルを変数セルに設定し，固有ベクトルの二乗和を1と制限し，ソルバーで解決すると，下図のように固有ベクトルが算出される．

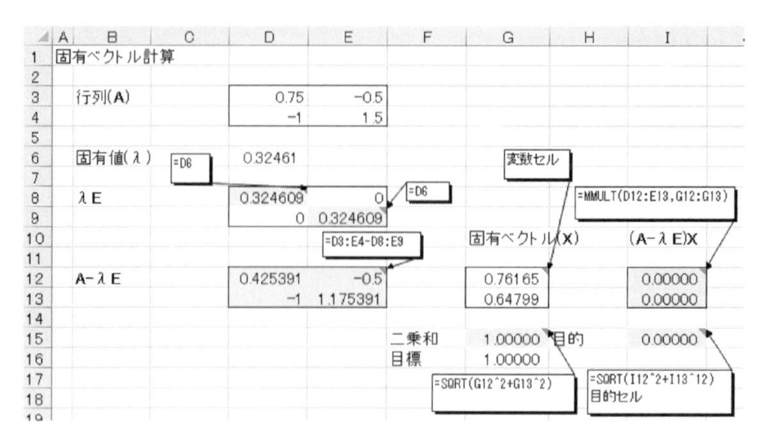

図 6.19　ばねマスモデルの 1 次モードの固有ベクトル計算

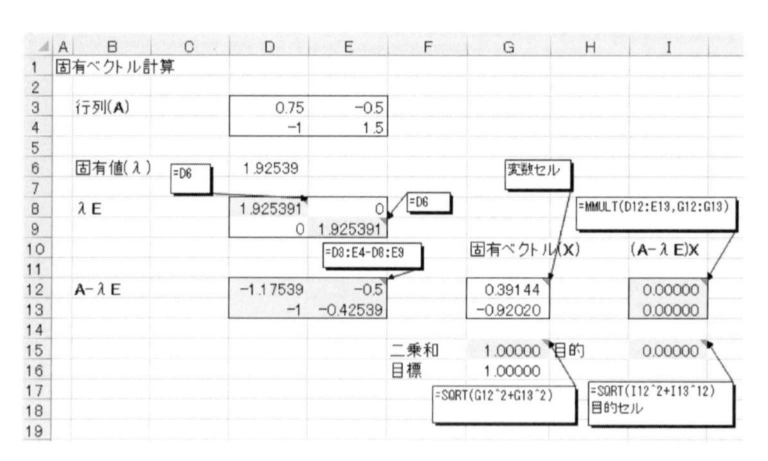

図 6.20　ばねマスモデルの 2 次モードの固有ベクトル計算

7
モンテカルロシミュレーション

モンテカルロは言わずと知れたギャンブルの町です．バクチ(サイコロ)を使ってシミュレーションを行うことをモンテカルロシミュレーションという．

コンピュータの発達前，正20面体のサイコロを使い，シミュレーションが行われていた．正20面体の場合，0〜9の数字を2箇所につくれば，10進数のサイコロがつくれます．コンピュータが未発達の第2次世界大戦前の軍隊では，机上演習と称し，戦闘のシミュレーションを行っていたようです．机上に戦場を想定し，大砲が艦船に当たる確率表などを用い，サイコロで戦闘のシミュレーションを行い，作戦の可否を判断していたようです．

コンピュータにはサイコロの代わりに，(0〜1)の一様乱数が用意されています．Excelでの一様乱数の関数は`rand()`です．コンピュータの乱数は，真の乱数でないため擬似乱数といわれています．

野球のコンピュータゲームを自動モードで実行すると，コンピュータ内で，選手個人のデータ(打率など)に基づき乱数を使い，打球の方向などを決め，ゲームが進行します．短時間で何万試合でも行えるため，最適打順を決めるシミュレーションにも使えそうです．

問題をモデル化したとき，煩雑な微分方程式に帰着する場合が多々あります．その場合，モンテカルロシミュレーションを適用すれば，より容易で，使い勝手がよい解決法となるケースもあります．

7.1 円周率計算

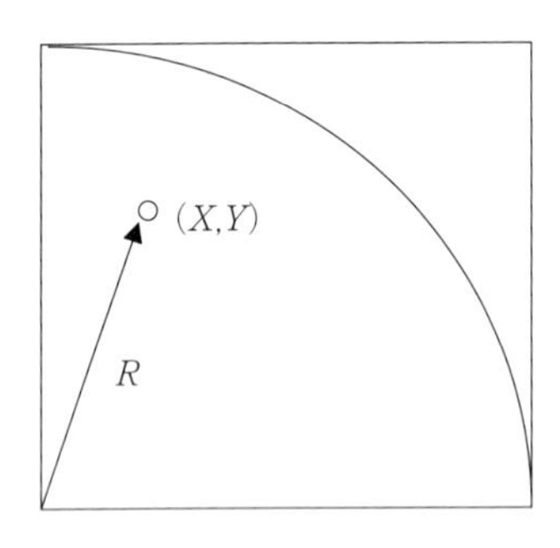

図 7.1 円周率計算の説明

図 7.1 のような 1 辺が 1 の正方形内に一様乱数を使い点 (X, Y) を生成し，原点からの距離 (R) を求める．$R \leqq 1$ のとき，点は円内にある．四角形の面積は 1，円の面積は $\pi/4$ である．N 回点を生成し，そのうち M 回が円の中に入っている場合，面積比から

$$M/N \fallingdotseq \pi/4$$

といえる．すなわち

$$\pi \fallingdotseq 4M/N$$

となる．試行回数を大きくすると，限りなく π に近づくと思われる．

例題 7.1　**モンテカルロシミュレーションで円周率を算出する．**

図 7.2 のように，Excel シート上に X, Y 座標に乱数を生成させ，原点からの距離 R を求め，内外判定を行う．これを 1000 行コピーし，円周率を算出した．計算結果は π の値に近いことがわかる．

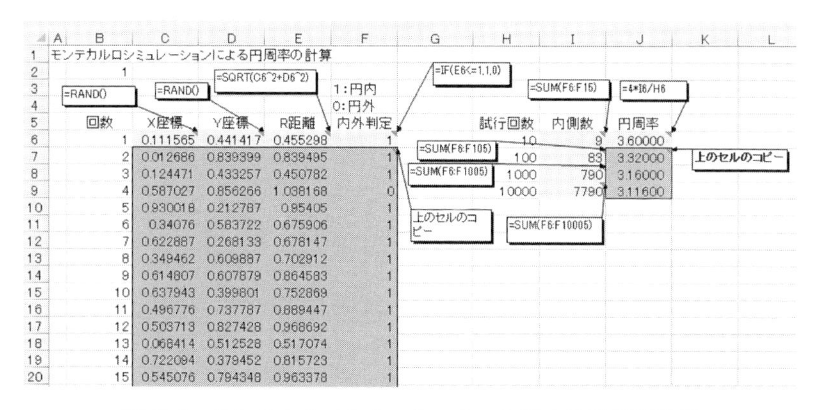

	A	B	C	D	E	F	G	H	I	J	K	L
1	モンテカルロシミュレーションによる円周率の計算											
2		1										
3						1：円内						
4						0：円外						
5		回数	X座標	Y座標	R距離	内外判定		試行回数	内側数	円周率		
6		1	0.111565	0.441417	0.455298	1		10	9	3.60000		
7		2	0.012686	0.839399	0.839495	1		100	83	3.32000		
8		3	0.124471	0.433257	0.450782	1		1000	790	3.16000		
9		4	0.587027	0.856266	1.038168	0		10000	7790	3.11600		
10		5	0.930018	0.212787	0.95405	1						
11		6	0.34076	0.583722	0.675906	1						
12		7	0.622887	0.268133	0.678147	1						
13		8	0.349462	0.609887	0.702912	1						
14		9	0.614807	0.607879	0.864583	1						
15		10	0.637943	0.399801	0.752869	1						
16		11	0.496776	0.737787	0.889447	1						
17		12	0.503713	0.827428	0.968692	1						
18		13	0.068414	0.512528	0.517074	1						
19		14	0.722094	0.379452	0.815723	1						
20		15	0.545076	0.794348	0.963378	1						

図 7.2　モンテカルロシミュレーションによる円周率計算

7.2　ランダムウォーク

ランダムウォークは酔っぱらいの運動です．ある地点(原点)に酔っぱらいが立っており，任意の方向(ランダム)に単位移動量(L＝1 m)移動します．その地点からまた，任意の方向(ランダム)に単位移動量(1 m)移動します．「これを数回繰り返した後，酔っぱらいは最初の点(原点)からどれだけの位置，距離にいるでしょう」という問題です．

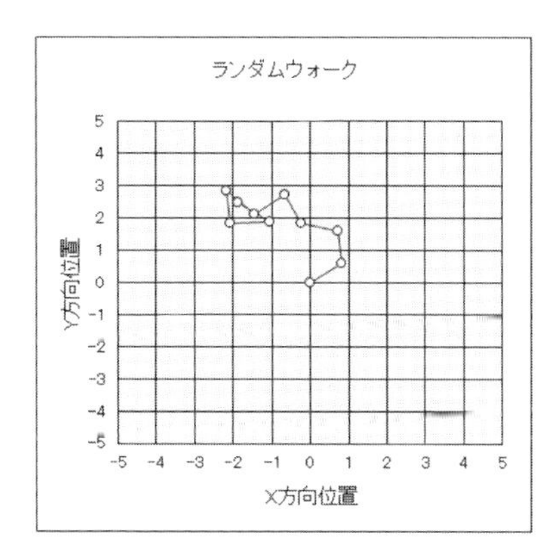

図 7.3　ランダムウォークの説明図

例題 7.2　**ランダムウォークを9回繰り返すシミュレーションを行う.**

下図のように，最初の位置は原点(0, 0)です．1回目の方向角(0〜360度)を乱数できめます．セル位置で= `rand()*360` を入力する(`rand` は0〜1の一様乱数のため，360倍すると0〜360の一様乱数となる)．

三角関数(sin, cos)の計算はラジアンです．ラジアン= `radians`(度)で変換できます．方向角から XY 座標の移動量($\Delta X, \Delta Y$)を計算します．

X 方向移動量(ΔX)$=L\cos$(方向角)

Y 方向移動量(ΔY)$=L\sin$(方向角)

位置(X, Y)は前回の位置に移動量($\Delta X, \Delta Y$)を加算します．原点からの直線距離は位置から計算でき，= `sqrt(X^2 + Y^2)` となります．3回目以降は2回目をコピーするだけで，できあがります．データのセーブ時やセルを修正した瞬間に乱数が再計算され，ランダムウォークの軌道が変化します．

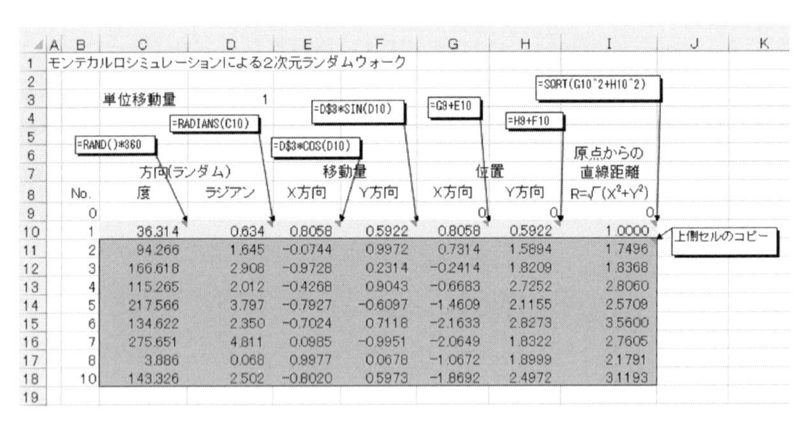

モンテカルロシミュレーションによる2次元ランダムウォーク

単位移動量　1

No.	方向(ランダム) 度	ラジアン	移動量 X方向	Y方向	位置 X方向	Y方向	原点からの直線距離 R=√(X²+Y²)
0					0	0	0
1	36.314	0.634	0.8058	0.5922	0.8058	0.5922	1.0000
2	94.266	1.645	−0.0744	0.9972	0.7314	1.5894	1.7496
3	166.618	2.908	−0.9728	0.2314	−0.2414	1.8209	1.8368
4	115.265	2.012	−0.4268	0.9043	−0.6683	2.7252	2.8060
5	217.566	3.797	−0.7927	−0.6097	−1.4609	2.1155	2.5709
6	134.622	2.350	−0.7024	0.7118	−2.1633	2.8273	3.5600
7	275.651	4.811	0.0985	−0.9951	−2.0649	1.8322	2.7605
8	3.886	0.068	0.9977	0.0678	−1.0672	1.8999	2.1791
10	143.326	2.502	−0.8020	0.5973	−1.8692	2.4972	3.1193

図 7.4　モンテカルロシミュレーションによるランダムウォークの結果

例題 7.3　**酔っ払いがX方向のみ(1次元)ランダムウォーク(10回)する場合の酔っ払いの最終位置の分布図を作成する.**

下図のような，1次元の10回のランダムウォークのExcelシートを作成する．乱数が0.5より小さいとき負方向に進み，乱数が0.5以上のとき正方向に進むこととする．次にVBAを作成し，ランダムウォークを試行回数回繰り返し，酔っ払いの最終位置をカウントアップする．最終位置の分布図より，X 座標の0位置が最大となる正規分布に近づくようです.

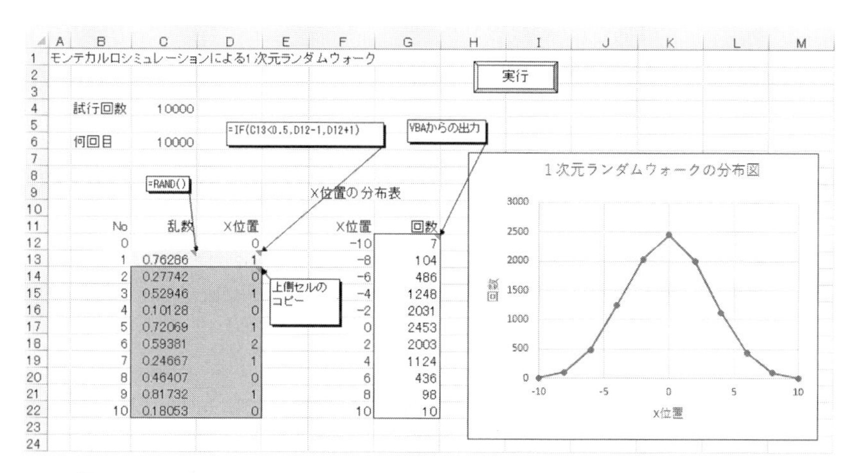

図 7.5 1次元のランダムウォークによる酔っ払いの最終位置の分布図

そのときの VBA のリストを示す.

```
Option Explicit
'1次元ランダムウォークの集計
Sub wolk1d()
Dim no As Long
Dim i As Long
Dim x As Long
Dim xn As Long
no = Cells(4, 3).Value    ' 試行回数設定
'回数の 0 クリア
For i = 1 To 11
  Cells(i + 11, 7).Value = 0
Next
For i = 1 To no              '  試行の繰返し
  Cells(6, 3).Value = i   '  何回目の設定
  x = Cells(22, 4).Value   '  最終 X 位置の取出し
  xn = x / 2
  Cells(xn + 17, 7).Value = Cells(xn + 17, 7).Value + 1 ' 回数のカウントアップ
Next                             ' 試行終了
End Sub
```

リスト 7.1 1次元のランダムウォークの繰返しとカウントアップ

7.3　指数分布と指数乱数

(1)　指 数 分 布

入店者，地震発生，機械の故障等，一定の発生率(λ)でイベントがランダムに発生する事象を考える．最初にイベントが発生する時間(t)は指数分布となる．同様に，一度イベントが発生してからから次のイベントが発生するまでの時間も指数分布となる．発生率をλとすると，指数分布は次式となる．発生率(λ)は単位時間あたりのイベントの平均発生回数であり，tは経過時間である．

$$f(t) = \lambda e^{-\lambda t} \tag{7.1}$$

ただし，$t \geqq 0$である．

指数分布の平均，分散は次の式となる．

平均　$\dfrac{1}{\lambda}$

分散　$\dfrac{1}{\lambda^2}$

例題 7.4　**発生率(λ)＝5回/hrのイベントを200 Hr，1000回発生させ，イベント間隔の時間分布を調査する．**

下図のように，一様乱数を使用し，1000個のイベント発生時間(min)を生成する．

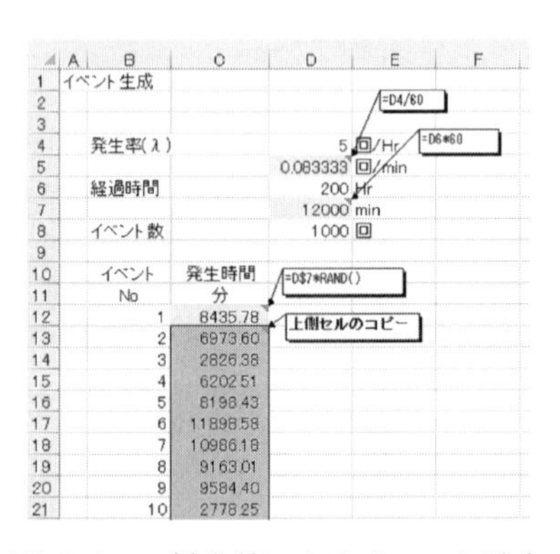

	A	B	C	D	E	F
1	イベント生成					
2						
3						
4		発生率(λ)		5	回/Hr	
5				0.083333	回/min	
6		経過時間		200	Hr	
7				12000	min	
8		イベント数		1000	回	
9						
10		イベント	発生時間			
11		No	分			
12		1	8435.78			
13		2	6973.60			
14		3	2826.38			
15		4	6202.51			
16		5	8198.43			
17		6	11898.58			
18		7	10986.18			
19		8	9163.01			
20		9	9584.40			
21		10	2778.25			

図 7.6　一様乱数によるイベント発生

次に，下図のように，生成したイベントNoとイベント発生時間を別シートに値のみコピーし，データタブにある並び換え機能を用いて，発生時間順に並び替える．次にイベント間の間隔時間を計算する．この間隔時間の分布が指数分布となるはずである．

	A	B	C	D	E	F	G	H	I	J	K	L	M
1	イベント並び換え					ヒストグラム(度数分布表)							
2									λ	0.083333			
3		発生時間で並び換えを行う。							イベント数	1000	=I7/J$3		
4		イベント	発生時間	間隔	=C7-C6	時間	階級						
5		No	min	min		min	min	データ区間	頻度	頻度分布	指数分布	=J$2*EXP(-J$2*F7)	
6		0	0.00	34.77	上側セルのコピー		0	0	0				
7		42	34.77	1.76		0.5	1	1	85	0.08500	0.07993	上側セルのコピー	
8		820	36.54	0.41		1.5	2	2	78	0.07800	0.07354		
9		161	36.95	1.05		2.5	3	3	62	0.06200	0.06766		
10		619	38.00	6.47		3.5	4	4	64	0.06400	0.06225		
11		843	44.47	0.71		4.5	5	5	69	0.06900	0.05727		
12		916	45.18	21.95		5.5	6	6	55	0.05500	0.05269		
13		601	67.13	21.16		6.5	7	7	47	0.04700	0.04848		
14		345	88.29	15.66		7.5	8	8	37	0.03700	0.04461		
15		998	103.96	3.90		8.5	9	9	35	0.03500	0.04104		
16		822	107.85	0.05		9.5	10	10	44	0.04400	0.03776		
17		665	107.91	21.65		10.5	11	11	28	0.02800	0.03474		
18		523	129.55	5.82		11.5	12	12	31	0.03100	0.03196		
19		558	135.37	0.32		12.5	13	13	40	0.04000	0.02941		
20		838	135.69	2.72		13.5	14	14	23	0.02300	0.02705		

図 7.7　発生時間で並び替えられたイベントの間隔計算

間隔時間の分布状況を調べるには，ヒストグラム(度数分布表)を作成すればよい．すなわち，時間間隔ごとのイベント頻度をカウントすればよい．データタブのデータ分析をクリックし，分析ツールのヒストグラムを選択し，OKボタンをクリックすると，下図のヒストグラム設定画面が表示される．入力範囲(I)として，間隔データを選択する．データ区間(B)として，階級の0 min〜60 minを選択する．出力オプションの出力先(O)を選択し，H5セルを選択する．OKボタンをクリックすると，データ区間と頻度が出力する．頻度をデータ回数で割れば頻度分布となる．図7.9の頻度分布と指数分布のグラフより，イベントの間隔時間の分布が指数分布に近いことがわかる．データ分析のボタンがないとき，ファイルタブのオプションを選択し，分析ツールをアドインしてください．

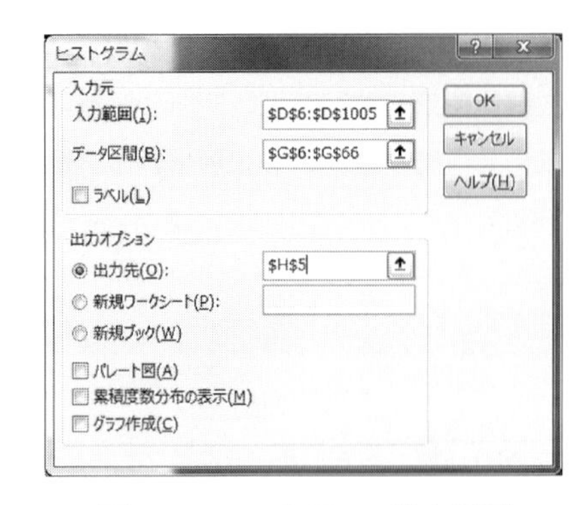

図 7.8　ヒストグラム設定画面

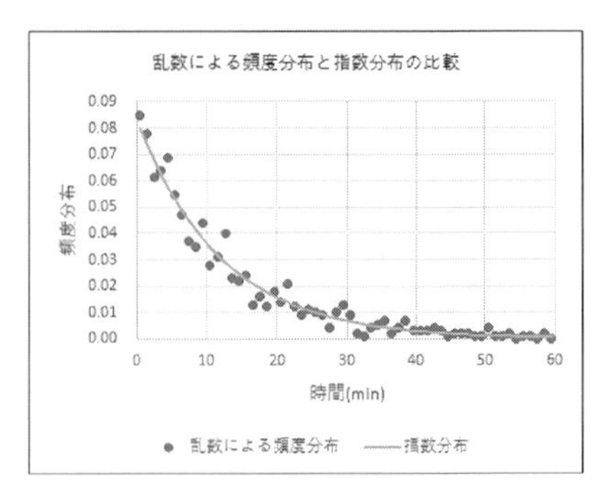

図 7.9　頻度分布と指数分布のグラフ

(2)　指数乱数

指数分布に従う乱数を指数乱数という．一様乱数を並び替え，間隔を求めることで，指数乱数の生成は可能であるが，少し手順が煩雑である．

一般的に，一様乱数(x)と頻度分布を $f(t)$ とする分布関数の関係は次式となる．

$$x=\int_0^t f(t)\mathrm{d}t \tag{7.2}$$

式(7.2)の頻度分布 $f(t)$ に式(7.1)の指数関数を当てはめると，次式となる．

$$x=1-e^{-\lambda t}$$

$$t=-\frac{1}{\lambda}\ln(1-x) \tag{7.3}$$

式(7.3)を用いれば，一様乱数(x)から指数分布に従う時間(t)の乱数が求まる．$(1-x)$ は 0〜1 の一様乱数であるため，式(7.3)は次式となる．

$$t=-\frac{1}{\lambda}\ln(x) \tag{7.4}$$

例題 7.5　**指数乱数を生成する．**

下図のように，一様乱数を用い総数 2000 個の指数乱数を発生させた．その平均値はほぼ $1/\lambda$，分散はほぼ $1/\lambda^2$ となっている．また指数乱数による度数分布は指数分布に近い値となっていることがわかる．

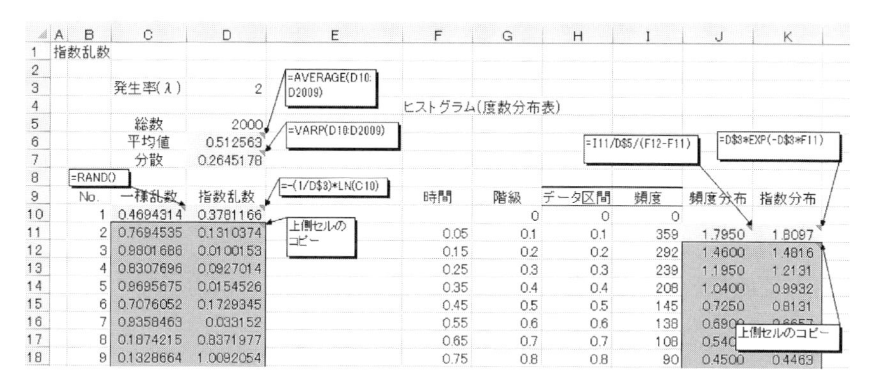

	A	B	C	D	E	F	G	H	I	J	K
1	指数乱数										
2											
3			発生率(λ)	2							
4						ヒストグラム(度数分布表)					
5			総数	2000							
6			平均値	0.512563							
7			分散	0.2645178							
8											
9		No.	一様乱数	指数乱数		時間	階級	データ区間	頻度	頻度分布	指数分布
10		1	0.4694314	0.3781166			0	0	0		
11		2	0.7694535	0.1310374		0.05	0.1	0.1	359	1.7950	1.8097
12		3	0.9801686	0.0100153		0.15	0.2	0.2	292	1.4600	1.4816
13		4	0.8307696	0.0927014		0.25	0.3	0.3	239	1.1950	1.2131
14		5	0.9695675	0.0154526		0.35	0.4	0.4	208	1.0400	0.9932
15		6	0.7076052	0.1729345		0.45	0.5	0.5	145	0.7250	0.8131
16		7	0.9358463	0.033152		0.55	0.6	0.6	138	0.6900	0.6657
17		8	0.1874215	0.8371977		0.65	0.7	0.7	108	0.540	[illegible]
18		9	0.1328664	1.0092054		0.75	0.8	0.8	90	0.4500	0.4463

図 7.10 指数乱数の発生

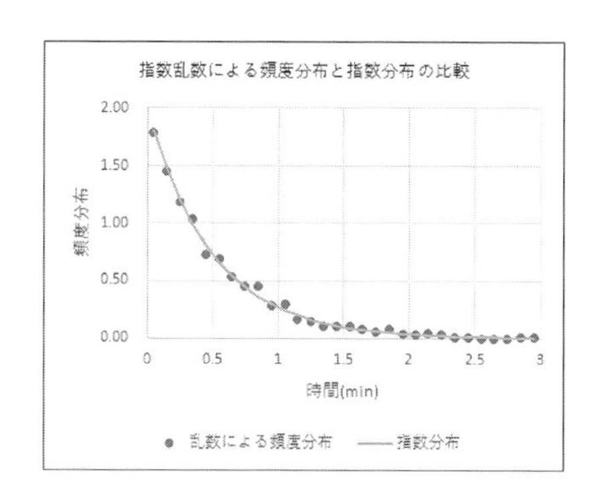

図 7.11 指数乱数による頻度分布と指数分布のグラフ

7.4 正規分布と正規乱数

平均値がμ, 標準偏差がσの正規分布は次式となる．この正規分布に従う乱数を正規乱数という．

$$f(x)=\frac{1}{\sqrt{2\pi\sigma^2}}e^{-\frac{(x-\mu)^2}{2\sigma^2}} \tag{7.5}$$

平均値が0, 標準偏差が1の正規分布を標準正規分布といい，この標準正規分布に従う正規乱数(Z)が発生できれば，次式により一般の正規乱数(Z_{u})が発生できる．

$$Z_{\mathrm{u}}=\sigma Z+\mu \tag{7.6}$$

一様乱数から標準正規分布に従う乱数を発生させる方法としてボックス-ミュラー法がある．一様分布に従う確率変数 X_1, X_2 に対して次式の Z_1, Z_2 が 1 組の独立な正規確率変数となることを利用する[13]．

$$Z_1 = \sqrt{-2\ln(X_1)}\cos(2\pi X_2)$$

$$Z_2 = \sqrt{-2\ln(X_1)}\sin(2\pi X_2)$$

Excel 関数では 0～1 の一様乱数を発生させる関数 `RAND()` があり，この関数を利用し正規乱数を発生することができる．

例題 7.6　標準正規分布に従う正規乱数を 2000 個生成する．

下図のように，正規乱数を 2000 個生成するすると，その平均値は 0 に近く，標準偏差は 1 に近いことがわかる．また，指数乱数のときと同様に，乱数のヒストグラム（度数分布表）を作成し，その頻度分布と標準正規分布のグラフを作図すると，正規乱数が標準正規分布に従っていることがわかる．正規分布の Excel 関数は= `NOLMDIST`(X 値，平均値，標準偏差，関数形式）で，関数形式に `TRUE` を指定すると累積分布関数の値が計算され，`FALSE` を指定すると確率密度関数の値が計算される．

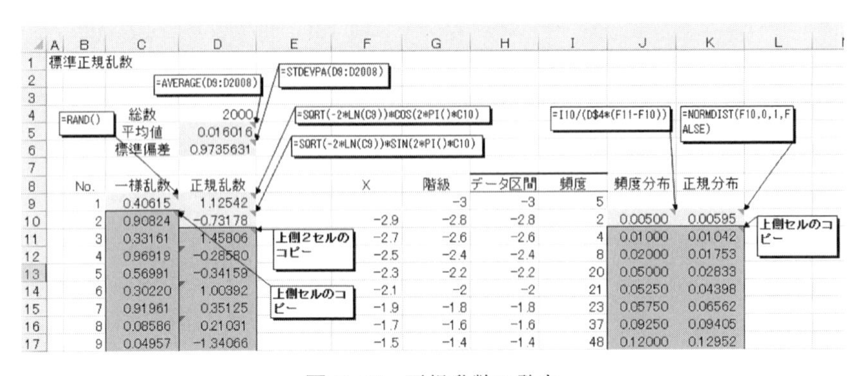

	A	B	C	D	E	F	G	H	I	J	K
1	標準正規乱数										
2											
3											
4			総数	2000							
5			平均値	0.016016							
6			標準偏差	0.9735631							
7											
8		No.	一様乱数	正規乱数		X	階級	データ区間	頻度	頻度分布	正規分布
9		1	0.40615	1.12542			-3	-3	5		
10		2	0.90824	-0.73178		-2.9	-2.8	-2.8	2	0.00500	0.00595
11		3	0.33161	1.45806		-2.7	-2.6	-2.6	4	0.01000	0.01042
12		4	0.96919	-0.28580		-2.5	-2.4	-2.4	8	0.02000	0.01753
13		5	0.56991	-0.34159		-2.3	-2.2	-2.2	20	0.05000	0.02833
14		6	0.30220	1.00392		-2.1	-2	-2	21	0.05250	0.04398
15		7	0.91961	0.35125		-1.9	-1.8	-1.8	23	0.05750	0.06562
16		8	0.08586	0.21031		-1.7	-1.6	-1.6	37	0.09250	0.09405
17		9	0.04957	-1.34066		-1.5	-1.4	-1.4	48	0.12000	0.12952

図 7.12　正規乱数の発生

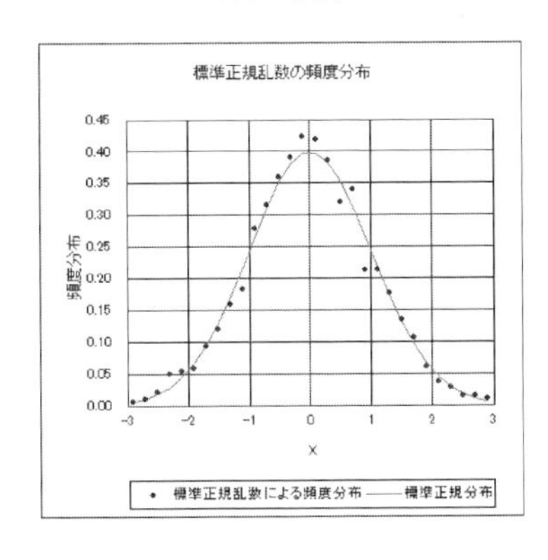

図 7.13　正規乱数による頻度分布と正規標準分布のグラフ

7.5　株価シミュレーションとブラック-ショールズの微分方程式

ブラック-ショールズの微分方程式では，株価の変動はウィーナー過程，またの名をブラウン運動でモデル化されている．株価の変動は正規分布に従うようである．そこで Excel で正規乱数を発生させ，株価のシミュレーションを試みる．

ノーベル賞がもらえるほどの難解な偏微分問題も，視点を代えてモンテカルロシミュレーションを適用すると，同様の解が簡単に得られるようです．株価は会社状況(不祥事，決算発表，新商品開発など)や経済状況(バブルの崩壊，リーマンショックなど)や政治状況(米大統領選，イギリスの EU 離脱など)によって左右されます．これら事象をシミュレーションに取り込み，モデル化できれば，より有用なシミュレーションができるかも知れません．

初日の株価(S)は既知であるが次の日の株価の増分($\mathrm{d}S$)は次式となる．

$$\mathrm{d}S = S(\sigma \mathrm{d}W_t + \mu \mathrm{d}t) \tag{7.7}$$

σ：ボラティリティ(株価の変動の激しさを表すパラメータ，標準偏差)

$\mathrm{d}W_t$：標準正規分布に従う正規乱数

μ：株価(S_t)の期待収益率

$\mathrm{d}t$：刻み時間(1 日)

例題 7.7　**式(7.7)に従い株価のシミュレーションを行う．**

下図のように，初日の株価を 10000 円とし，ボラティリティ(σ) = 0.03，株価の期待収益率(μ) = 0 として，株価シミュレーションを行った．

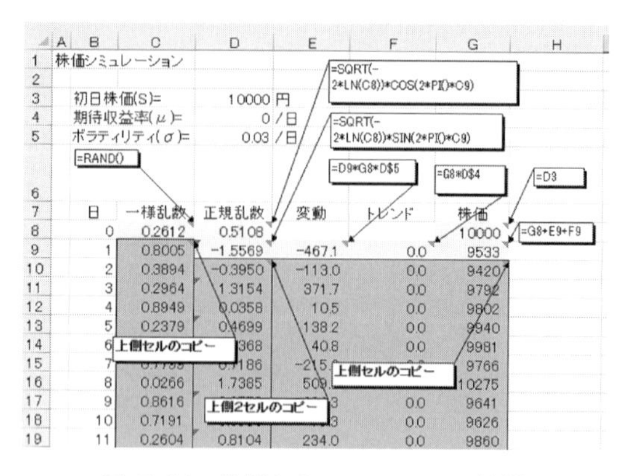

図 7.14　株価シミュレーション結果

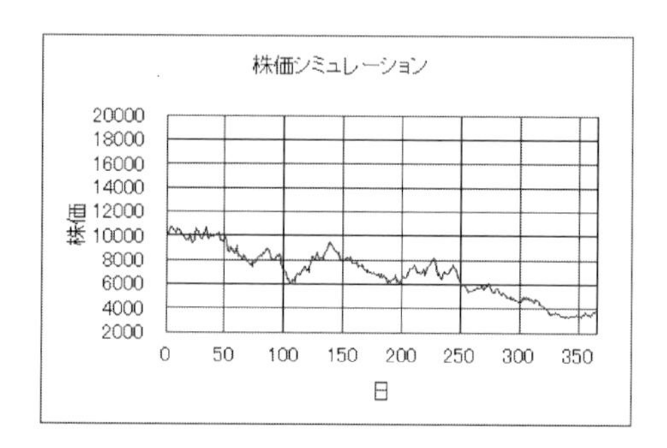

図 7.15　株価シミュレーションの結果グラフ

例題 7.8　**株価シミュレーションを 10000 回繰り返し，2 か月後，4 か月後，6 か月後，8 か月後の株価を抽出し，度数分布表(図)を作成する．**

証券取引所の休日を考慮し，1 か月を 21 日とした．下図のように，VBA を作成し，株価シミュレーションを繰り返し，各回の指定月ごとの株価を抽出した．

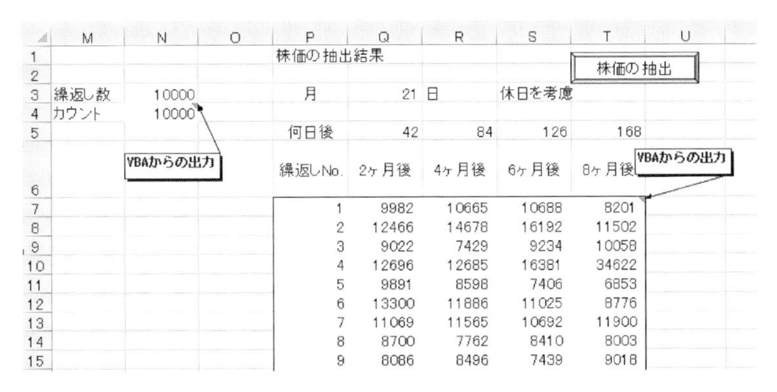

	M	N	O	P	Q	R	S	T	U
1				株価の抽出結果				株価の抽出	
2									
3	繰返し数	10000		月	21	日	休日を考慮		
4	カウント	10000							
5				何日後	42	84	126	168	
6				繰返しNo.	2ヶ月後	4ヶ月後	6ヶ月後	8ヶ月後	
7				1	9982	10665	10688	8201	
8				2	12466	14678	16192	11502	
9				3	9022	7429	9234	10058	
10				4	12696	12685	16381	34622	
11				5	9891	8598	7406	6853	
12				6	13300	11886	11025	8776	
13				7	11069	11565	10692	11900	
14				8	8700	7762	8410	8003	
15				9	8086	8496	7439	9018	

図 7.16　株価の抽出結果

```
Sub kabu_sim()
' 株価の抽出
Dim i As Long
Dim j As Long
Dim lp As Long
Dim m_day(4) As Long
Dim irow As Long
Dim kabuka(4) As Double
lp = Cells(3, 14).Value   ' 繰返し数読込み
' 株価抽出指定日の読込み
For i = 1 To 4
  m_day(i) = Cells(5, i + 16).Value
Next
For i = 1 To lp               ' lp 回繰返す
  Cells(4, 14).Value = i   ' カウントの出力
  '  指定日の株価取り出し
  For j = 1 To 4
    irow = 8 + m_day(j)
    kabuka(j) = Cells(irow, 7).Value
  Next
  Cells(6 + i, 16).Value = i   '繰返し No. の出力
  '  指定日の株価出力
  For j = 1 To 4
    Cells(6 + i, 16 + j).Value = kabuka(j)
  Next
Next                              ' 繰返しの終了
End Sub
```

リスト 7.2　株価シミュレーションの繰返しと株価の抽出 VBA

株価の抽出結果から，Excelの分析ツールのヒストグラム機能を用いて，指定月ごとの度数分布表とその分析図を作成した(作成方法は指数乱数の項を参照)．下図のように，時間が経つにつれて，株価は広がりを見せる．

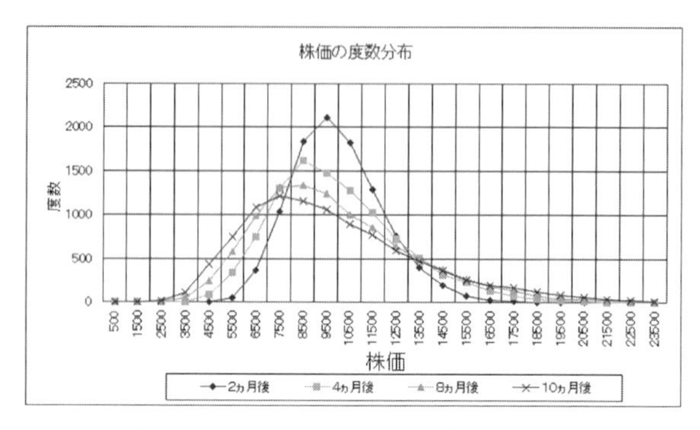

図 7.17　株価の月ごとの度数分布図

例題 7.9　**月ごとに抽出した株価から権利行使価格ごとのコール・オプション利益を計算する．**

(1)　コール・オプションとは

ある株券をある日時にある権利行使価格で買う権利をコール・オプションという．コール・オプションの買い手は，権利行使価格で株券を購入する権利を持つが，必ず買わなければならない義務はない．通常，株価が権利行使価格より上昇した場合，権利を行使する．一方コール・オプションの売り手はコール・オプションの買い手の要求に応じて，権利行使価格で株券を売る義務を負う．

(2)　コール・オプション利益計算

権利行使日の株価が権利行使価格以上の場合，(株価－権利行使価格)が利益となる．株価が権利行使価格未満の場合，権利を行使しない．利益計算は株価シミュレーションを10000回試行した利益の平均をとることとする．よって下式となる．

　コール・オプション利益 ＝$\sum$(株価－権利行使価格)/試行回数(10000)

　$\sum$は株価が権利行使価格以上の場合に加算する

下図のように，指定された権利行使日と権利行使価格に対応するコール・オプション利益をVBAで計算した．

	W	X	Y	Z	AA	AB
1						
2	コール・オプション利益計算の結果			オプション利益計算		
3						
4	データ数	24				
5						
6	権利行使価格	2ヶ月後	4ヶ月後	6ヶ月後	8ヶ月後	VBAからの出力
7	1000	8992	9004	8987	8990	
8	2000	7992	8004	7987	7990	
9	3000	6992	7004	6987	6991	
10	4000	5992	6004	5988	5997	
11	5000	4992	5007	5004	5029	
12	6000	3994	4031	4059	4120	
13	7000	3014	3108	3194	3302	
14	8000	2101	2288	2442	2603	
15	9000	1333	1616	1827	2020	
16	10000	767	1103	1342	1550	
17	11000	402	728	970	1178	
18	12000	194	466	690	890	

図 7.18 コール・オプション利益計算結果

```
Sub option_rieki()
'オプション利益の計算
Dim i As Long
Dim j As Long
Dim k As Long
Dim lp As Long
Dim koushi_no As Long
Dim irow As Long
Dim t_kabuka() As Double
Dim option_k() As Double
Dim option_r() As Double
lp = Cells(3, 14).Value                ' 繰返し数の読込み
koushi_no = Cells(4, 24).Value   ' 権利行使価格のデータ数読込み
' 内部テーブルの大きさ設定
ReDim t_kabuka(lp, 4)            ' 株価抽出結果テーブル
ReDim option_k(koushi_no)    ' 権利行使価格テーブル
ReDim option_r(koushi_no)    ' オプション利益テーブル
' 株価抽出結果の読込み
For i = 1 To lp
  For j = 1 To 4
    t_kabuka(i, j) = Cells(6 + i, 16 + j).Value
  Next
Next
'権利行使価格の読込み
For i = 1 To koushi_no
  option_k(i) = Cells(6 + i, 23).Value
```

```
Next
For j = 1 To 4      ' 何日後で繰返し
  ' オプション利益テーブルの0クリア
  For k = 1 To koushi_no
    option_r(k) = 0#
  Next
  For i = 1 To lp    ' 繰返し数の繰返し
    ' オプション利益の加算
    For k = 1 To koushi_no
      If (t_kabuka(i, j) > option_k(k)) Then
        option_r(k) = option_r(k) + (t_kabuka(i, j) - option_k(k))
      End If
    Next
  Next
  ' オプション利益の出力
  For k = 1 To koushi_no
    Cells(6 + k, 23 + j).Value = option_r(k) / lp
  Next
Next   ' 繰返し終了
End Sub
```

リスト 7.3　コール・オプション利益計算の VBA

ブラック-ショールズは偏微分方程式を駆使し，コール・オプション価格 $C(S,t)$ を算出する式を導き出した(下式)[14]．

$$C(S,t)=S\cdot N(d_1)-Xe^{-\gamma(T-t)}N(d_2)$$

ただし，

$N(x)$：標準正規分布関数の累積分布関数

$$d_1=\frac{\log\left(\frac{S}{X}\right)+\left(\gamma+\frac{\sigma^2}{2}\right)(T-t)}{\sigma\sqrt{T-t}}$$

$$d_2=\frac{\log\left(\frac{S}{X}\right)+\left(\gamma-\frac{\sigma^2}{2}\right)(T-t)}{\sigma\sqrt{T-t}}$$

S：初期株価

X：権利行使価格

$T-t$：オプション期間

σ：ボラティリティ

γ：非危険利子率

となる．

例題 7.10　**株価シミュレーションと同条件で，ブラック-ショールズの式を使い 2 か月後のコール・オプションの価格を求める．**

ブラック-ショールズ式の時間単位は年である．日単位のボラティリティを年単位に変換するには $\sqrt{1\text{年の日にち}}$ を掛ける必要がある．

年単位のボラティリティ＝日単位のボラティリティ×$\sqrt{1\text{年の日にち}}$

1 か月を 21 日としたため，1 年は 21×12 日となる．

正規分布の Excel 関数は= `NOLMDIST`(X 値，平均値，標準偏差，関数形式)で，関数形式に `TRUE` を指定すると累積分布関数の値が計算され，`FALSE` を指定すると確率密度関数の値が計算される．関数 $N(x)$ にはこの関数が利用できる．

下図のように，オプション期間を 2 か月とし，コール・オプション価格を算出した．

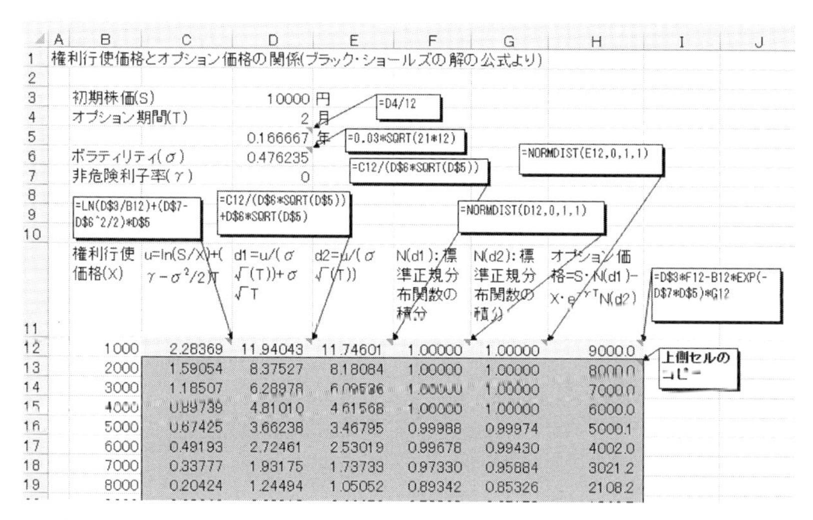

	A	B	C	D	E	F	G	H	I	J
1	権利行使価格とオプション価格の関係(ブラック・ショールズの解の公式より)									
2										
3		初期株価(S)		10000	円					
4		オプション期間(T)		2	月					
5				0.166667	年					
6		ボラティリティ(σ)		0.476235						
7		非危険利子率(γ)		0						
8										
9										
10										
11		権利行使価格(X)	u=ln(S/X)+(γ−σ²/2)T	d1=u/(σ√(T))+σ√T	d2=u/(σ√(T))	N(d1):標準正規分布関数の積分	N(d2):標準正規分布関数の積分	オプション価格=S・N(d1)−X・e^−γT N(d2)		
12		1000	2.28369	11.94043	11.74601	1.00000	1.00000	9000.0		
13		2000	1.59054	8.37527	8.18084	1.00000	1.00000	8000.0		
14		3000	1.18507	6.28978	6.09536	1.00000	1.00000	7000.0		
15		4000	0.89739	4.81010	4.61568	1.00000	1.00000	6000.0		
16		5000	0.67425	3.66238	3.46795	0.99988	0.99974	5000.1		
17		6000	0.49193	2.72461	2.53019	0.99678	0.99430	4002.0		
18		7000	0.33777	1.93175	1.73733	0.97330	0.95884	3021.2		
19		8000	0.20424	1.24494	1.05052	0.89342	0.85326	2108.2		

図 7.19　ブラック-ショールズの式によるコール・オプション価格計算

同様に，オプション期間4か月，6か月，8か月のブラック-ショールズの式によるコール・オプション価格計算を行い，株価シミュレーションの利益計算と比較した．10000回もシミュレーションを実施すると，シミュレーション値は理論解に近い値になっているようだ．株価シミュレーションのモデルとブラック-ショールズの微分方程式モデルは同一と思われる．

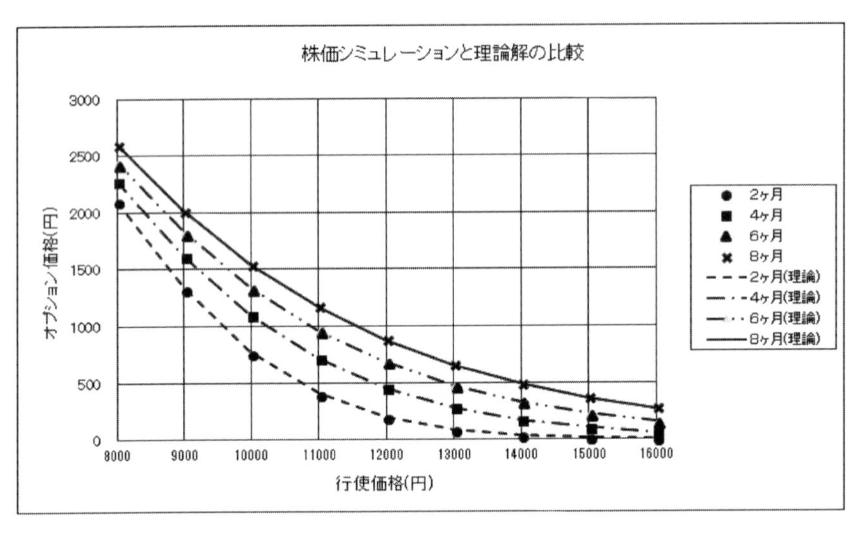

図 7.20　シミュレーションと理論解の比較図

8

図形計算

一般的に，図形計算は方程式を解くことにより解析的に求めることができる．そのため，学校で習った幾何学はあまり役に立たない．しかし，図形の幾何学的性質を利用したソルバーによる計算も可能である．

8.1　2直線の交点計算

交点とは直線どうしが交差する点である．直線は次のように2点(始点と終点)の座標$(x,\ y)$で定義できる．

直線1　始点$(xs_1,\ ys_1)$　終点$(xe_1,\ ye_1)$

直線2　始点$(xs_2,\ ys_2)$　終点$(ye_2,\ ye_2)$

(1)　関数を用いた交点計算

直線1，2の方程式は，

$$
\begin{aligned}
&\text{直線1}：(xe_1-xs_1)(y-ys_1)=(ye_1-ys_1)(x-xs_1)\\
&\text{直線2}：(xe_2-xs_2)(y-ys_2)=(ye_2-ys_2)(x-xs_2)
\end{aligned}
\tag{8.1}
$$

となる．直線1と直線2の連立方程式の解が直線の交点座標となる．連立方程式をマトリックスで表現すると，次式のように，$\boldsymbol{Ax}=\boldsymbol{B}$と表現できる．

$$
\begin{bmatrix} -(ye_1-ys_1) & xe_1-xs_1 \\ -(ye_2-ys_2) & xe_2-xs_2 \end{bmatrix}\begin{bmatrix} x \\ y \end{bmatrix}=\begin{bmatrix} xe_1ys_1-ye_1xs_1 \\ xe_2ys_2-ye_2xs_2 \end{bmatrix}
\tag{8.2}
$$

この連立方程式の解$\boldsymbol{x}$が交点座標となる．

例題 8.1　**直線 1：始点 (1, 2)，終点 (5, 6)，直線 2：始点 (1, 4)，終点 (5, 2) の交点を求める．**

図 8.1 のようにマトリックスを作成し，逆マトリックスを計算することにより交点が求まる．

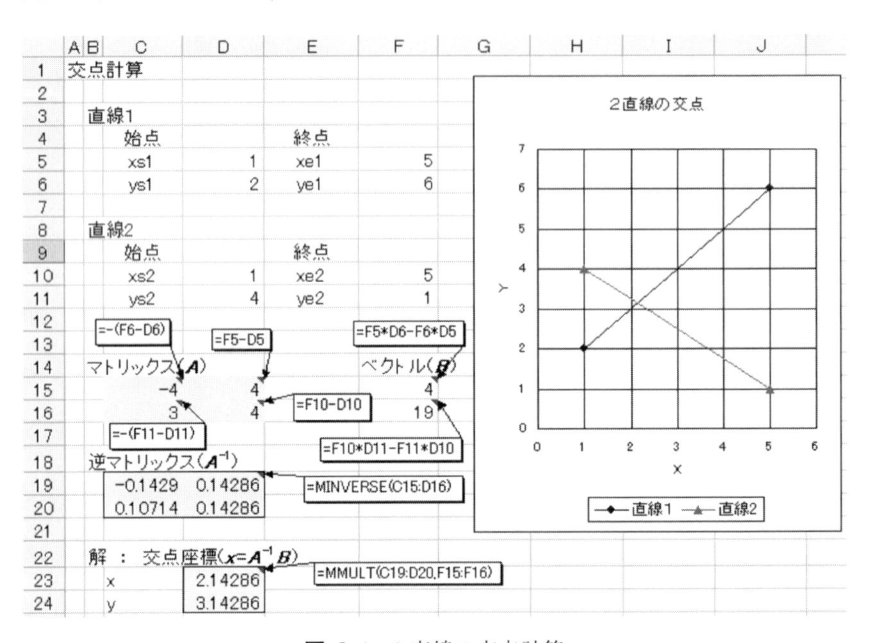

図 8.1　2 直線の交点計算

(2)　ソルバーを用いた交点計算

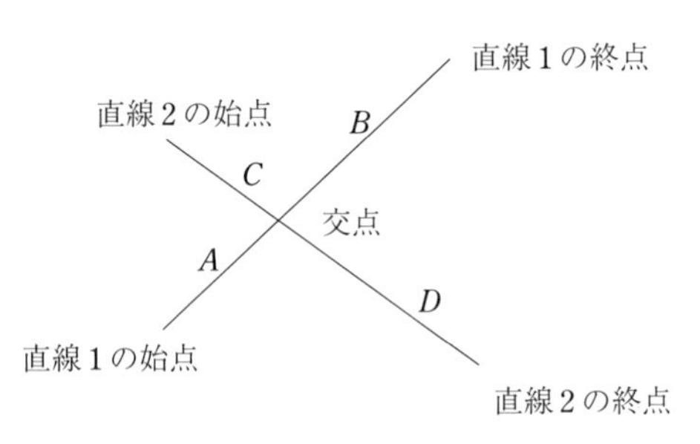

図 8.2　2 直線の始点，終点から交点までの距離の説明

2点間を結ぶ線の最短は直線であるという幾何学の定理を利用する．すなわち，直線の端点と交点の距離の合計値を最小にする．ただし，この方法は，2直線の線分内に交点があるときにしか適応できない．

例題 8.2　**ソルバーを用いて，[例題8.1]を解く．**

はじめに，交点座標を適当な位置に設定し，直線の端点と交点との距離 A, B, C, D を計算する．直線の距離は x 方向の距離，y 方向の距離があれば，ピタゴラスの定理 $\sqrt{x^2+y^2}$ で求まる．A, B, C, D の合計値 T を求める(図8.3)．

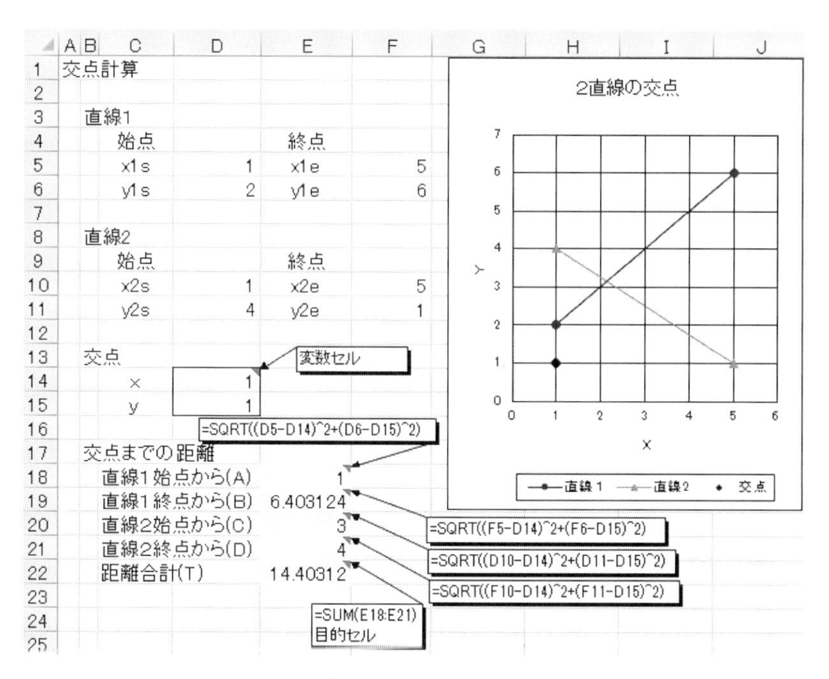

図 8.3　2直線の交点計算(ソルバー実行前)

データタブのソルバーをクリックすると，図8.4のソルバーのパラメータ設定画面が表示される．変数セルを交点とし，目的セルを距離合計(T)に設定し，目標値を最小値に設定する．解決ボタンをクリックすると，図8.5のように，例題8.1と同じ値の交点が求まる．

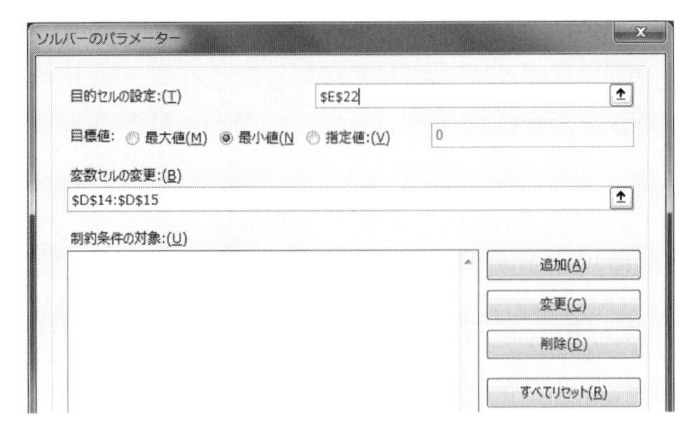

図 8.4　ソルバーのパラメータ設定画面

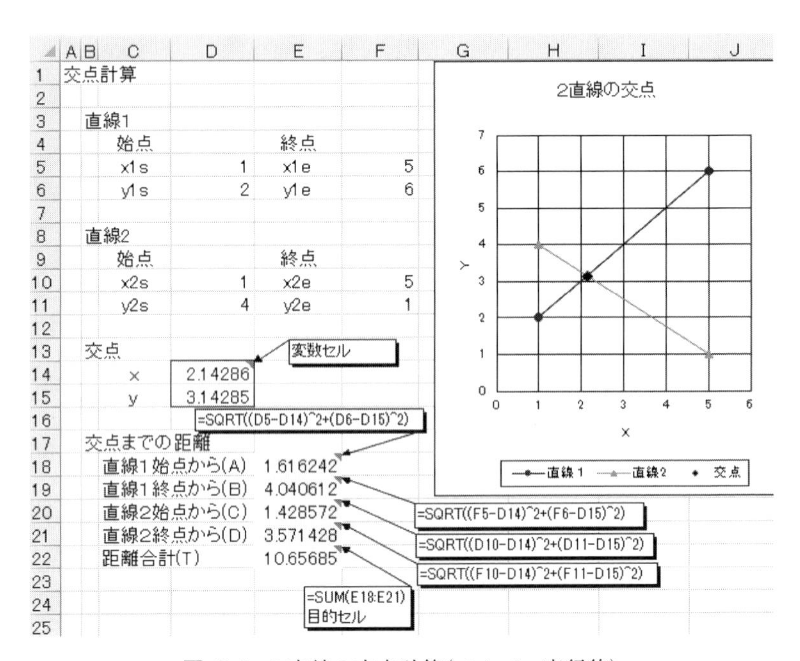

図 8.5　2直線の交点計算(ソルバー実行後)

8.2　点から直線への垂線計算

P点から直線に垂線を下ろす．P点を座標(x_p, y_p)とし，直線の始点座標を

$(x_s,\ y_s)$，終点座標を$(x_e,\ y_e)$とする．

(1)　関数を用いた垂線計算

直線は次の方程式で表現できる．

$$ax+by+c=0 \tag{8.3}$$

式(8.3)の係数a，b，cは直線の始点$(x_s,\ y_s)$，終点$(x_e,\ y_e)$座標から求まり，

$$\begin{aligned} a &= y_e - y_s \\ b &= x_s - x_e \\ c &= -(a \cdot x_s + b \cdot y_s) \end{aligned} \tag{8.4}$$

となる．

直線の始点，終点間の距離Lは次の式となる．

$$L=\sqrt{(x_e-x_s)^2+(y_e-y_s)^2} \tag{8.5}$$

直線方向の単位ベクトル$(e_x,\ e_y)$は次の式となる．

$$e_x=\frac{x_e-x_s}{L} \quad e_y=\frac{y_e-y_s}{L} \tag{8.6}$$

この直線に直角な単位ベクトル$(v_x,\ v_y)$は次の式となる．

$$v_x=-e_y \qquad v_y=e_x \tag{8.7}$$

いま，P点(x_p, y_p)から直線までの距離(最短距離)をkとすると，最短距離はP点から垂線の足までの長さとなる．P点から直線の直角方向(v_x, v_y)にkだけ移動した次の点となる．

$$\begin{aligned} x &= x_p + k \cdot v_x \\ y &= y_p + k \cdot v_y \end{aligned} \tag{8.8}$$

式(8.8)の点は直線の式(8.3)の直線の方程式上にある．よって，式(8.8)のx, yを式(8.3)の方程式に代入すると，式(8.9)となり，距離kが求まる

$$\text{垂線の足の長さの公式} \quad k=\frac{-(a \cdot x_p + b \cdot y_p + c)}{a \cdot v_x + b \cdot v_y} \tag{8.9}$$

求まった距離kを式(8.8)に代入することにより，垂線の足の座標(x_q, y_q)が求まる．

例題 8.3　P点座標を $(x_p, y_p) = (2, 3)$，直線の始点 $(5, 2)$，終点 $(1, 7)$ とし，P点から直線へ垂線を下ろす（図 8.6）．

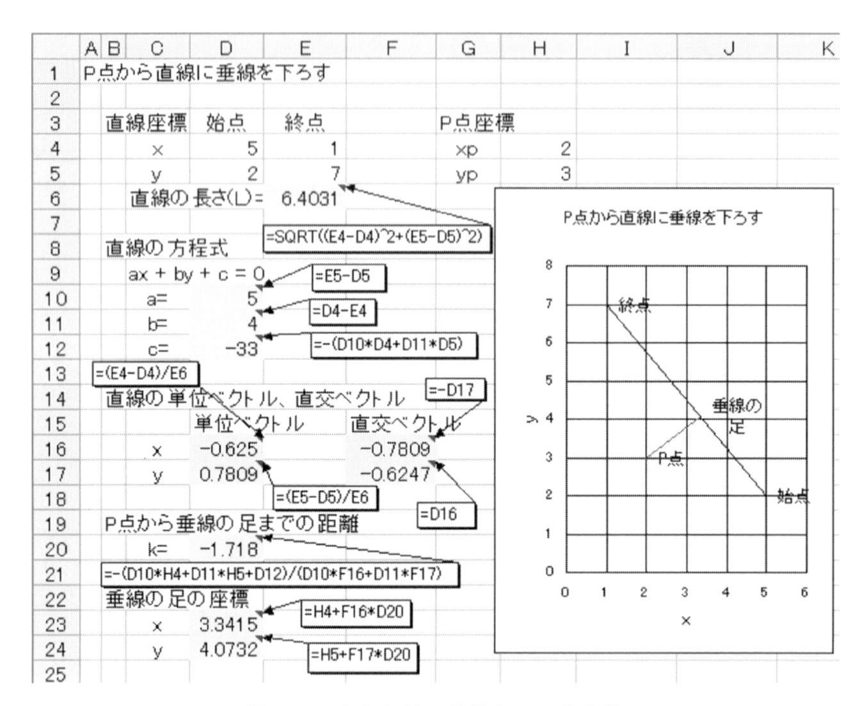

図 8.6　点から線に垂線を下ろす計算

(2)　ソルバーを用いた垂線計算

“P 点と直線上の点との距離 k が最小となる Q 点が垂線の足(点)となる” という図形の性質(定理)を利用し，垂線計算を行う．

直線の始点 (x_s, y_s) から距離 t にある直線上の点 $Q(x_q, y_q)$ は直線の単位ベクトル (e_x, e_y) を用いて次の式となる．

$$x_q = x_s + t \cdot e_x$$
$$y_q = y_s + t \cdot e_y \tag{8.10}$$

P 点と Q 点間の距離 k は次の式となる．

$$k = \sqrt{(x_q - x_p)^2 + (y_q - y_p)^2} \tag{8.11}$$

例題 8.4　**ソルバーを用いて，［例題 8.3］を解く．**

図 8.7 のように，直線の始点から適当な距離 t にある直線上の Q 点を求め，P 点と Q 点間の距離 k を計算する．

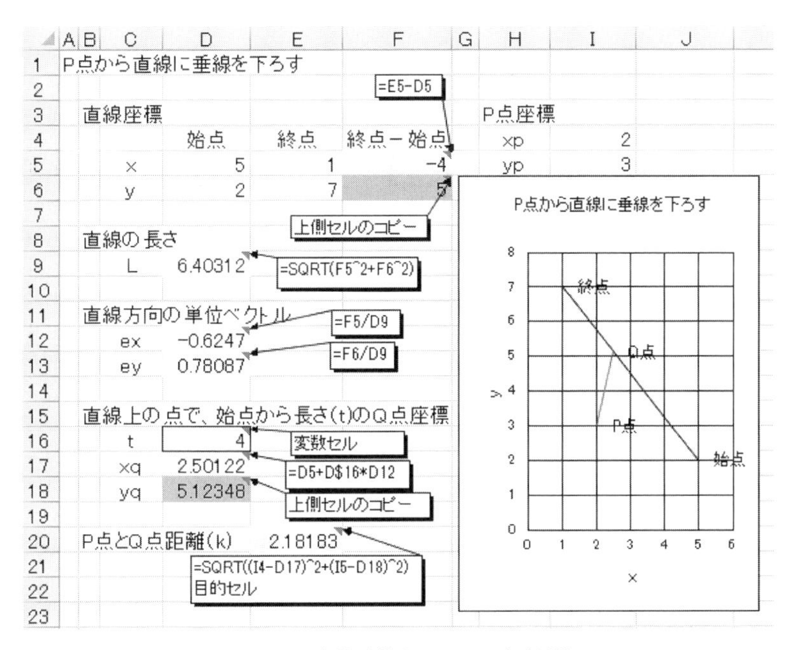

図 8.7　垂線計算（ソルバー実行前）

データタブのソルバーをクリックすると，ソルバーのパラメータ設定画面が表示される．変数セルを始点からの長さ t とし，目的セルを距離 k に設定し，目標値を最小値に設定する．実行ボタンをクリックすると，図 8.8 のように，垂線の足（点 Q）の座標値が求まる．

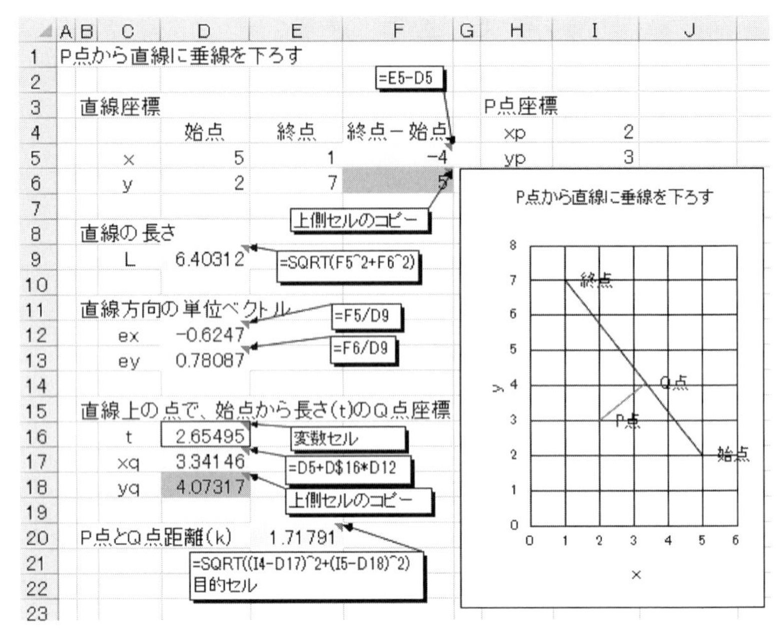

図 8.8　垂線計算(ソルバー実行後)

8.3　空間の3点を含む平面の方程式

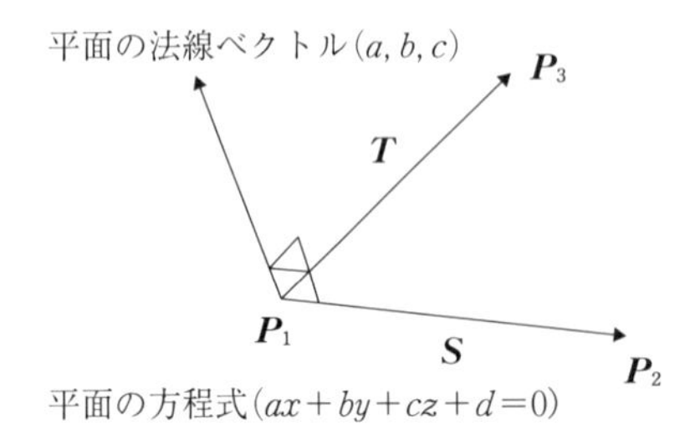

図 8.9　空間の3点を含む平面の説明

空間上にある平面は次の方程式で表現できる.

$$ax+by+cz+d=0 \tag{8.12}$$

空間の点は位置ベクトル(x座標, y座標, z座標)で定義できる. 空間の3点

$\boldsymbol{P}_1$ を (x_1, y_1, z_1)，$\boldsymbol{P}_2$ を (x_2, y_2, z_2)，$\boldsymbol{P}_3$ を (x_3, y_3, z_3) とおくことにする．平面の方程式(8.12)が点 $\boldsymbol{P}_1, \boldsymbol{P}_2, \boldsymbol{P}_3$ を含むためには

$$
\begin{aligned}
&ax_1+by_1+cz_1+d=0\\
&ax_2+by_2+cz_2+d=0\\
&ax_3+by_3+cz_3+d=0
\end{aligned}
\qquad (8.13)
$$

が成立する必要がある．

(1)　関数を用いた平面の方程式の係数計算

平面に対し直角方向を向くベクトルを法線ベクトルという．平面の方程式(8.12)の係数 (a, b, c) が平面の法線ベクトルとなる．平面の法線ベクトル (a, b, c) が求まれば，式(8.12)に $\boldsymbol{P}_1$ ベクトルの成分を代入した次の式より係数 d が求まり，平面の方程式が定まる．

$$d=-(ax_1+by_1+cz_1) \qquad (8.14)$$

点 $\boldsymbol{P}_1$ から点 $\boldsymbol{P}_2$ へのベクトル $\boldsymbol{S}$，点 $\boldsymbol{P}_1$ から点 $\boldsymbol{P}_3$ へのベクトルを $\boldsymbol{T}$ とすると，

$$
\begin{aligned}
\boldsymbol{S}&=(S_x, S_y, S_z)=(x_2-x_1,\ y_2-y_1,\ z_2-z_1)\\
\boldsymbol{T}&=(T_x, T_y, T_z)=(x_3-x_1,\ y_3-y_1,\ z_3-z_1)
\end{aligned}
\qquad (8.15)
$$

となる．平面内のベクトル $\boldsymbol{S}$ とベクトル $\boldsymbol{T}$ の外積 $\boldsymbol{S}\times\boldsymbol{T}$ は二つの平面内ベクトルに直交するベクトルであり，平面の法線ベクトルと同方向を向く．すなわち，

$$
\begin{aligned}
(a, b, c)&=(S_x, S_y, S_z)\times(T_x, T_y, T_z)\\
&=(S_yT_z-S_zT_y,\ S_zT_x-S_xT_z,\ S_xT_y-S_yT_x)
\end{aligned}
\qquad (8.16)
$$

となる．ここで，法線ベクトルは大きさ1の単位ベクトルに設定する．

例題 8.5　**与えられた 3 点を通る平面の方程式を求める.**

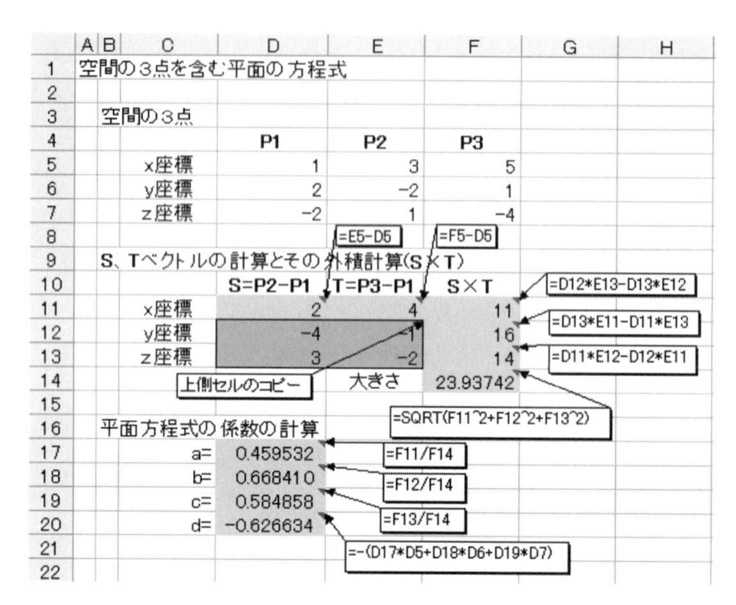

図 8.10　平面の方程式を求める計算

(2)　ソルバーを用いた平面の方程式の係数計算

式(8.13)が成立する平面の方程式の係数をソルバーで探索することとなる.

例題 8.6　**ソルバーを用いて，与えられた 3 点を通る平面の方程式を求める.**

図 8.11 のように，平面の方程式の係数(a, b, c)に適当な数値を設定し，空間 3 点での $ax+by+cz+d$ の値を計算する．これらの値が 0 になれば正解であるが，係数が適当なため 0 にはならない．法線ベクトルの大きさの 2 乗 $a^2+b^2+c^2$ も計算する.

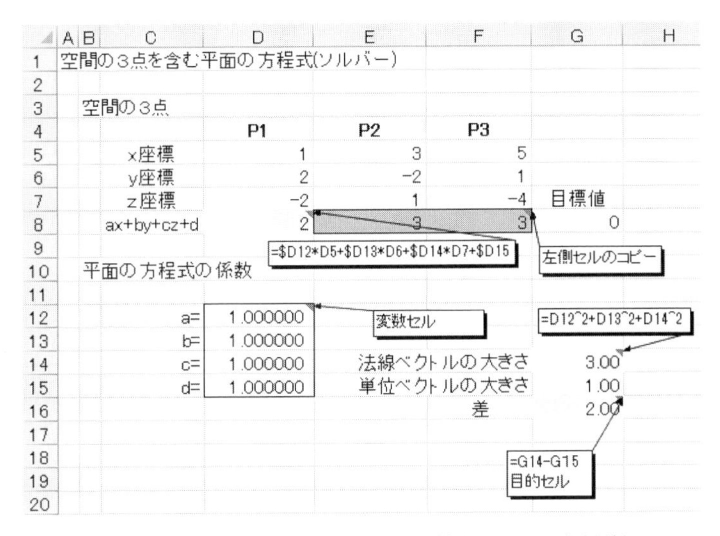

図 8.11　平面の方程式を求める計算(ソルバー実行前)

データタブのソルバーをクリックすると，図8.12のソルバーのパラメータ設定画面が現れる．

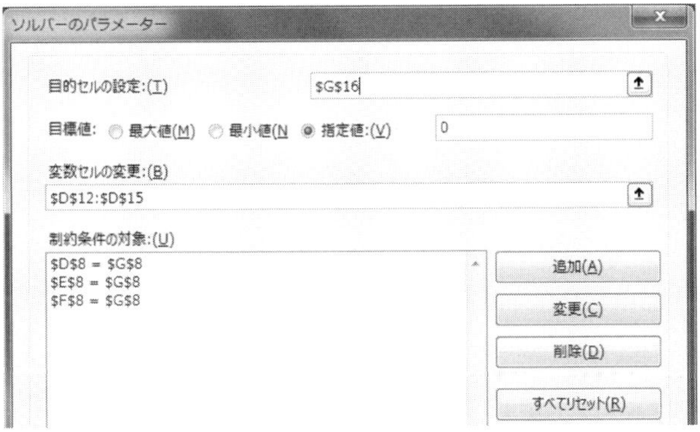

ソルバーのパラメーター

目的セルの設定:(T)　$G$16

目標値:　最大値(M)　最小値(N)　指定値:(V)　0

変数セルの変更:(B)

$D$12:$D$15

制約条件の対象:(U)

$D$8 = $G$8
$E$8 = $G$8
$F$8 = $G$8

追加(A)

変更(C)

削除(D)

すべてリセット(R)

図 8.12　ソルバーのパラメータ設定画面

目的セルには法線ベクトルの大きさと(2乗和)単位ベクトルの大きさ(1)の差を設定し，目標値はその差が0となるよう設定する．変数セルには係数(a, b, c, d)のセルを設定する．制約条件として3点の$ax+by+cz+d$の値を$=0$とする．

解決ボタンをクリックすると，図8.13のように，平面の方程式の係数が求まる．

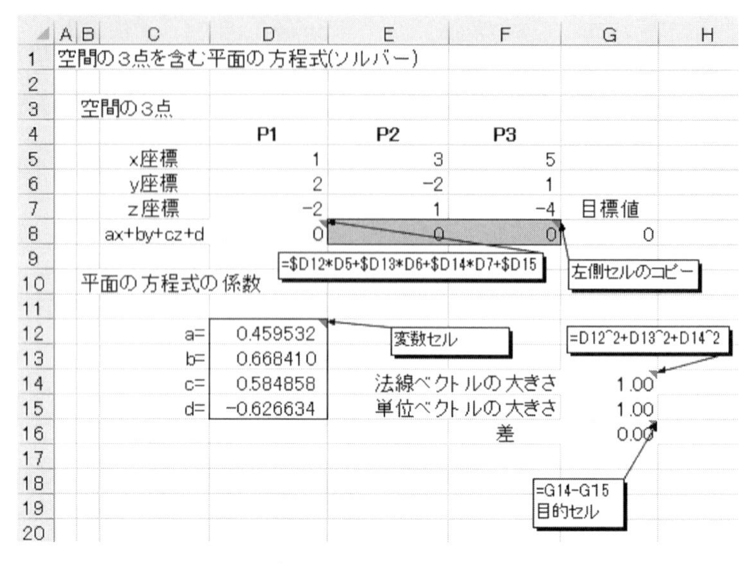

図 8.13　平面の方程式を求める計算(ソルバー実行後)

8.4　3円に接する円

3円に接する円の中心と半径を求めることは解析的に困難である．しかし，ソルバーを用いれば3接円は容易に求まる．

3円はその中心座標と半径で定義できる(表8.1)．

表 8.1　3円の定義

円名称	中心座標	半　径
円1	(xc_1, yc_1)	R_1
円2	(xc_2, yc_2)	R_2
円3	(xc_3, yc_3)	R_3

3接円の中心4$(xc_4,\ yc_4)$を仮定すると，3円の中心から中心4までの距離が次式により求まる．

$$L_1=\sqrt{(xc_4-xc_1)^2+(yc_4-yc_1)^2}$$　L_1：中心1から中心4の距離

$$L_2=\sqrt{(xc_4-xc_2)^2+(yc_4-yc_2)^2}$$　L_2：中心2から中心4の距離

$$L_3=\sqrt{(xc_4-xc_3)^2+(yc_4-yc_3)^2}$$　L_3：中心3から中心4の距離

3 接円の半径 R_4 は L_1-R_1，L_2-R_2，L_3-R_3 となり，適当に中心 4 の座標を設定すればすべて値が異なる．ソルバーの制約条件として，3 半径が一致するように設定し，中心座標 (xc_4, yc_4) を変化させる．

例題 8.7　**与えられた 3 円に外接する円を求める．**

図 8.14 のように，3 接円の中心を適当に仮定し，3 個の半径を計算する．半径 (L_1-R_1) で円 4 を作図した．この場合，3 個の半径が一致しないため，円 4 は円 1 にしか接しない．

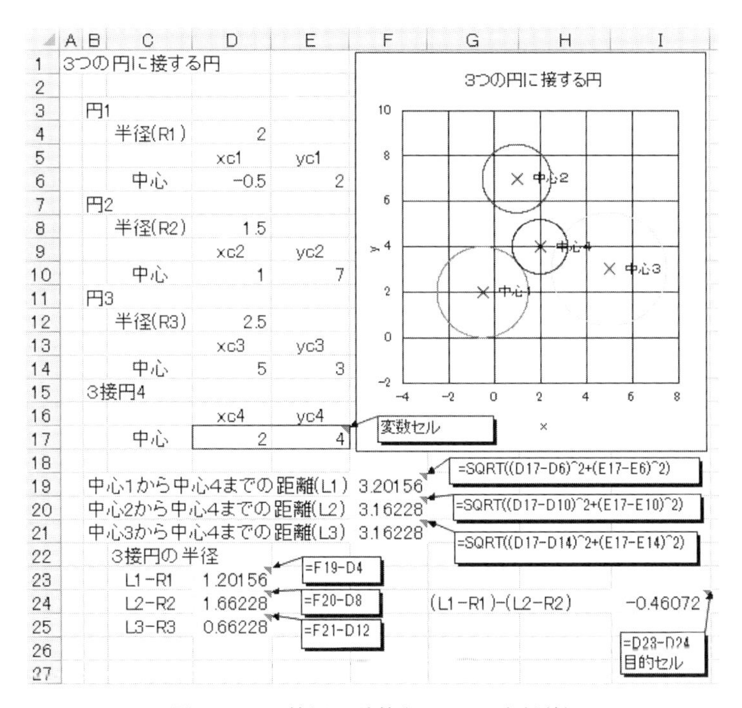

図 8.14　3 接円の計算(ソルバー実行前)

データタブのソルバーをクリックすると，図 8.15 のソルバーのパラメータ設定画面が現れる．変数セルを $(xc_4,\ yc_4)$ とし，$(L_1-R_1)-(L_2-R_2)$ を目的セルとし目標値を 0 に設定し，$L_2-R_2=L_3-R_3$ の制約条件を設定する．

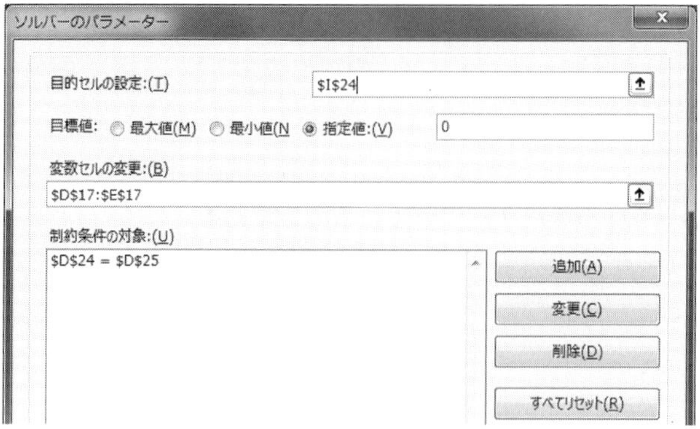

ソルバーのパラメーター

目的セルの設定:(T)　$I$24

目標値:　○ 最大値(M)　○ 最小値(N)　◉ 指定値:(V)　0

変数セルの変更:(B)

$D$17:$E$17

制約条件の対象:(U)

$D$24 = $D$25

追加(A)

変更(C)

削除(D)

すべてリセット(R)

図 8.15　ソルバーのパラメータ設定

解決ボタンをクリックすると，3 接円が求まる．

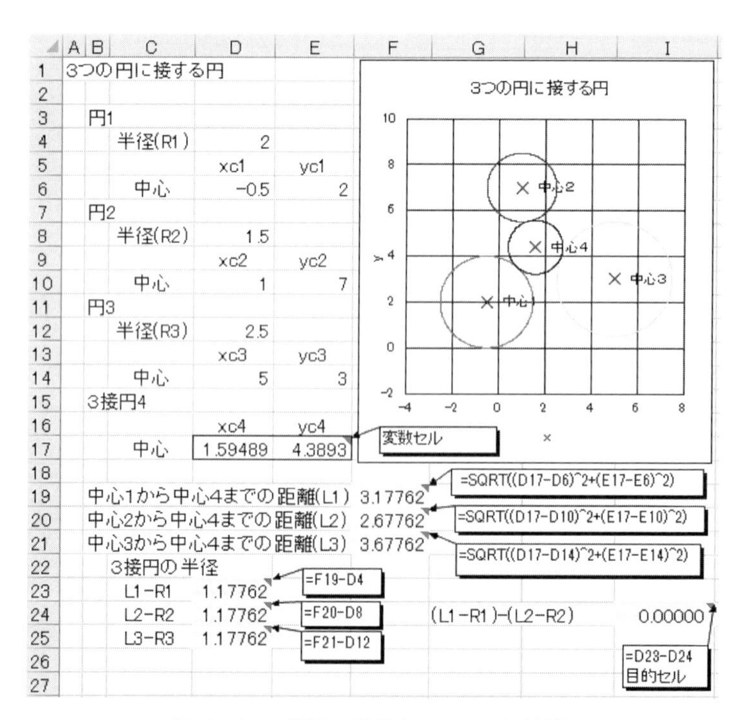

図 8.16　3 接円の計算(ソルバー実行後)

9 ソルバーを用いた最適化問題

9.1 線形計画法

線形計画法(LP)は，制約条件を満足し，目的関数が最大(最小)となる変数を求める．

線形計画法の例題[11)]

変数　x, y

制約条件

(A)　$10x+4y \leqq 360$

(B)　$4x+5y \leqq 200$

(C)　$2x+10y \leqq 300$

(D)　$x \geqq 0$

(E)　$y \geqq 0$

目的関数　$M=7x+12y$

(A)～(E)の条件を満足し，目的関数(M)が最大となる変数 x, y を求める．

線形とは，制約条件，目的関数が変数の1次式，1次不等式であることをいい，式には x^2，$\sin(x)$ などの非線形関数が出てこない．Excel ソルバーは非線形の場合でも対応できる．そのため，線形計画法では確実に解が得られる．

線形計画法 = オペレーションズ・リサーチ(OR)というイメージがあるが，線形計画法，非線形計画法は OR 以外のさまざまな工学部門の問題に適応できる．たとえば，設計者は性能，コスト，力学的条件などを考慮して，製品の形状寸法などを決定する．この問題を線形計画法，非線形計画法の数式モデルに置くこともあり得る．ソルバーを適応できる工学問題は数多く存在するが，気付かない場合や，気付いたとしてもモデル化が不明な場合が多い．本書では，多くのソルバー問題を取り上げている．設計者，研究者の業務に適応できるヒントになれば光栄に思う．モデル化が設定できれば，計算は簡単である．

例題 9.1　**線形計画法の例題を解く．**

図 9.1 のように，変数に適当な値を設定し，制約条件，目的関数を計算する．

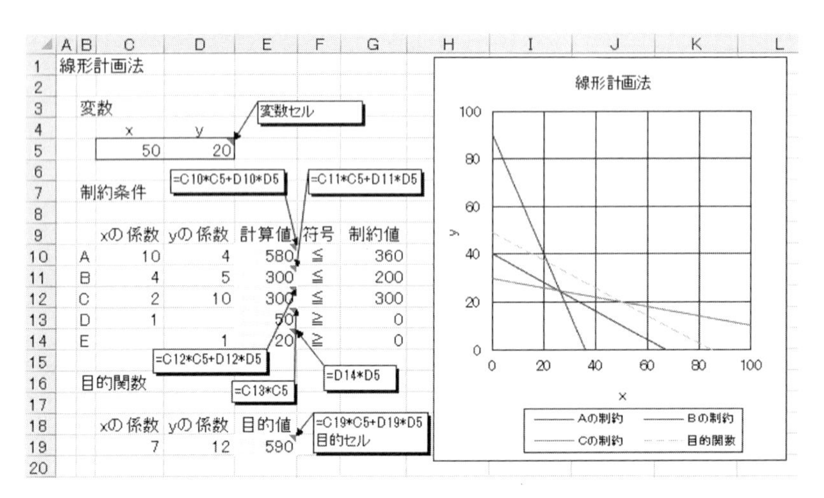

図 9.1　線形計画法（ソルバー実行前）

図 9.2　ソルバーのパラメータ設定

データタブのソルバーをクリックすると，図 9.2 のソルバーのパラメータ設定画面が現れる．変数(x, y)を変化させるセルに設定し，制約条件を設定する．目的値を目的セルに設定し，最大値を選択する．

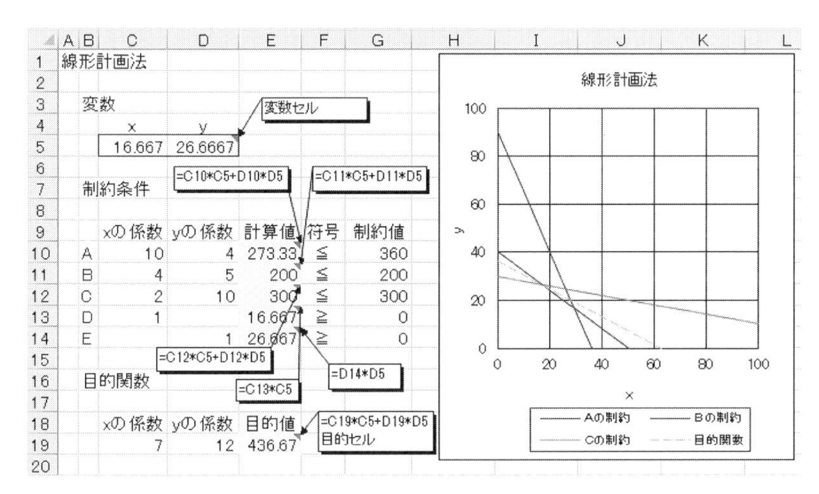

図 9.3 線形計画法（ソルバー実行後）

解決ボタンをクリックすると，変数値と目的値が求まる．(B)，(C)の制約条件上に解があり，(A)の制約条件には余裕がある．

9.2 フェルマーの原理に基づく光の経路計算

“光は進むのにかかる時間が最短の経路を通る” が幾何光学のフェルマーの原理である．真空中では，光は光速で直進するが，水中やガラス中では光速よりも遅くなる．図 9.4 のような光の屈折現象はこのフェルマーの原理で説明できる．

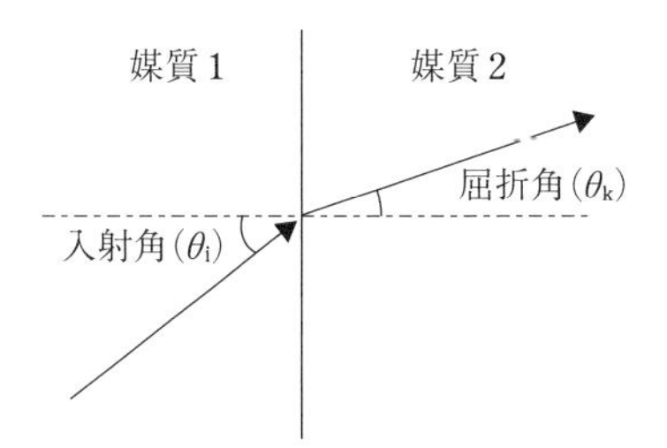

図 9.4 光の屈折現象

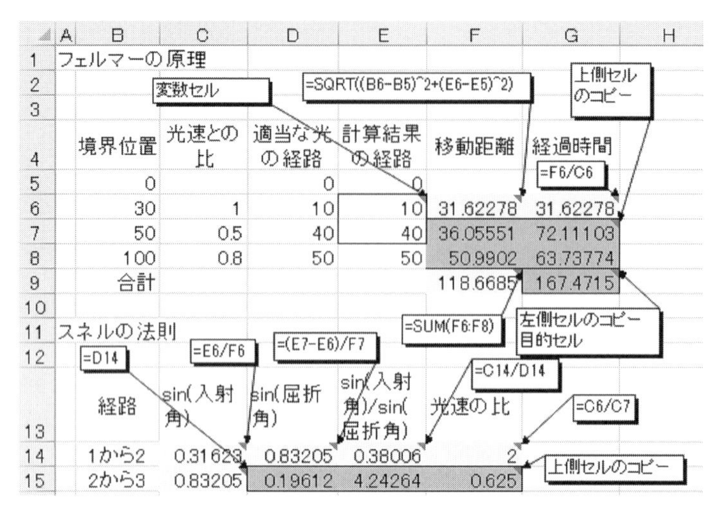

	A	B	C	D	E	F	G	H
1	フェルマーの原理							
4		境界位置	光速との比	適当な光の経路	計算結果の経路	移動距離	経過時間	
5		0		0	0			
6		30	1	10	10	31.62278	31.62278	
7		50	0.5	40	40	36.05551	72.11103	
8		100	0.8	50	50	50.9902	63.73774	
9		合計				118.6685	167.4715	
11	スネルの法則							
13		経路	sin(入射角)	sin(屈折角)	sin(入射角)/sin(屈折角)	光速の比		
14		1から2	0.31623	0.83205	0.38006	2		
15		2から3	0.83205	0.19612	4.24264	0.625		

(a)　ソルバー実行前

図 9.5　光の経路計算

屈折とは光などの波が異なる媒質の境界で進行方向を変えることである．

フェルマーの最終定理で有名なフェルマーだが，整数論である最終定理よりも，この自然現象を解明したフェルマーの原理のほうが奥深い．

また，入射角(θ_i)と屈折角(θ_k)の間に，次のスネルの法則が成り立つ．スネルの法則はフェルマーの原理から証明できる．

$$\text{スネルの法則：}\frac{\sin\theta_i}{\sin\theta_k}=\frac{c_1}{c_2} \tag{9.1}$$

c_1：媒質 1 での光の速度

c_2：媒質 2 での光の速度

例題 9.2　ソルバーを用いて光の経路を計算する．

光は移動時間が最小となる経路をとる．そのため Excel のソルバーが適応できる．光の出発点を原点(0, 0)とし，出発点と到着点(100, 50)の間に 3 層の媒質を想定する．図 9.5(a)，9.6(a)のように，出発点，到着点以外は適当な経路を設定し，経過時間 ＝ 距離/光速より，経過時間を集計する．

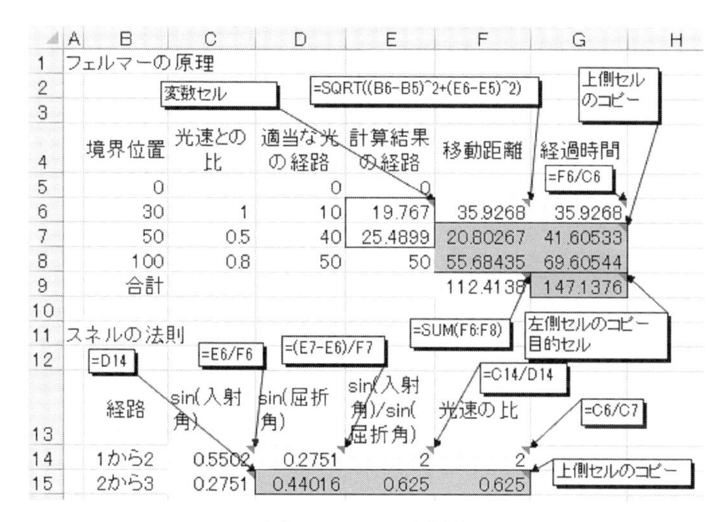

	A	B	C	D	E	F	G	H
1	フェルマーの原理							
2								
3								
4		境界位置	光速との比	適当な光の経路	計算結果の経路	移動距離	経過時間	
5		0		0	0			
6		30	1	10	19.767	35.9268	35.9268	
7		50	0.5	40	25.4899	20.80267	41.60533	
8		100	0.8	50	50	55.68435	69.60544	
9		合計				112.4138	147.1376	
10								
11	スネルの法則							
12								
13		経路	sin(入射角)	sin(屈折角)	sin(入射角)/sin(屈折角)	光速の比		
14		1から2	0.5502	0.2751	2	2		
15		2から3	0.2751	0.44016	0.625	0.625		

(b)　ソルバー実行後

図 9.5　つづき

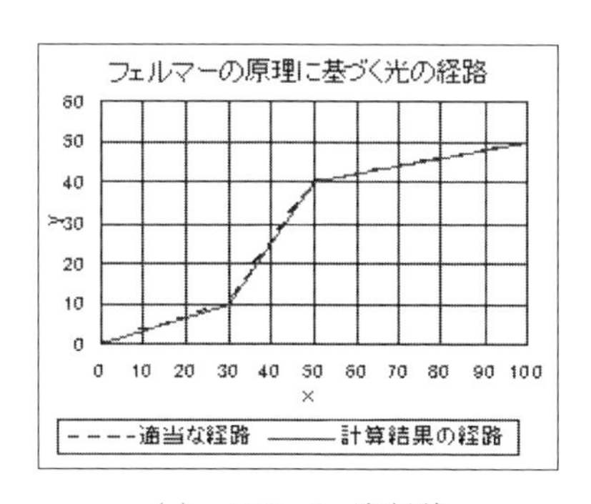

(a)　ソルバー実行前

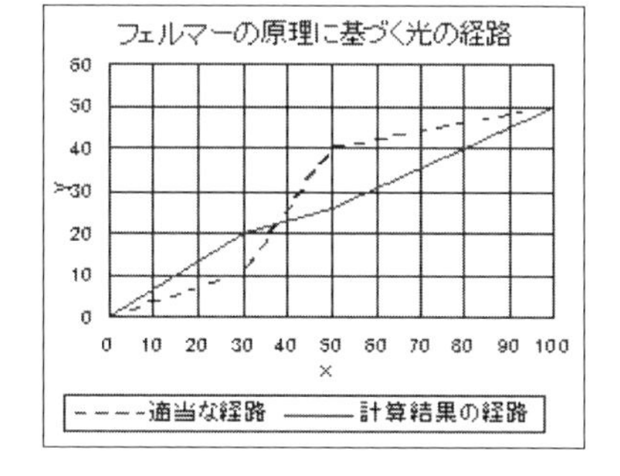

(b)　ソルバー実行後

図 9.6　光の経路計算結果

データタブのソルバーをクリックすると，ソルバーのパラメータ設定画面が現れる．目的セルは経過時間の合計を設定する．目標値として最小値を選択する．変数セルは計算結果の経路の領域を設定する．ただし出発点，到着点は除外する．解決ボタンをクリックすると，図 9.5(b)，9.6(b)の結果のように光の経路が計算できる．sin(入射角)/sin(屈折角)と光速の比の値を比べれば，スネルの法則が成立していることがわかる．

9.3　最速降下曲線(サイクロイド曲線)の計算

重力の作用を受け，鉛直平面内でなめらかな曲線に沿って降下する物体を考える．初速度なしで出発点から目的値までもっとも速く到達する経路を最速降下線という．この経路は直線ではなく，サイクロイドという曲線である．

この問題はベルヌーイ(J. Bernoulli, 1667～1748)によってヨーロッパ中のすぐれた数学者に対して提出された．ニュートンは直ちにこれを解き，匿名でベルヌーイに送ったところ，ベルヌーイはその解法をみてすぐに解答者を知ったということである．

直線に沿って円が転がるとき円周上の点の軌跡をサイクロイドという．自転車の車輪上の点はサイクロイド曲線を描く．原点(0, 0)を出発点とするサイクロイド曲線の方程式は次式となる．

サイクロイド曲線の方程式：
$$x = a(\theta - \sin\theta)$$
$$y = a(1 - \cos\theta) \tag{9.2}$$

(x, y)：座標　　a：円の半径　　θ：回転角(媒介変数)

例題 9.3　半径１のサイクロイド曲線を計算する(図 9.7)．

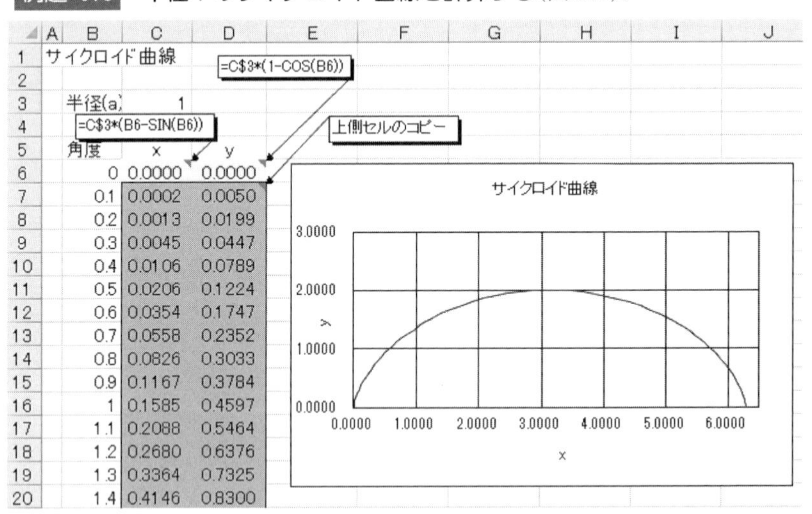

図 9.7　サイクロイド曲線の計算

高さ0で静止していた質量 m の物体は，高さが y(負)になると位置エネルギーが運動エネルギーに変換される．減少した位置エネルギーは $-mgy$ となり(g：重力の加速度)，増加した運動エネルギーはその速度 v より $\frac{1}{2}mv^2$ となる．エネルギー保存の法則より，減少した位置エネルギーは増加した運動エネルギーに等しいことから，物体の高さと速度の関係式は次のように導出できる．

$$v=\sqrt{-2gy} \tag{9.3}$$

例題 9.4　ソルバーを用い最速降下線を計算する．

最速降下線は物体の移動時間が最小となる．そのため Excel のソルバーが適応できる．図9.8(a)，9.9(a)のように，適当な降下線を設定し，移動時間を集計する．その計算手順を次に示す．

(a)　理論解の計算

サイクロイド曲線の方程式(9.2)を使い理論解 (x, y) を計算する．半径10

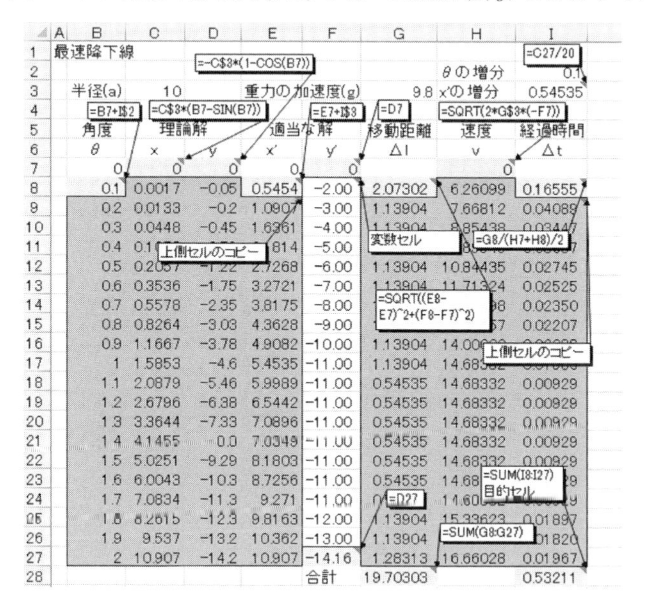

	A	B	C	D	E	F	G	H	I
1	最速降下線								
2								θの増分	0.1
3		半径(a)	10		重力の加速度(g)		9.8	x'の増分	0.54535
4									
5		角度	理論解		適当な解		移動距離	速度	経過時間
6		θ	x	y	x'	y'	Δl	v	Δt
7		0	0	0	0	0		0	
8		0.1	0.0017	−0.05	0.5454	−2.00	2.07302	6.26099	0.16555
9		0.2	0.0133	−0.2	1.0907	−3.00	1.13904	7.66812	0.04089
10		0.3	0.0448	−0.45	1.6361	−4.00	[illegible]	[illegible]	[illegible]
11		0.4	[illegible]	[illegible]	[illegible]	−5.00	[illegible]	[illegible]	[illegible]
12		0.5	[illegible]	[illegible]	2.7268	−6.00	1.13904	10.84435	0.02745
13		0.6	0.3536	−1.75	3.2721	−7.00	[illegible]	[illegible]	0.02525
14		0.7	0.5578	−2.35	3.8175	−8.00	[illegible]	[illegible]	0.02350
15		0.8	0.8264	−3.03	4.3628	−9.00	[illegible]	[illegible]	0.02207
16		0.9	1.1667	−3.78	4.9082	−10.00	1.13904	[illegible]	[illegible]
17		1	1.5853	−4.6	5.4535	−11.00	1.13904	[illegible]	[illegible]
18		1.1	2.0879	−5.46	5.9989	−11.00	0.54535	14.68332	0.00929
19		1.2	2.6796	−6.38	6.5442	−11.00	0.54535	14.68332	0.00929
20		1.3	3.3644	−7.33	7.0896	−11.00	0.54535	14.68332	0.00929
21		1.4	4.1455	0.0	7.0349	−11.00	0.54535	14.68332	0.00929
22		1.5	5.0251	−9.29	8.1803	−11.00	0.54535	14.68332	0.00929
23		1.6	6.0043	−10.3	8.7256	−11.00	0.54535	[illegible]	[illegible]
24		1.7	7.0834	−11.3	9.271	−11.00	[illegible]	[illegible]	[illegible]
25		1.8	8.2615	−12.3	9.8163	−12.00	1.13904	15.33623	0.01897
26		1.9	9.537	−13.2	10.362	−13.00	1.13904	[illegible]	[illegible]
27		2	10.907	−14.2	10.907	−14.16	1.28313	16.66028	0.01967
28						合計	19.70303		0.53211

(a)　ソルバー実行前

図 9.8　最速降下線の計算

の円で角度を 0〜2(ラジアン)とした.

(b)　適当な水平位置(x'), 高さ(y')の設定

始点, 終点では理論解と一致させるが, 後は適当な値を設定する. ただし, x 座標は等分割とした.

(c)　移動距離の計算

適当に設定した位置データより直線距離を計算する.

(d)　速度 v の計算

式(9.3)を使い速度を計算する.

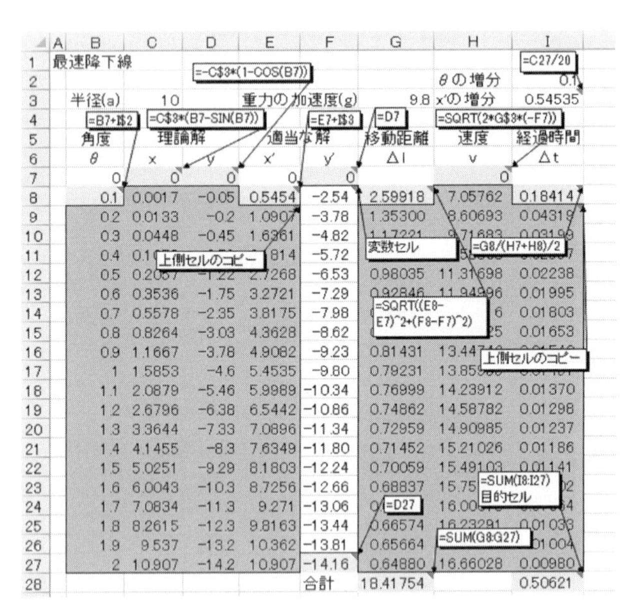

	A	B	C	D	E	F	G	H	I
1	最速降下線								
2								θの増分	0.1
3		半径(a)	10		重力の加速度(g)		9.8	x'の増分	0.54535
4									
5		角度	理論解		適当な解		移動距離	速度	経過時間
6		θ	x	y	x'	y'	Δl	v	Δt
7		0	0	0	0	0		0	
8		0.1	0.0017	−0.05	0.5454	−2.54	2.59918	7.05762	0.18414
9		0.2	0.0133	−0.2	1.0907	−3.78	1.35300	8.60693	0.04319
10		0.3	0.0448	−0.45	1.6361	−4.82	1.17221	9.71683	0.03199
11		0.4	[illegible]	[illegible]	[illegible]	−5.72	[illegible]	[illegible]	[illegible]
12		0.5	[illegible]	−1.22	2.7268	−6.53	0.98035	11.31698	0.02238
13		0.6	0.3536	−1.75	3.2721	−7.29	0.92846	11.94996	0.01995
14		0.7	0.5578	−2.35	3.8175	−7.98	[illegible]	[illegible]	0.01803
15		0.8	0.8264	−3.03	4.3628	−8.62	[illegible]	[illegible]	0.01653
16		0.9	1.1667	−3.78	4.9082	−9.23	0.81431	[illegible]	[illegible]
17		1	1.5853	−4.6	5.4535	−9.80	0.79231	[illegible]	[illegible]
18		1.1	2.0879	−5.46	5.9989	−10.34	0.76999	14.23912	0.01370
19		1.2	2.6796	−6.38	6.5442	−10.86	0.74862	14.58782	0.01298
20		1.3	3.3644	−7.33	7.0896	−11.34	0.72959	14.90985	0.01237
21		1.4	4.1455	−8.3	7.6349	−11.80	0.71452	15.21026	0.01186
22		1.5	5.0251	−9.29	8.1803	−12.24	0.70059	15.49103	0.01141
23		1.6	6.0043	−10.3	8.7256	−12.66	0.68837	[illegible]	[illegible]
24		1.7	7.0834	−11.3	9.271	−13.06	[illegible]	[illegible]	[illegible]
25		1.8	8.2615	−12.3	9.8163	−13.44	0.66574	16.23291	0.01033
26		1.9	9.537	−13.2	10.362	−13.81	0.65664	[illegible]	[illegible]
27		2	10.907	−14.2	10.907	−14.16	0.64880	16.66028	0.00980
28						合計	18.41754		0.50621

(b)　ソルバー実行後

図 9.8　最速降下線の計算(つづき)

(e) 経過時間の計算

$$経過時間 = \frac{移動距離}{いまの速度と手前の速度の平均}$$

(f) 経過時間の合計計算

データタブのソルバーをクリックすると，ソルバーのパラメータ設定画面が現れる．目的セルは経過時間の合計を設定する．目標値として最小値を選択する．変数セルは適当な高さ(y')の領域を設定する．ただし始点，終点は除外する．解決ボタンをクリックすると，図 9.8(b)，9.9(b)の計算結果となり，適当な降下線が理論解と一致することがわかる．

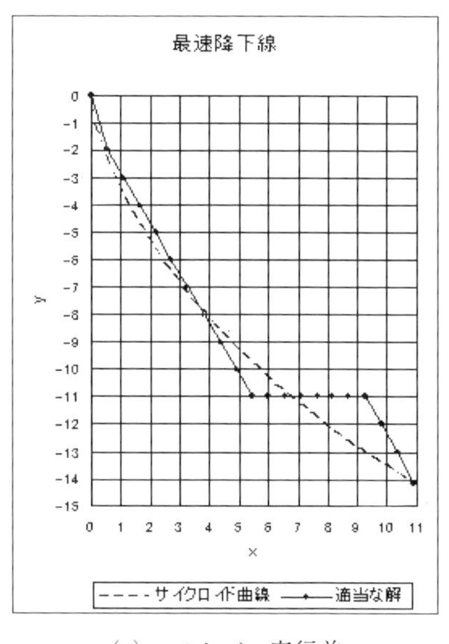

(a) ソルバー実行前

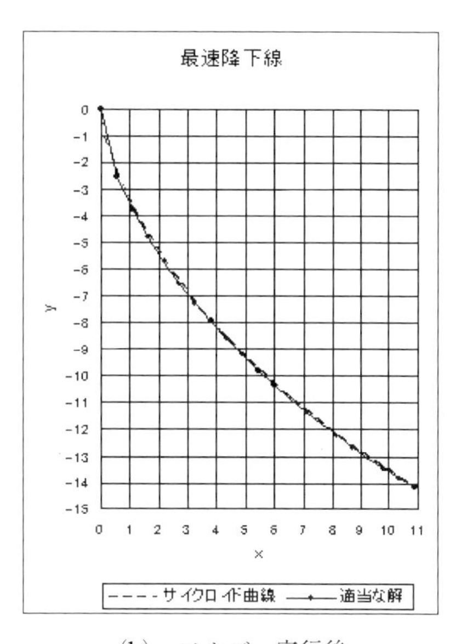

(b) ソルバー実行後

図 9.9 最速降下線の計算結果

9.4　最小作用の原理に基づく質点の軌道計算

最小作用の原理（ハミルトンの原理）によれば，ラグランジュ関数（L）の時間積分を S とすると，

$$S=\int_{t_1}^{t_2} L\,\mathrm{d}t \tag{9.4}$$

S（作用積分）が最小値をとるように，質点は運動する．ただし，始点（$t=t_1$），終点（$t=t_2$）において，質点は定められた位置にあるものとする．

純粋な力学系の場合，ラグランジュ関数は次式となる．

$$L=K-U \tag{9.5}$$

K：運動エネルギー

U：位置エネルギー

時間 $t=0$ のとき，位置（0, 0），初速度（v_x, v_y）の質点の運動の理論解は次式となる．

x 方向の位置：　$x=v_x \cdot t$

y 方向の位置：　$y=-\dfrac{1}{2}gt^2+v_y \cdot t$　　　g：重力の加速度　　(9.6)

例題 9.5　**ソルバーを用いて，質点の軌道を計算する．**

質量 $m=10$ の質点が初速度（v_x, v_y）=（8, 3）で 2 秒間運動する場合，その軌道を計算する．最初，図 9.10（a），9.11（a）のように，適当な軌道に基づく作用積分（s）を計算する．その計算手順を下記に示す．

(a)　理論解の計算

式（9.6）を使用し，（x, y）の値を求める．

(b)　適当な水平位置（x'），高さ（y'）の設定

始点（$t=0$），終点（$t=2$）では理論解と一致させるが後は適当な値を設定する．

(c)　移動距離の計算

適当に設定した位置データより直線距離を求める．

(d)　速度 v の計算

速度 $v=$ 移動距離/経過時間　となる．ただし，$t=0$ のときは初速度を使

用する．

(e)　運動エネルギー K の計算

$$K=\frac{1}{2}mv^2$$

(f)　位置エネルギー U の計算

$$U=mgy'$$

(g)　ラグランジュ関数の計算

$$L=K-U$$

(h)　微小作用積分(ΔS)の計算

$\Delta S=L\times$ 経過時間

(i)　ΔS を集計し，作用積分(S)を求める．

データタブのソルバーをクリックすると，ソルバーのパラメータ設定画面が現れる．目的セルは作用積分の合計(S)を設定する．目標値として最小値を選択する．変数セルは適当な高さ(y')の領域を設定する．ただし始点($t=0$)，終点($t=2$)は除外する．解決ボタンをクリックすると，図 9.10(b)，9.11(b)の結果となり，適当な軌道が理論解と一致することがわかる．

こんなことは誰もやらないだろう，できないだろうと思いながらトライしてみると，簡単にできた．

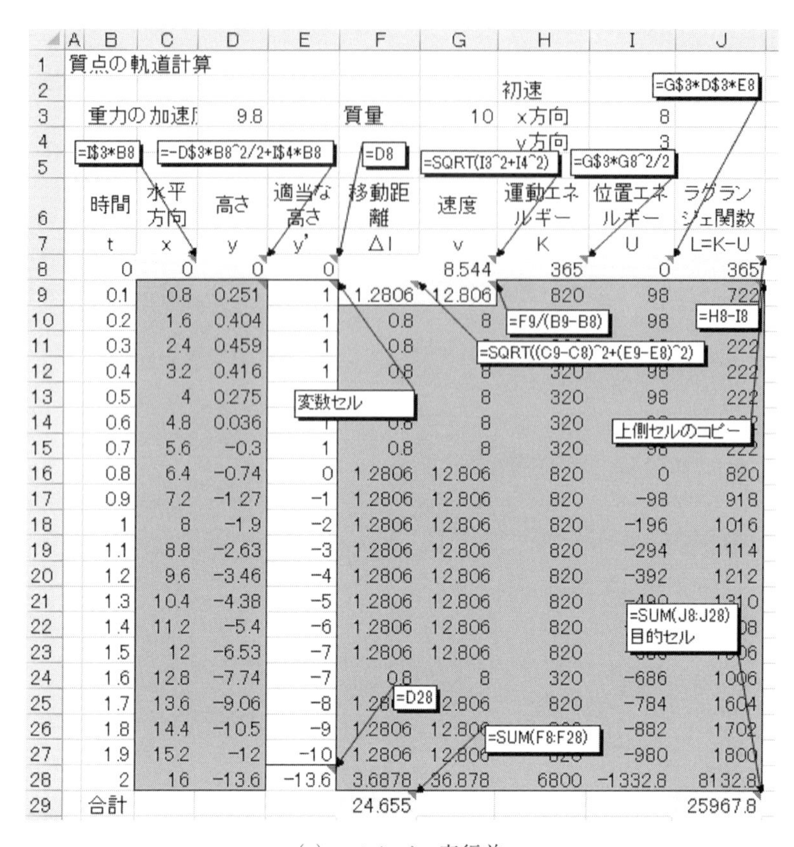

	A	B	C	D	E	F	G	H	I	J
1	質点の軌道計算									
2								初速		
3		重力の加速		9.8		質量	10	x方向	8	
4								y方向	3	
5										
6		時間	水平方向	高さ	適当な高さ	移動距離	速度	運動エネルギー	位置エネルギー	ラグランジェ関数
7		t	x	y	y'	Δl	v	K	U	L=K−U
8		0	0	0	0		8.544	365	0	365
9		0.1	0.8	0.251	1	1.2806	12.806	820	98	722
10		0.2	1.6	0.404	1	0.8	8	[illegible]	98	[illegible]
11		0.3	2.4	0.459	1	0.8	[illegible]	[illegible]	[illegible]	222
12		0.4	3.2	0.416	1	0.8	8	320	98	222
13		0.5	4	0.275	[illegible]	[illegible]	8	320	98	222
14		0.6	4.8	0.036	1	0.8	8	320	[illegible]	[illegible]
15		0.7	5.6	−0.3	1	0.8	8	320	98	222
16		0.8	6.4	−0.74	0	1.2806	12.806	820	0	820
17		0.9	7.2	−1.27	−1	1.2806	12.806	820	−98	918
18		1	8	−1.9	−2	1.2806	12.806	820	−196	1016
19		1.1	8.8	−2.63	−3	1.2806	12.806	820	−294	1114
20		1.2	9.6	−3.46	−4	1.2806	12.806	820	−392	1212
21		1.3	10.4	−4.38	−5	1.2806	12.806	820	[illegible]	[illegible]
22		1.4	11.2	−5.4	−6	1.2806	12.806	820	[illegible]	[illegible]
23		1.5	12	−6.53	−7	1.2806	12.806	820	[illegible]	[illegible]
24		1.6	12.8	−7.74	−7	0.8	8	320	−686	1006
25		1.7	13.6	−9.06	−8	[illegible]	[illegible]	820	−784	1604
26		1.8	14.4	−10.5	−9	1.2806	[illegible]	[illegible]	−882	1702
27		1.9	15.2	−12	−10	1.2806	[illegible]	[illegible]	−980	1800
28		2	16	−13.6	−13.6	3.6878	36.878	6800	−1332.8	8132.8
29		合計				24.655				25967.8

(a)　ソルバー実行前

図 9.10　質点

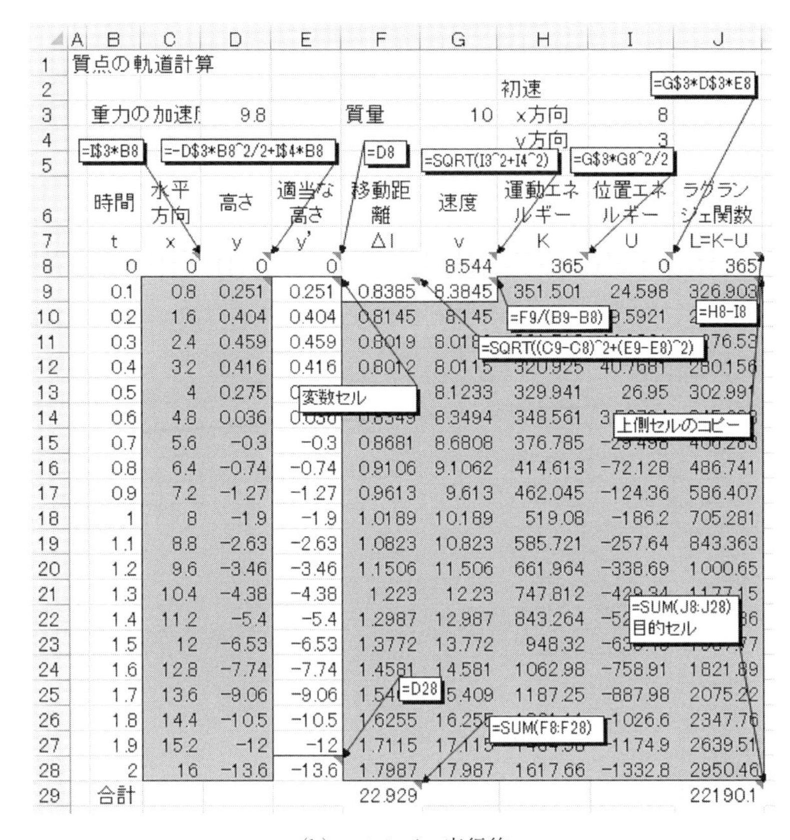

	A	B	C	D	E	F	G	H	I	J
1	質点の軌道計算									
2								初速		
3		重力の加速[illegible]		9.8		質量	10	x方向	8	
4								y方向	3	
5										
6		時間	水平方向	高さ	適当な高さ	移動距離	速度	運動エネルギー	位置エネルギー	ラグランジェ関数
7		t	x	y	y'	ΔI	v	K	U	L=K−U
8		0	0	0	0		8.544	365	0	365
9		0.1	0.8	0.251	0.251	0.8385	8.3845	351.501	24.598	326.903
10		0.2	1.6	0.404	0.404	0.8145	8.145	[illegible]	[illegible]	[illegible]
11		0.3	2.4	0.459	0.459	0.8019	[illegible]	[illegible]	[illegible]	[illegible]
12		0.4	3.2	0.416	0.416	0.8012	8.0115	320.925	40.7681	280.156
13		0.5	4	0.275	[illegible]	[illegible]	8.1233	329.941	26.95	302.991
14		0.6	4.8	0.036	0.036	[illegible]	8.3494	348.561	[illegible]	[illegible]
15		0.7	5.6	−0.3	−0.3	0.8681	8.6808	376.785	[illegible]	[illegible]
16		0.8	6.4	−0.74	−0.74	0.9106	9.1062	414.613	−72.128	486.741
17		0.9	7.2	−1.27	−1.27	0.9613	9.613	462.045	−124.36	586.407
18		1	8	−1.9	−1.9	1.0189	10.189	519.08	−186.2	705.281
19		1.1	8.8	−2.63	−2.63	1.0823	10.823	585.721	−257.64	843.363
20		1.2	9.6	−3.46	−3.46	1.1506	11.506	661.964	−338.69	1000.65
21		1.3	10.4	−4.38	−4.38	1.223	12.23	747.812	[illegible]	[illegible]
22		1.4	11.2	−5.4	−5.4	1.2987	12.987	843.264	[illegible]	[illegible]
23		1.5	12	−6.53	−6.53	1.3772	13.772	948.32	[illegible]	[illegible]
24		1.6	12.8	−7.74	−7.74	1.4581	14.581	1062.98	−758.91	1821.89
25		1.7	13.6	−9.06	−9.06	[illegible]	[illegible]	1187.25	−887.98	2075.22
26		1.8	14.4	−10.5	−10.5	1.6255	16.255	[illegible]	−1026.6	2347.76
27		1.9	15.2	−12	−12	1.7115	17.115	[illegible]	−1174.9	2639.51
28		2	16	−13.6	−13.6	1.7987	17.987	1617.66	−1332.8	2950.46
29		合計				22.929				22190.1

(b)　ソルバー実行後

の軌道計算

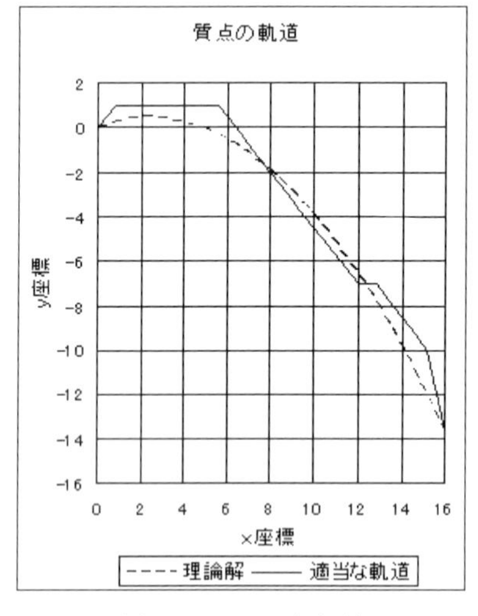

(a)　ソルバー実行前

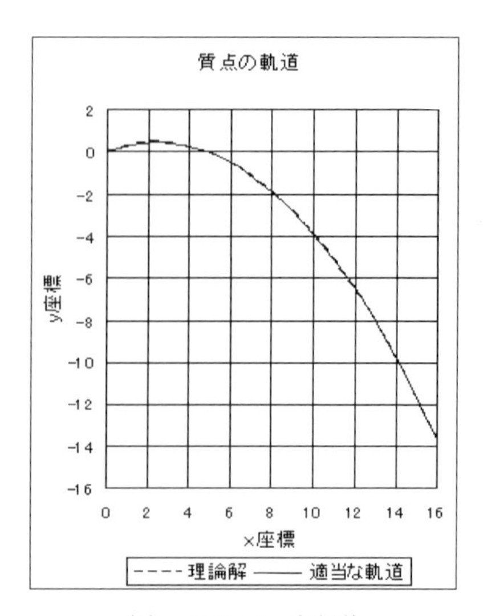

(b)　ソルバー実行後

図 9.11　質点の軌道計算結果

10 構造力学

10.1　力のつり合いの法則

力のつり合いの法則は絶対則である．静止しているすべての物（家，橋，机，テレビ，電線など）は力がつり合っている．ただし，等速度運動をする物体も力がつり合っている．力のつり合いが崩れた物体はその力の方向に加速度運動を行う．

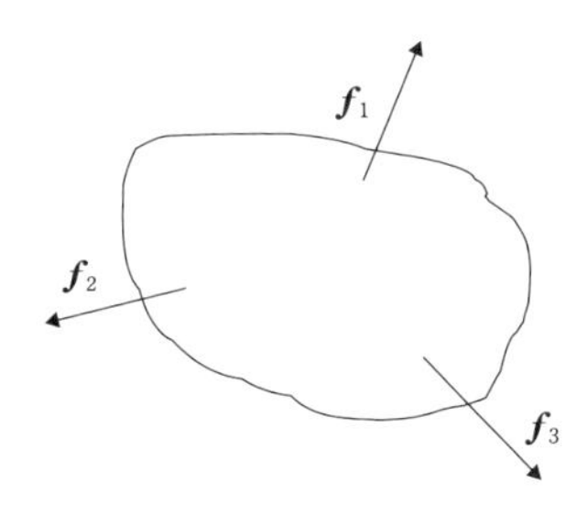

図 10.1　力のつり合いの説明

図 10.1 のように，3 個の力が加わり静止している物体を考える．力のベクトルを下記とする．

$$\boldsymbol{f}_1=(fx_1,\ fy_1,\ fz_1)$$

$$\boldsymbol{f}_2=(fx_2,\ fy_2,\ fz_2)$$

$$\boldsymbol{f}_3=(fx_3,\ fy_3,\ fz_3)$$

力のつり合っている場合，力の x 成分，y 成分，z 成分の合計は 0 である．すなわち，

$$fx_1 + fy_1 + fz_1 = 0$$

$$fx_2 + fy_2 + fz_2 = 0$$

$$fx_3 + fy_3 + fz_3 = 0$$

となる．これをベクトルで表現すると，次式となる．

$$\boldsymbol{f}_1 + \boldsymbol{f}_2 + \boldsymbol{f}_3 = \boldsymbol{0} \quad (10.1)$$

$\boldsymbol{0}$ はすべての成分が 0 のゼロベクトルである．

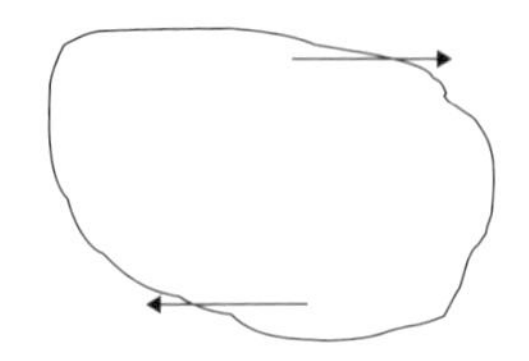

図 10.2　モーメントの不つり合いの説明

図 10.2 の場合，力の x 方向線分，y 方向成分はつり合っている．しかし，この状態では物体は静止せず，z 軸まわりに回転する．物体が静止するためにはモーメントもつり合う必要がある．モーメントのつり合いはてこの原理からきている．

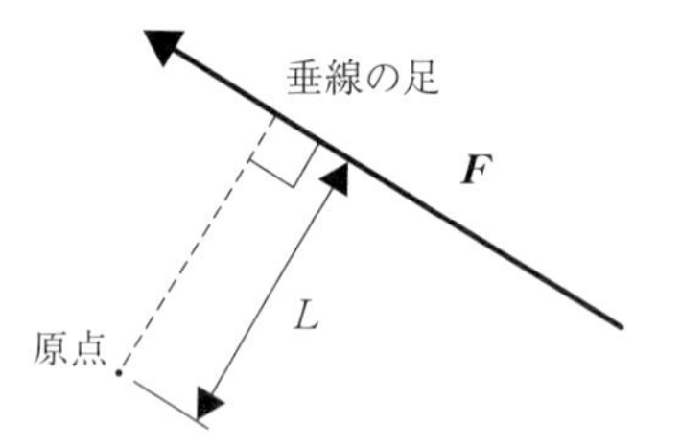

図 10.3　モーメントの計算

図 10.3 のように，力の大きさを $\boldsymbol{F}$，原点から力に垂線を引き，原点から垂線の足までの距離を L とすると，モーメントの大きさは $\boldsymbol{F} \times L$ となる．

モーメントは回転軸方向のベクトルで定義されており，モーメントのつり合いもベクトル方程式で表現することができる．力を加える位置を下記のベクトルとする．

$\boldsymbol{f}_1$ の場合　$\boldsymbol{p}_1 = (x_1,\ y_1,\ z_1)$

$\boldsymbol{f}_2$ の場合　$\boldsymbol{p}_2 = (x_2,\ y_2,\ z_2)$

$\boldsymbol{f}_3$ の場合　$\boldsymbol{p}_3 = (x_3,\ y_3,\ z_3)$

x, y, z 軸まわりのモーメントのつり合いは次のベクトル外積の計算式で表現できる．

$$\boldsymbol{p}_1 \times \boldsymbol{f}_1 + \boldsymbol{p}_2 \times \boldsymbol{f}_2 + \boldsymbol{p}_3 \times \boldsymbol{f}_3 = \boldsymbol{0} \tag{10.2}$$

任意形状の物体を一つの点で支えると，重い側の方向に回転する．しかし，すべての方向に対しまったく回転しない支点が必ず1点存在する．それが重心である．力のつり合いの法則より，物体が回転しないためには，その支点まわりのモーメントが0である必要がある．すなわち，重心まわりのモーメントは0になる．逆にいうと，モーメントが0になる点が重心である．

力のつり合いの法則は絶対則の一つであり，どのような場合にでも成立する古代に発見された普遍の法則である．コンニャクに力を加え，ぐちゃぐちゃに変形した状態であっても，静止しているかぎりぐちゃぐちゃの状態でつり合いの法則は成立している(変形量を計算で求めるのは困難だが)．

フックの法則，オームの法則は実験則であり，経験則である．

物体Aに作用する力は他の物体(B，C，D)からのものである．物体Aが物体Bから $\boldsymbol{F}$ の力を受けているとすると，必ず物体Bは物体Aから $-F$(逆向き)の力を受けている．これを作用・反作用の法則という(図10.4)．作用・反作用の法則はニュートンの第3法則であり，力のつり合いの法則と同様に絶対則である．つり合ってなく，静止していない物体でも，すべての瞬間において，作用・反作用の法則は成立する．

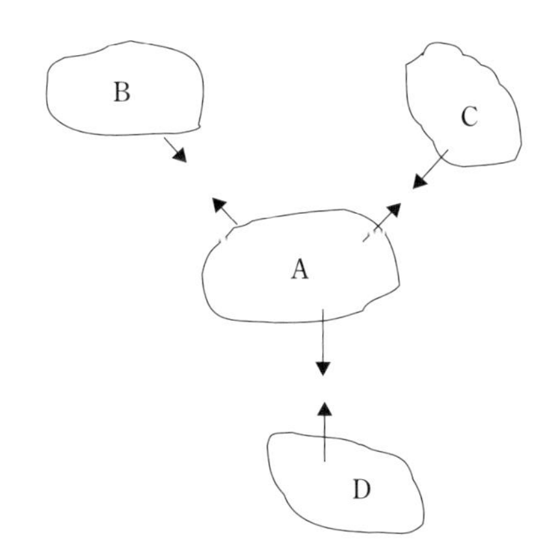

図 10.4　作用・反作用の法則の説明

10.2 梁の曲げモーメント

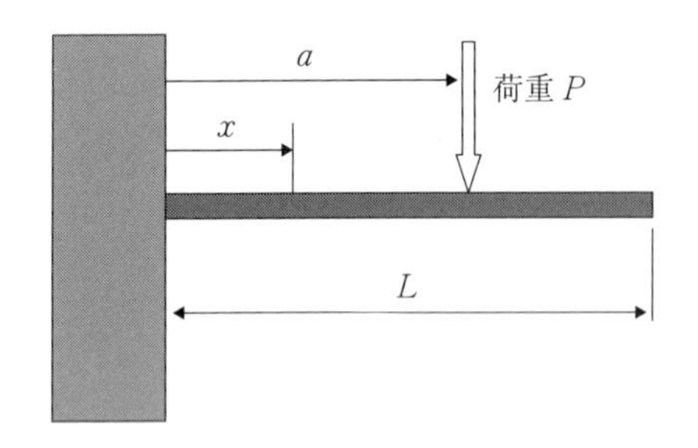

図 10.5 壁に固定された梁に荷重 P を載荷

図 10.5 のように，壁に固定された梁に荷重 P を載荷すると，梁断面に曲げモーメントが発生する．曲げモーメントは，断面位置(x)により値が異なり，当然，x が 0 の位置(梁の根元)で曲げモーメントは最大となる．

$x \leqq a$ の場合，曲げモーメント M は　$M=P(a-x)$　となる．

$x > a$ の場合，曲げモーメント M は　$M=0$　となる．

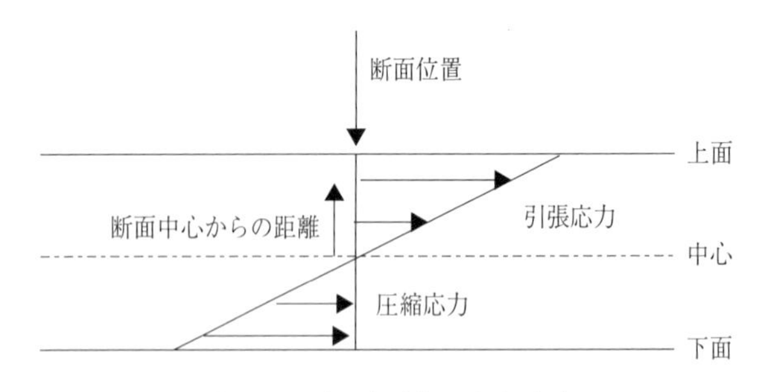

図 10.6 梁断面内の応力分布

図 10.5 の荷重条件では，図 10.6 のように，梁の上面側に引張応力が発生し，下面側に圧縮応力が発生する．(応力 × 断面中心からの距離)を集計すれば，曲げモーメントは算出できる．しかし，この引張応力，圧縮応力を実測することはかなりの困難を伴う．構造物の形状と荷重条件より，曲げモーメントは計算で求まる．求まった曲げモーメントより，断面内に発生する引張応力，圧縮応力を算出することとなる．

例題 10.1 **次の条件で曲げモーメントを計算する**(図 10.7).

梁の長さ $L=2$ m, 荷重点までの距離 $a=1.5$ m, 荷重値 20 kgf＝196 N (ニュートン)

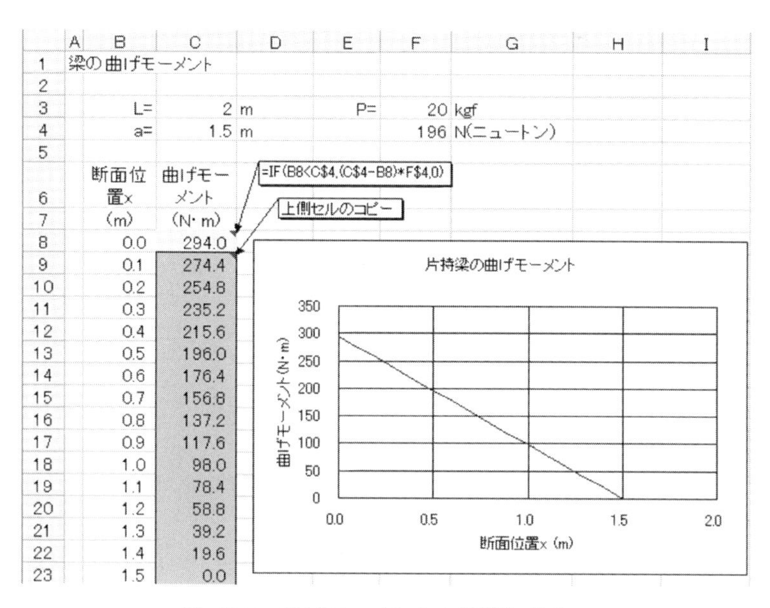

	A	B	C	D	E	F	G	H	I
1	梁の曲げモーメント								
2									
3		L=	2	m	P=	20	kgf		
4		a=	1.5	m		196	N(ニュートン)		
5									
6		断面位置x	曲げモーメント						
7		(m)	(N･m)						
8		0.0	294.0						
9		0.1	274.4						
10		0.2	254.8						
11		0.3	235.2						
12		0.4	215.6						
13		0.5	196.0						
14		0.6	176.4						
15		0.7	156.8						
16		0.8	137.2						
17		0.9	117.6						
18		1.0	98.0						
19		1.1	78.4						
20		1.2	58.8						
21		1.3	39.2						
22		1.4	19.6						
23		1.5	0.0						

図 10.7 曲げモーメントの計算とグラフ

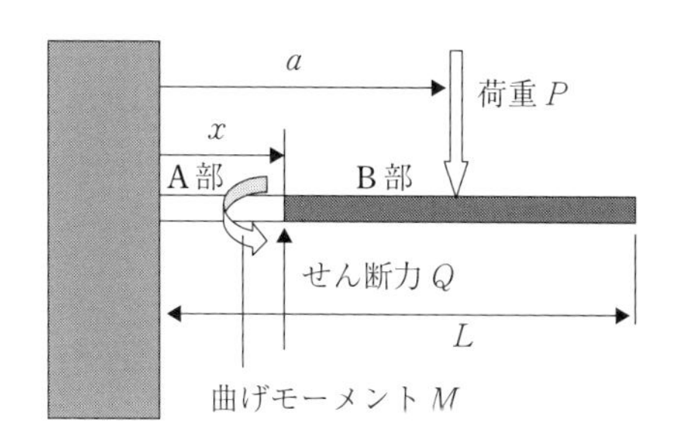

図 10.8 x より大の部分(B 部)の梁の力のつり合い

曲げモーメントの計算式は力のつり合いの法則を根拠とする. 図 10.8 の x より大の部分(B 部)の梁は静止しているため, 力のつり合いの法則が成立する. B 部の梁左端には, A 部の梁からせん断力 Q, 曲げモーメント M の断面力を受ける. B 部の梁の鉛直方向のつり合い式は,

　　荷重 $P=$ せん断力 Q

となる．B 部の梁のモーメントのつり合い式は，

　　曲げモーメント $M=P(a-x)$

となり，モーメントの計算式が説明できる．

10.3　梁の応力と断面性能

図 10.9　軸力 N の引張力を受ける梁

応力は単位面積あたりの力である．図 10.9 のように，軸力 N の引張力を受ける梁を考える．梁の断面積を A とすると，梁の断面に発生する応力 σ は次式となる．

$$\sigma=\frac{N}{A} \tag{10.3}$$

例題 10.2　**断面積 300 mm^2 の梁が軸力 60000 N の引張力を受けたときの断面応力を求める**（図 10.10）**.**

	A	B	C	D	E
1	軸力(N)で引張られる梁				
2					
3		軸力(N)=	60000	N(ニュートン)	
4					
5		断面積(A)=	300	mm^2	
6					
7		梁の断面に発生する応力(σ)は			
8				=C3/C5	
9		σ=N/A=	200	N/mm^2	

図 10.10　梁の断面応力計算

梁が大きな引張力を受けたとしても，その断面積が大きければ梁は破壊されない．梁の安全性の指標となるものは，軸力や曲げモーメントなどの断面力ではなく，断面に発生する応力である．設計基準などでは，許容応力（σ_a）が設定されて

いる．この許容応力は材質(鋼，軟鉄，コンクリート，木など)により異なる．許容応力度設計法では

断面に発生する応力(σ) < 許容応力(σ_a)

を検証する必要がある．

梁断面に曲げモーメント(M)を加えた場合，図 10.6 のように，断面の上部は引張応力が発生し，下部には圧縮応力が発生する．この応力分布を平面(線形)と仮定すると，次式となる．

$$\sigma(x)=kx \tag{10.4}$$

$\sigma(x)$：断面中心(重心)から x の距離にある断面の応力

k：係数

外部からの曲げモーメント M は内部応力によるモーメント $\sigma(x)x$ の合計と等しい．すなわち，次式が成立する．

$$M=\int\sigma(x)x\,\mathrm{d}a \tag{10.5}$$

ここで，da は全断面で積分するという意味である．

式(10.4)を式(10.5)に代入すると，次式となる．

$$M=k\int x^2\,\mathrm{d}a$$

$I=\int x^2\,\mathrm{d}a$ とおくと係数は $k=\dfrac{M}{I}$ となる．I は断面形状に依存する断面 2 次モーメント(後述)である．

よって，断面中心(重心)から x の距離にある断面の応力 $\sigma(x)$ は次式となる．

$$\sigma(x)=\frac{M}{I}x \tag{10.6}$$

断面 2 次モーメントは断面形状により，算出式が異なる．図 10.11 の矩形の断面 2 次モーメント I は次式により計算される．

$$I=\int x^2\,\mathrm{d}a$$

da は微小断面の面積で，矩形の場合 d$a=a\cdot\mathrm{d}x$ となり，

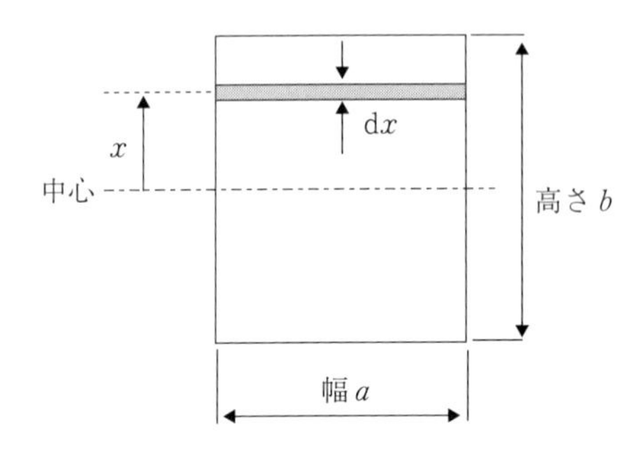

図 10.11　矩形の断面2次モーメント計算の説明

$$I=\int_{-\frac{b}{2}}^{\frac{b}{2}} ax^2\,\mathrm{d}x$$
$$I=\frac{ab^3}{12} \tag{10.7}$$

となる．

梁の断面積，断面2次モーメントは断面の性能を示すものであり，断面性能とよばれる．

断面に軸力 N，曲げモーメント M が作用するとき，中心から距離 x の断面応力 σ は式(10.3)，(10.6)から，

$$\sigma=\frac{N}{A}+\frac{M\times x}{I} \tag{10.8}$$

A：断面積

I：断面2次モーメント

となる．

中心からもっとも離れた位置で，応力値が最大(最小)となる．矩形断面の場合，中心から $\pm b/2$ 距離の位置にあたる．設計者が検討するのは，断面内の最大，最小応力である．そこで，断面係数 Z を

$$Z=\frac{I}{(b/2)}$$

と定義する．すると，最大最小応力は，次式となる．

$$\sigma_{\max,\min}=\frac{N}{A}\pm\frac{M}{Z} \tag{10.9}$$

例題 10.3 **高さが幅の 2 倍ある A 断面と，その断面を横にした B 断面に同じ曲げモーメントを加え，断面に発生する最大応力を比較する**（図 10.12，10.13）．

最大応力は中心からもっとも離れた位置（上端，下端）に発生する．

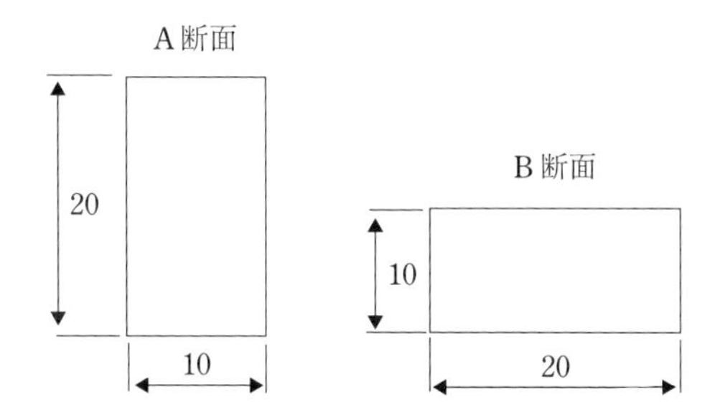

図 10.12 比較する矩形断面

両断面の断面積は同じだが，B 断面の最大応力が A 断面の最大応力の 2 倍となる．

	A	B	C	D	E	F
1	矩形断面の応力比較					
2						
3		曲げモーメント（M）	20000	N･mm		
4				N:ニュートン		
5						
6			A断面	B断面	単位	
7		巾(b)	10	20	mm	
8		高さ(a)	20	10	mm	
9		断面積(a･b)	200	200	mm^2	
10		断面2次モーメント(ab^3/12)	6666.6667	1666.6667	mm^4	
11		断面係数	666.6667	333.3333	mm^3	
12		最大応力	30	60	N/mm^2	
13						
14						
15						
16						
17						
18						

左側セルのコピー

=C7*C8

=C7*C8^3/12

=C10/(C8/2)

=C3/C11

図 10.13 矩形断面の応力計算

10.4　梁に作用する軸力と伸び量とヤング率

図 10.9 のように，軸力 N の引張力を受ける梁は伸びる．軸力 N と伸び量 δ の関係はフックの法則に従い，

フックの法則：　$N=\dfrac{EA}{L}\delta$　(10.10)

A：梁の断面積

L：梁の長さ

E：ヤング率

となる．ヤング率は材質(鋼，コンクリートなど)により異なり，ゴム材質はヤング率が小さいため，よく伸びる．単位長さあたりの伸びをひずみ ε と定義すると，

$$\varepsilon=\frac{\delta}{L} \tag{10.11}$$

となる．また，断面に発生する応力 σ は単位断面積あたりの力であることを式(10.3)で説明した．式(10.10)に式(10.3)，(10.11)を代入すると，フックの法則は次式となる．

$$\sigma=E\varepsilon \tag{10.12}$$

10.5　荷重を受ける梁のたわみ計算

一般的な梁のたわみ方程式は

$$EI\frac{\mathrm{d}^4y}{\mathrm{d}x^4}=q(x) \tag{10.13}$$

x：原点からの梁方向距離

y：x における梁のたわみ

E：ヤング率

I：断面 2 次モーメント

$q(x)$：荷重分布

となる．

(1)　集中荷重を受ける梁のたわみ計算

図 10.14 のように，原点からの距離 a の位置に大きさ P の集中荷重を受ける

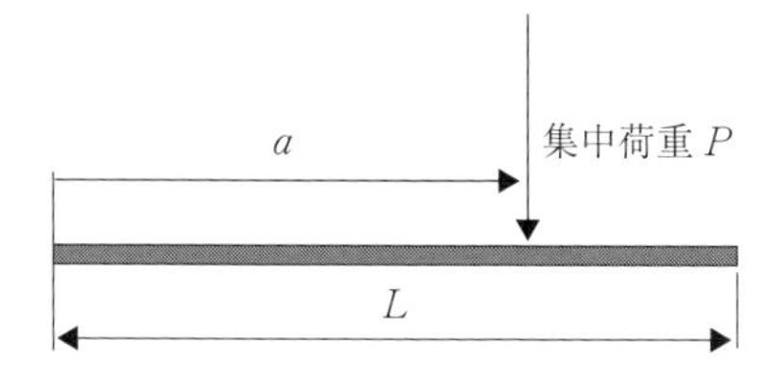

図 10.14　集中荷重 P を受ける梁

長さ L の梁を考える．たわみ方程式の解は，

$(0 \leqq x \leqq a)$ のとき

$$y = y_s + i_s \cdot x - \frac{M_s}{2EI} x^2 - \frac{Q_s}{6EI} x^3 \tag{10.14}$$

$(a < x \leqq L)$ のとき

$$y = y_s + i_s \cdot x - \frac{M_s}{2EI} x^2 - \frac{Q_s}{6EI} x^3 + \frac{P}{6EI} (x-a)^3 \tag{10.15}$$

y_s：梁始端での梁のたわみ

i_s：梁始端での梁の傾斜

M_s：梁始端での曲げモーメント

Q_s：梁始端でのせん断力

となる．

梁のたわみと傾斜角 i，曲げモーメント M，せん断力 Q の関係は

$$i = \frac{\mathrm{d}y}{\mathrm{d}x} \tag{10.16}$$

$$M = -\frac{\mathrm{d}^2 y}{\mathrm{d}x^2} EI \tag{10.17}$$

$$Q = -\frac{\mathrm{d}^3 y}{\mathrm{d}x^3} EI \tag{10.18}$$

となり，式(10.14)，(10.15)を x で微分することで，傾斜角 i，曲げモーメント M，せん断力 Q は求まる．

式(10.14)～(10.18)とその微分式より，梁の始端と終端のたわみ y，傾斜角 i，曲げモーメント M，せん断力 Q の関係は次式となる．

$$y_s + i_s \cdot L - \frac{M_s \cdot L^2}{2EI} - \frac{Q_s \cdot L^3}{6EI} - y_e = -\frac{P(L-a)^3}{6EI} \qquad (10.19)$$

$$i_s - \frac{M_s \cdot L}{EI} - \frac{Q_s \cdot L^2}{2EI} - i_e = -\frac{P(L-a)^2}{2EI} \qquad (10.20)$$

$$M_s + Q_s L - M_e = P(L-a) \qquad (10.21)$$

$$Q_s - Q_e = P \qquad (10.22)$$

y_e：梁終端での梁のたわみ

i_e：梁終端での梁の傾斜

M_e：梁終端での曲げモーメント

Q_e：梁終端でのせん断力

求めるべき変数が 8 あるため，式(10.19)～(10.22)の 4 式だけでは，解は求まらない．梁の材端条件式が必要である．梁始端の材端条件式が 2，梁終端の材端条件式が 2 あり，式(10.19)～(10.22)と合わせ 8 式となり，連立方程式をつくり，解くことができる．梁には，数種類の材端条件があり，代表的な 3 種類を表 10.1 に示す．

表 10.1　梁の材端条件

材端条件	説　明
剛　結	梁端のたわみと傾斜が 0 となる． 始端が剛結の場合 $y_s=0,\ i_s=0$ 終端が剛結の場合 $y_e=0,\ i_e=0$
ピ　ン	梁端のたわみと曲げモーメントが 0 となる． 始端がピン結の場合 $y_s=0,\ M_s=0$ 終端がピン結の場合 $y_e=0,\ M_e=0$
自由端	梁端の曲げモーメントとせん断力が 0 となる． 始端が自由端の場合 $M_s=0,\ Q_s=0$ 終端が自由端の場合 $M_e=0,\ Q_e=0$

梁のたわみ方程式は，**G** マトリックスと **P** 荷重ベクトルを設定し，$\boldsymbol{G}\times\boldsymbol{x}=\boldsymbol{P}$ の形式にマトリックス表記できる．梁の材端条件を始端が剛結，終端がピンとしたマトリックスによる式を次に示す．

$$\begin{bmatrix} 1 & L & -\dfrac{L^2}{2EI} & -\dfrac{L^3}{6EI} & -1 & 0 & 0 & 0 \\ 0 & 1 & -\dfrac{L}{EI} & -\dfrac{L^2}{2EI} & 0 & -1 & 0 & 0 \\ 0 & 0 & 1 & L & 0 & 0 & -1 & 0 \\ 0 & 0 & 0 & 1 & 0 & 0 & 0 & -1 \\ 1 & 0 & 0 & 0 & 0 & 0 & 0 & 0 \\ 0 & 1 & 0 & 0 & 0 & 0 & 0 & 0 \\ 0 & 0 & 0 & 0 & 1 & 0 & 0 & 0 \\ 0 & 0 & 0 & 0 & 0 & 0 & 1 & 0 \end{bmatrix} \begin{bmatrix} y_{\mathrm{s}} \\ i_{\mathrm{s}} \\ M_{\mathrm{s}} \\ Q_{\mathrm{s}} \\ y_{\mathrm{e}} \\ i_{\mathrm{e}} \\ M_{\mathrm{e}} \\ M_{\mathrm{s}} \end{bmatrix} = \begin{bmatrix} -\dfrac{P(L-a)^3}{6EI} \\ -\dfrac{P(L-a)^2}{2EI} \\ P(L-a) \\ P \\ 0 \\ 0 \\ 0 \\ 0 \end{bmatrix} \tag{10.23}$$

例題 10.4　**与えられた条件のもと，梁の材端条件を始端が剛結，終端をピンとした梁のたわみ方程式を解く．**

図 10.15 のように，Excel シートに **G** マトリックス，**P** 荷重ベクトルを設定し，**G** マトリックスの逆マトリックスを求めることにより，梁のたわみ方程式が解ける．

例題 10.5　**[例題 10.4] と同条件で，終端を自由端とした梁のたわみ方程式を解く．**

図 10.16 のように，**G** マトリックスの一部を変更すれば，終端を自由端とした梁のたわみ計算ができる．

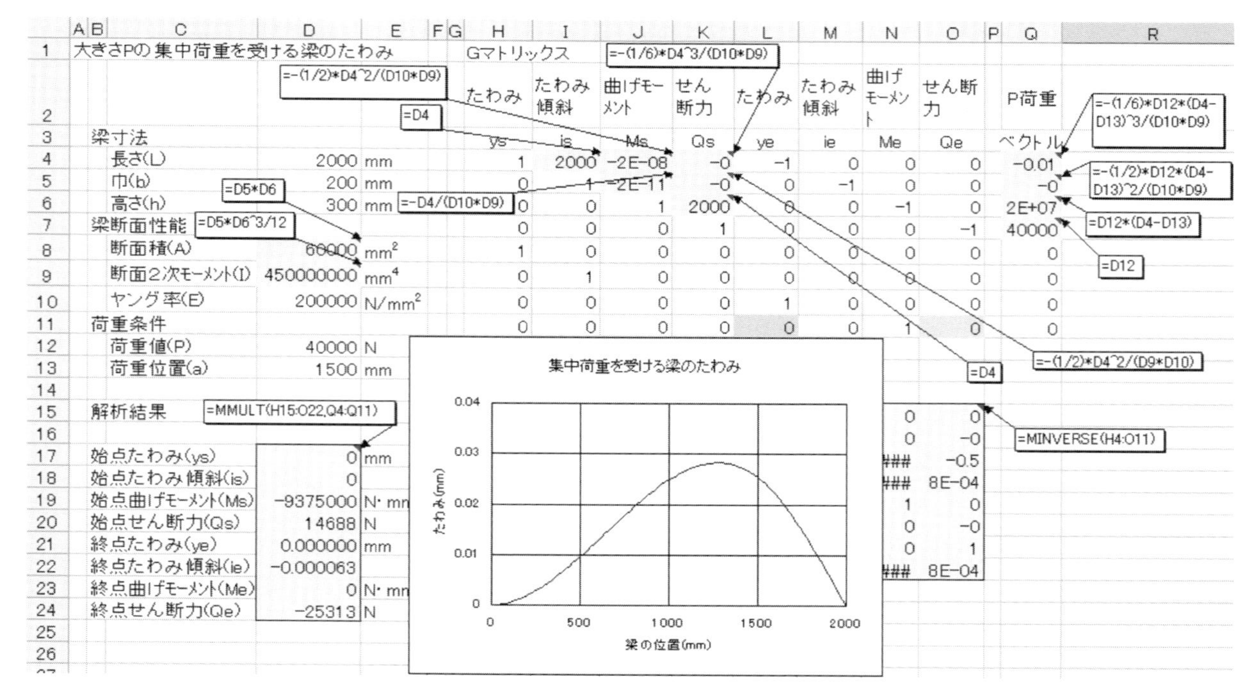

図 10.15　集中荷重を受ける梁のたわみ方程式の計算

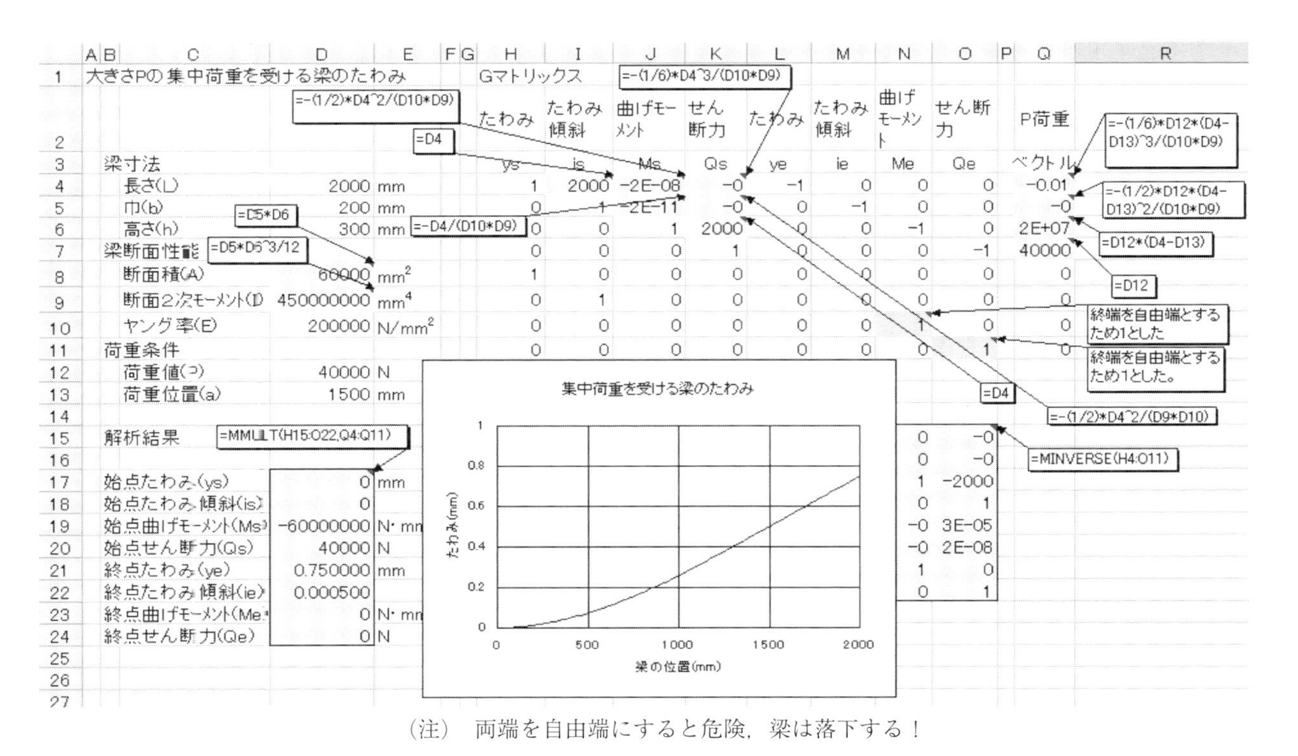

	C	D	E	H	I	J	K	L	M	N	O	Q
1	大きさPの集中荷重を受ける梁のたわみ			Gマトリックス								
2				たわみ	たわみ傾斜	曲げモーメント	せん断力	たわみ	たわみ傾斜	曲げモーメント	せん断力	P荷重
3	梁寸法			ys	is	Ms	Qs	ye	ie	Me	Qe	ベクトル
4	長さ(L)	2000	mm	1	2000	−2E−08	−0	−1	0	0	0	−0.01
5	巾(b)	200	mm	0	1	−2E−11	−0	0	−1	0	0	−0
6	高さ(h)	300	mm	0	0	1	2000	0	0	−1	0	2E+07
7	梁断面性能			0	0	0	1	0	0	0	−1	40000
8	断面積(A)	60000	mm^2	1	0	0	0	0	0	0	0	0
9	断面2次モーメント(I)	450000000	mm^4	0	1	0	0	0	0	0	0	0
10	ヤング率(E)	200000	N/mm^2	0	0	0	0	0	0	1	0	0
11	荷重条件			0	0	0	0	0	0	0	1	0
12	荷重値(P)	40000	N									
13	荷重位置(a)	1500	mm									
14												
15	解析結果									0	−0	
16										0	−0	
17	始点たわみ(ys)	0	mm							1	−2000	
18	始点たわみ傾斜(is)	0								0	1	
19	始点曲げモーメント(Ms)	−60000000	N·mm							−0	3E−05	
20	始点せん断力(Qs)	40000	N							−0	2E−08	
21	終点たわみ(ye)	0.750000	mm							1	0	
22	終点たわみ傾斜(ie)	0.000500								0	1	
23	終点曲げモーメント(Me)	0	N·mm									
24	終点せん断力(Qe)	0	N									

（注）　両端を自由端にすると危険，梁は落下する！

図 10.16　終端を自由端とした集中荷重を受ける梁のたわみ方程式の計算

(2)　分布荷重を受ける梁のたわみ計算

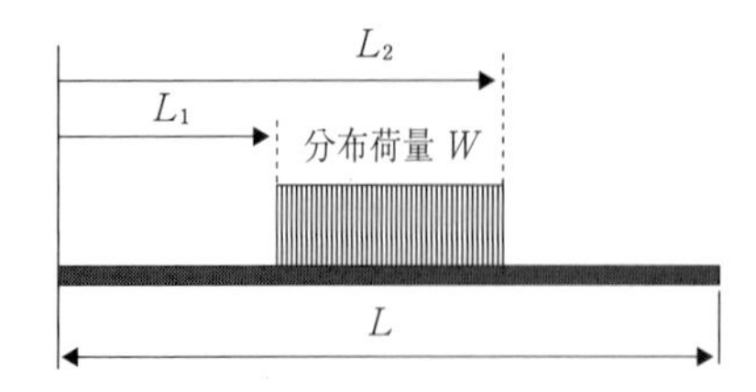

図 10.17　分布荷重 W を受ける梁

図 10.17 のように，原点からの距離 (L_1, L_2) の範囲に大きさ W の分布荷重を受ける長さ L の梁を考える．たわみ方程式の解は

$(0 \leqq x \leqq L_1)$ のとき

$$y = y_s + i_s \cdot x - \frac{M_s}{2EI}x^2 - \frac{Q_s}{6EI}x^3 \tag{10.24}$$

$(L_1 < x \leqq L_2)$ のとき

$$y = y_s + i_s \cdot x - \frac{M_s}{2EI}x^2 - \frac{Q_s}{6EI}x^3 + \frac{W}{24EI}(x - L_1)^4 \tag{10.25}$$

$(L_2 < x \leqq L)$ のとき

$$y = y_s + i_s \cdot x - \frac{M_s}{2EI}x^2 - \frac{Q_s}{6EI}x^3 + \frac{W}{24EI}(x - L_1)^4 - \frac{W}{24EI}(x - L_2)^4 \tag{10.26}$$

集中荷重の場合と同様に数式展開すると，梁の始端と終端のたわみ y，傾斜角 i，曲げモーメント M，せん断力 Q の関係は次式となる．

$$y_s + i_s \cdot L - \frac{M_s \cdot L^2}{2EI} - \frac{Q_s \cdot L^3}{6EI} - y_e = -\frac{W(L - L_1)^4}{24EI} + \frac{W(L - L_2)^4}{24EI} \tag{10.27}$$

$$i_s - \frac{M_s \cdot L}{EI} - \frac{Q_s \cdot L^2}{2EI} - i_e = -\frac{W(L - L_1)^3}{6EI} + \frac{W(L - L_2)^3}{6EI} \tag{10.28}$$

$$M_s + Q_s L - M_e = \frac{W(L - L_1)^2}{2} - \frac{W(L - L_2)^2}{2} \tag{10.29}$$

$$Q_s - Q_e = W(L - L_1) - W(L - L_2) \tag{10.30}$$

集中荷重の場合と同様に，梁のたわみ方程式は，$\boldsymbol{G}$ マトリックスと $\boldsymbol{P}$ 荷重ベクトルを設定し，$\boldsymbol{G} \times \boldsymbol{x} = \boldsymbol{P}$ の形式にマトリックス表記できる．梁の材端条件を始端が剛結，終端がピンとしたマトリックスによる式を次に示す．集中荷重の式

(10.23)と異なるのは，**P** 荷重ベクトルのみである．

$$\begin{bmatrix} 1 & 0 & -\frac{L^2}{2EI} & -\frac{L^3}{6EI} & -1 & 0 & 0 & 0 \\ 0 & 0 & -\frac{L}{EI} & -\frac{L}{2EI} & 0 & -1 & 0 & 0 \\ 0 & 0 & 1 & L & 0 & 0 & -1 & 0 \\ 0 & 0 & 0 & 1 & 0 & 0 & 0 & -1 \\ 1 & 0 & 0 & 0 & 0 & 0 & 0 & 0 \\ 0 & 1 & 0 & 0 & 0 & 0 & 0 & 0 \\ 0 & 0 & 0 & 0 & 1 & 0 & 0 & 0 \\ 0 & 0 & 0 & 0 & 0 & 0 & 1 & 0 \end{bmatrix} \begin{bmatrix} y_s \\ i_s \\ M_s \\ Q_s \\ y_e \\ i_e \\ M_e \\ M_s \end{bmatrix} = \begin{bmatrix} -\frac{W(L-L_1)^4}{24EI}+\frac{W(L-L_2)^4}{24EI} \\ -\frac{W(L-L_1)^3}{6EI}+\frac{W(L-L_2)^3}{6EI} \\ -\frac{W(L-L_1)^2}{2}+\frac{W(L-L_2)^2}{2} \\ W(L-L_1)-W(L-L_2) \\ 0 \\ 0 \\ 0 \\ 0 \end{bmatrix} \tag{10.31}$$

例題 10.6　**与えられた条件のもと，梁の材端条件を始端が剛結，終端をピンとした分布荷重を受ける梁のたわみ方程式を解く．**

図 10.18 のように，Excel シートに **G** マトリックス，**P** 荷重ベクトルを設定し，**G** マトリックスの逆マトリックスを求めることにより，梁のたわみ方程式を解く．

(3)　モーメント荷重を受ける梁のたわみ計算

図 10.19 のように，原点からの距離 a の位置に大きさ P_{m} のモーメント荷重を受ける長さ L の梁を考える．たわみ方程式の解は，

$(0 \leqq x \leqq a)$のとき

$$y = y_{\mathrm{s}} + i_{\mathrm{s}} \cdot x - \frac{M_{\mathrm{s}}}{2EI}x^2 - \frac{Q_{\mathrm{s}}}{6EI}x^3 \tag{10.32}$$

$(a < x \leqq L)$のとき

$$y = y_{\mathrm{s}} + i_{\mathrm{s}} \cdot x - \frac{M_{\mathrm{s}}}{2EI}x^2 - \frac{Q_{\mathrm{s}}}{6EI}x^3 + \frac{P_{\mathrm{m}}}{2EI}(x-a)^2 \tag{10.33}$$

集中荷重の場合と同様に数式展開すると，梁の始端と終端のたわみ y，傾斜角 i，曲げモーメント M，せん断力 Q の関係は次式となる．

$$y_{\mathrm{s}} + i_{\mathrm{s}} \cdot L - \frac{M_{\mathrm{s}} \cdot L^2}{2EI} - \frac{Q_{\mathrm{s}} \cdot L^3}{6EI} - y_{\mathrm{e}} = -\frac{P_{\mathrm{m}}(L-a)^2}{2EI} \tag{10.34}$$

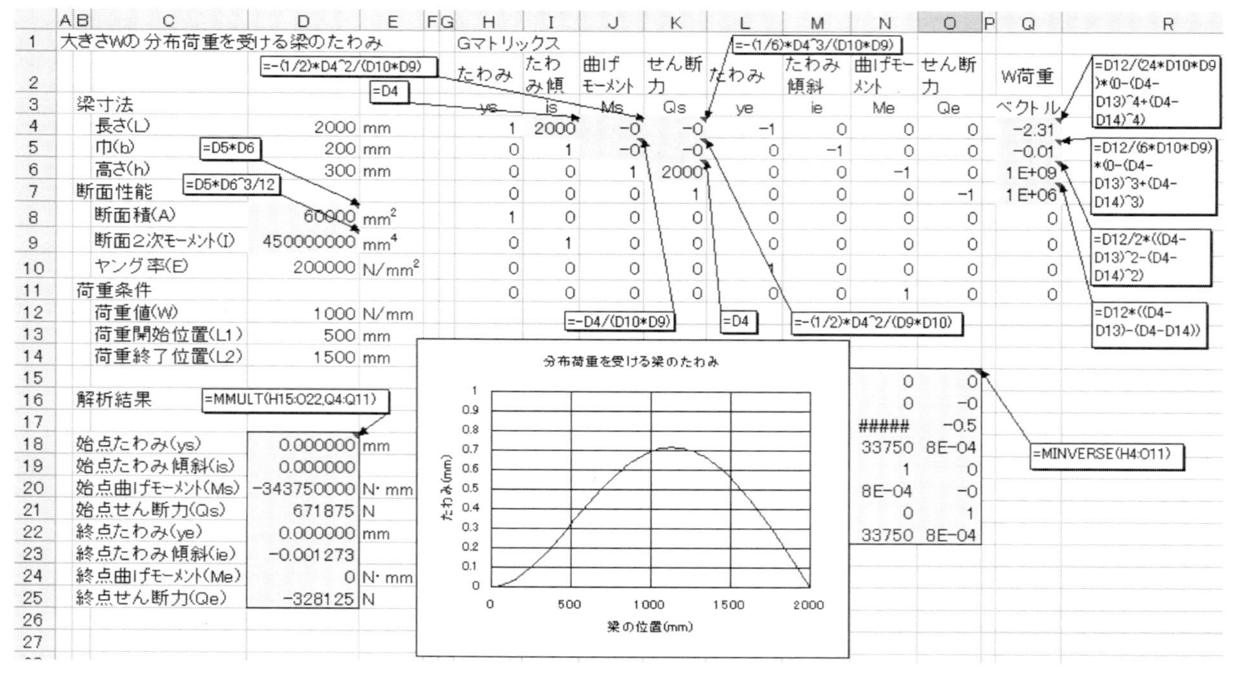

図 10.18　分布荷重を受ける梁のたわみ方程式の計算

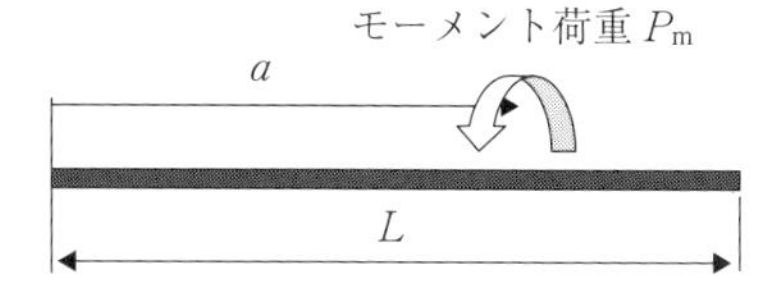

図 10.19　モーメント荷重 P_m を受ける梁

$$i_s-\frac{M_s\cdot L}{EI}-\frac{Q_s\cdot L^2}{2EI}-i_e=-\frac{P_m(L-a)}{EI} \tag{10.35}$$

$$M_s+Q_sL-M_e=P_m \tag{10.36}$$

$$Q_s-Q_e=0 \tag{10.37}$$

集中荷重の場合と同様に，梁のたわみ方程式は，$\boldsymbol{G}$ マトリックスと $\boldsymbol{P}$ 荷重ベクトルを設定し，$\boldsymbol{G}\times\boldsymbol{x}=\boldsymbol{P}$ の形式にマトリックス表記できる．梁の材端条件を始端が剛結，終端がピンとしたマトリックスによる式を次に示す．集中荷重の式(10.23)と異なるのは，$\boldsymbol{P}$ 荷重ベクトルのみである．

$$\begin{bmatrix} 1 & L & -\frac{L^2}{2EI} & -\frac{L^3}{6EI} & -1 & 0 & 0 & 0 \\ 0 & 1 & -\frac{L}{EI} & -\frac{L^2}{2EI} & 0 & -1 & 0 & 0 \\ 0 & 0 & 1 & L & 0 & 0 & -1 & 0 \\ 0 & 0 & 0 & 1 & 0 & 0 & 0 & -1 \\ 1 & 0 & 0 & 0 & 0 & 0 & 0 & 0 \\ 0 & 1 & 0 & 0 & 0 & 0 & 0 & 0 \\ 0 & 0 & 0 & 0 & 1 & 0 & 0 & 0 \\ 0 & 0 & 0 & 0 & 0 & 0 & 1 & 0 \end{bmatrix} \begin{bmatrix} y_s \\ i_s \\ M_s \\ Q_s \\ y_e \\ i_e \\ M_e \\ M_s \end{bmatrix} = \begin{bmatrix} -\frac{P_m(L-a)^3}{2EI} \\ -\frac{P_m(L-a)}{EI} \\ P_m \\ 0 \\ 0 \\ 0 \\ 0 \\ 0 \end{bmatrix} \tag{10.23}$$

例題 10.7　**与えられた条件のもと，梁の材端条件を始端が剛結，終端を自由端としたモーメント荷重を受ける梁のたわみ方程式を解く．**

図 10.20 のように，Excel シートに $\boldsymbol{G}$ マトリックス，$\boldsymbol{P}$ 荷重ベクトルを設定し，$\boldsymbol{G}$ マトリックスの逆マトリックスを求めることにより，梁のたわみ方程式を解く．

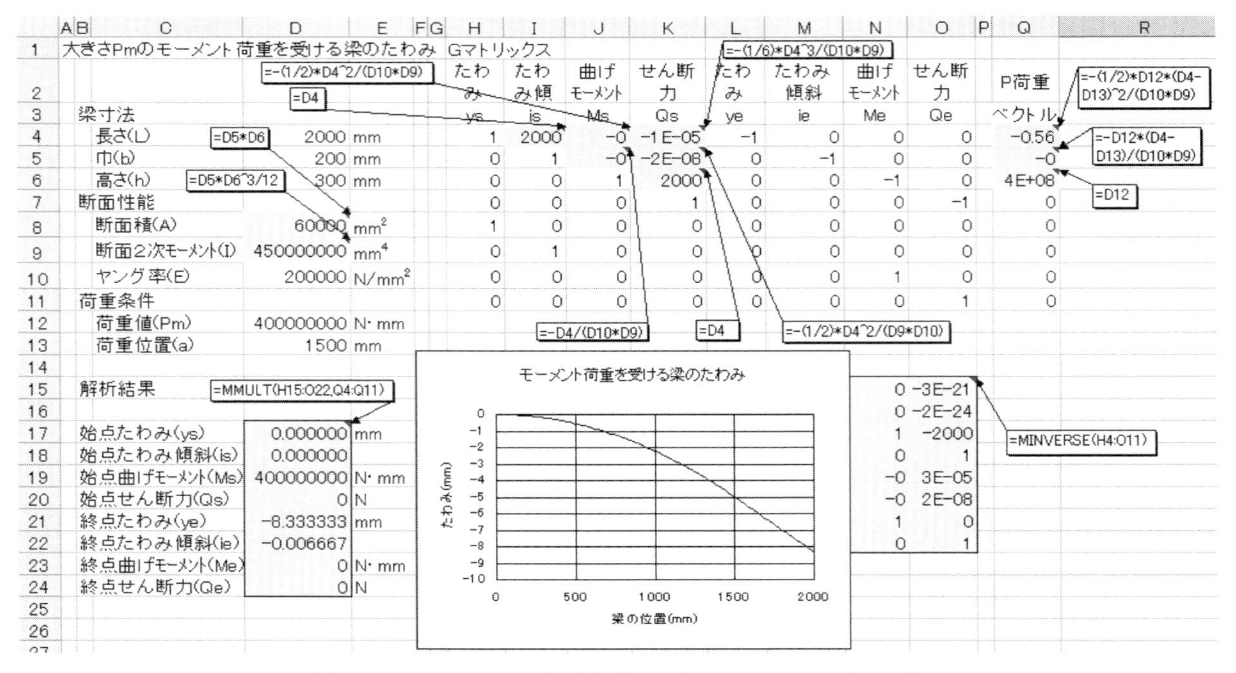

	C	D	E	H	I	J	K	L	M	N	O	Q
1	大きさPmのモーメント荷重を受ける梁のたわみ			Gマトリックス								
2				たわみ	たわみ傾	曲げモーメント	せん断力	たわみ	たわみ傾斜	曲げモーメント	せん断力	P荷重
3	梁寸法			ys	is	Ms	Qs	ye	ie	Me	Qe	ベクトル
4	長さ(L)	2000	mm	1	2000	−0	−1 E−05	−1	0	0	0	−0.56
5	巾(b)	200	mm	0	1	−0	−2E−08	0	−1	0	0	−0
6	高さ(h)	300	mm	0	0	1	2000	0	0	−1	0	4E+08
7	断面性能			0	0	0	1	0	0	0	−1	0
8	断面積(A)	60000	mm²	1	0	0	0	0	0	0	0	0
9	断面2次モーメント(I)	450000000	mm⁴	0	1	0	0	0	0	0	0	0
10	ヤング率(E)	200000	N/mm²	0	0	0	0	0	0	1	0	0
11	荷重条件			0	0	0	0	0	0	0	1	0
12	荷重値(Pm)	400000000	N· mm									
13	荷重位置(a)	1500	mm									
14												
15	解析結果									0	−3E−21	
16										0	−2E−24	
17	始点たわみ(ys)	0.000000	mm							1	−2000	
18	始点たわみ傾斜(is)	0.000000								0	1	
19	始点曲げモーメント(Ms)	400000000	N· mm							−0	3E−05	
20	始点せん断力(Qs)	0	N							−0	2E−08	
21	終点たわみ(ye)	−8.333333	mm							1	0	
22	終点たわみ傾斜(ie)	−0.006667								0	1	
23	終点曲げモーメント(Me)	0	N· mm									
24	終点せん断力(Qe)	0	N									

図 10.20　モーメント荷重を受ける梁のたわみ方程式の計算

10.6　断面弾性主軸と断面 2 次モーメント，断面相乗モーメントの関係

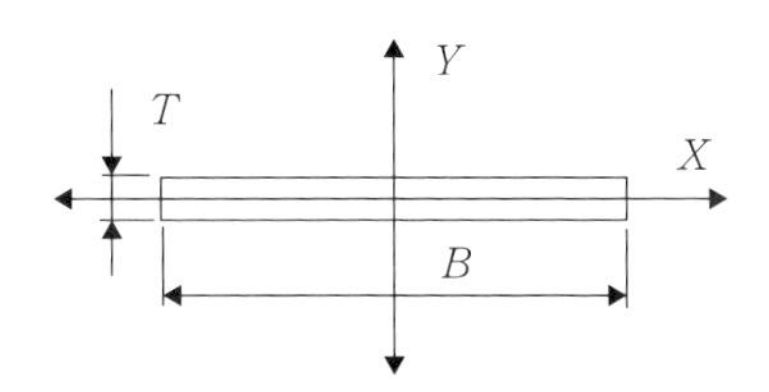

図 10.21　矩形断面の断面弾性主軸

すべての断面は直交する弾性主軸をもつ．断面弾性主軸まわりの断面 2 次モーメントを断面主 2 次モーメントという．このとき断面相乗モーメント $IXY=\int xy\,\mathrm{d}a$ は 0 となる．矩形断面の断面弾性主軸は図 10.21 となり，その断面主 2 次モーメントは次式となる．

Y 軸まわりの断面主 2 次モーメント：　$$I_Y=\frac{B^3T}{12} \tag{10.39}$$

X 軸まわりの断面主 2 次モーメント：　$$I_X=\frac{BT^3}{12} \tag{10.40}$$

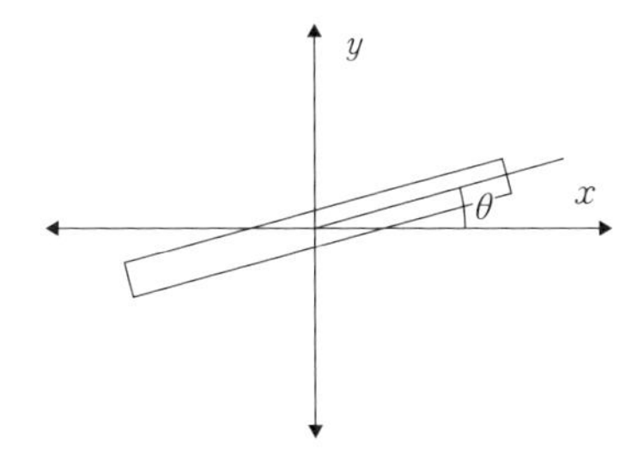

図 10.22　断面弾性主軸が傾く矩形断面

図 10.22 のように，断面弾性主軸が θ 傾く矩形断面の場合，その断面性能は次式となる．

y 軸まわりの断面 2 次モーメント：　$$I_y=\frac{I_Y+I_X}{2}+\frac{(I_Y-I_X)\cos 2\theta}{2} \tag{10.41}$$

x 軸まわりの断面 2 次モーメント：　$$I_x=\frac{I_Y+I_X}{2}+\frac{(I_Y-I_X)\cos(2\theta+\pi)}{2} \tag{10.42}$$

断面相乗モーメント：　$I_{xy}=\frac{(I_Y-I_X)\sin 2\theta}{2}$　(10.43)

また，次式が成立する．

$$\tan\theta=\frac{2I_{xy}}{I_x-I_y} \tag{10.44}$$

図 10.23 のように，断面 2 次モーメント I_y と断面相乗モーメント I_{xy} の関係は，$(I_Y+I_X,\ 0)$を中心とした半径$(I_Y-I_Z)/2$ の円周上となる．

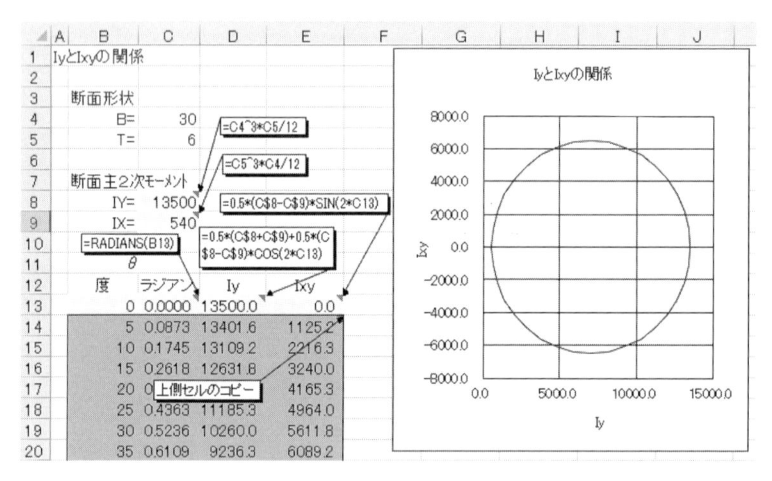

図 10.23　断面 2 次モーメントと断面相乗モーメントの関係

10.7　弾性主軸が傾く断面の応力計算

弾性主軸が傾く断面の応力を求める場合，断面重心と弾性主軸の傾き角を求め，重心を原点とし弾性主軸まわりに回転した座標系で応力計算を行うのが一般的である．この方法をとる場合，荷重値や応力計算位置も座標変換する必要があり，非常に煩雑な計算となる．ここでは断面形状の座標系をそのまま使い，断面応力を直接計算する方法を提示する．

図 10.24 のような任意形状の断面に下記の断面力(N, M_y, M_x)を加えた場合の応力を考える．

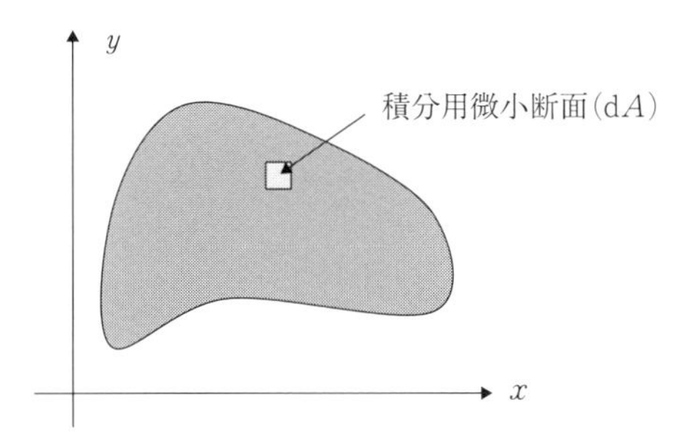

図 10.24　任意形状の断面

N：軸力

M_y：y 軸まわりのモーメント

M_x：x 軸まわりのモーメント

応力 σ と座標 (x, y) の関係を線形と仮定し，次式とする．

$$\sigma = a + bx + cy \qquad a, b, c \text{ は係数} \tag{10.45}$$

外力と内力が等しいことから，次式が成立する．

$$N = \int \sigma \, \mathrm{d}A$$

$$M_y = \int x\sigma \, \mathrm{d}A \tag{10.46}$$

$$M_x = \int y\sigma \, \mathrm{d}A$$

$\mathrm{d}A$：積分用の微小断面積

式(10.45)を式(10.46)に代入すると次式となる．

$$N = A \cdot a + S_y \cdot b + S_x \cdot c$$

$$M_y = S_y \cdot a + I_y \cdot b + I_{xy} \cdot c \tag{10.47}$$

$$M_x = S_x \cdot a + I_{xy} \cdot b + I_x \cdot c$$

$A - \int \mathrm{d}A$：断面積

$S_y = \int x\mathrm{d}A$：y 軸まわりの断面 1 次モーメント

$S_x = \int y\mathrm{d}A$：x 軸まわりの断面 1 次モーメント

$I_y=\int x^2 \mathrm{d}A$：y 軸まわりの断面 2 次モーメント

$I_x=\int y^2 \mathrm{d}A$：x 軸まわりの断面 2 次モーメント

$I_{xy}=\int xy \mathrm{d}A$：断面相乗モーメント

式(10.47)をマトリックス表記すると次式となる．

$$\begin{bmatrix} N \\ M_y \\ M_x \end{bmatrix} = \begin{bmatrix} A & S_y & S_x \\ S_y & I_y & I_{xy} \\ S_x & I_{xy} & I_x \end{bmatrix} \begin{bmatrix} a \\ b \\ c \end{bmatrix} \tag{10.48}$$

このマトリックスを**断面性能マトリックス**と称することとする．

断面性能マトリックス：$\begin{bmatrix} A & S_y & S_x \\ S_y & I_y & I_{xy} \\ S_x & I_{xy} & I_x \end{bmatrix}$

式(10.48)を逆算すると次式となり，係数 a, b, c が算出できる．

$$\begin{bmatrix} a \\ b \\ c \end{bmatrix} = \begin{bmatrix} A & S_y & S_x \\ S_y & I_y & I_{xy} \\ S_x & I_{xy} & I_x \end{bmatrix}^{-1} \begin{bmatrix} N \\ M_y \\ M_x \end{bmatrix} \tag{10.49}$$

係数 a, b, c の値から，式(10.45)より，任意位置(x, y)の応力 σ が算出できる．

例題 10.8　**断面性能マトリックスを用いて，弾性主軸が傾く図 10.25 の L 型断面の応力を求める**(図 10.26)**．**

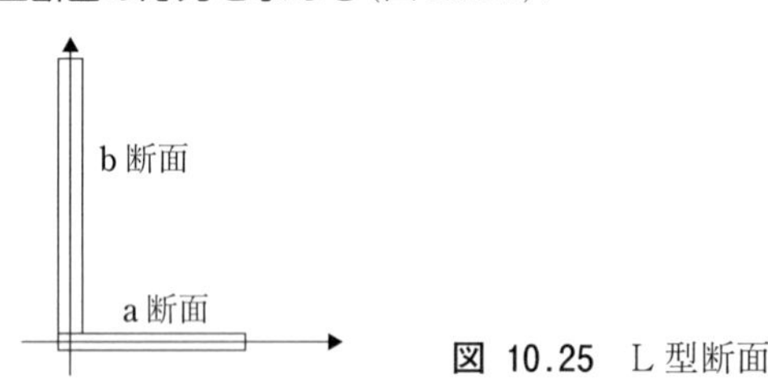

図 10.25　L 型断面

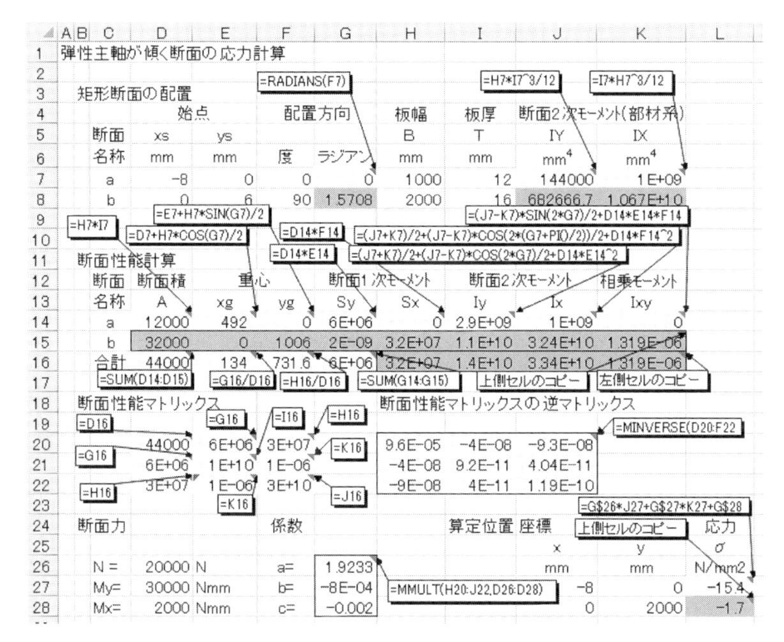

	A	B	C	D	E	F	G	H	I	J	K	L
1	弾性主軸が傾く断面の応力計算											
2												
3			矩形断面の配置									
4				始点		配置方向		板幅	板厚	断面2次モーメント(部材系)		
5			断面	xs	ys			B	T	IY	IX	
6			名称	mm	mm	度	ラジアン	mm	mm	mm4	mm4	
7			a	-8	0	0	0	1000	12	144000	1E+09	
8			b	0	6	90	1.5708	2000	16	682666.7	1.067E+10	
9												
10												
11			断面性能計算									
12			断面	断面積	重心		断面1次モーメント		断面2次モーメント		相乗モーメント	
13			名称	A	xg	yg	Sy	Sx	Iy	Ix	Ixy	
14			a	12000	492	0	6E+06	0	2.9E+09	1E+09	0	
15			b	32000	0	1006	2E-09	3.2E+07	1.1E+10	3.24E+10	1.319E-06	
16			合計	44000	134	731.6	6E+06	3.2E+07	1.4E+10	3.34E+10	1.319E-06	
17												
18			断面性能マトリックス					断面性能マトリックスの逆マトリックス				
19												
20				44000	6E+06	3E+07		9.6E-05	-4E-08	-9.3E-08		
21				6E+06	1E+10	1E-06		-4E-08	9.2E-11	4.04E-11		
22				3E+07	1E-06	3E+10		-9E-08	4E-11	1.19E-10		
23												
24			断面力			係数			算定位置 座標			応力
25										x	y	σ
26			N =	20000	N	a=	1.9233			mm	mm	N/mm2
27			My=	30000	Nmm	b=	-8E-04			-8	0	-15.4
28			Mx=	2000	Nmm	c=	-0.002			0	2000	-1.7

図 10.26　弾性主軸が傾く L 型断面の応力計算

10.8　ソルバーを用いた鉄筋コンクリート断面の応力計算

鉄筋コンクリートは，引張力に弱いコンクリートを補強するため，鉄筋を配している構造材である．鉄筋(鋼材)とコンクリートでは材質や特性が異なるため，鉄筋コンクリートの応力計算は特異なものとなる．

鉄筋コンクリート応力計算の特異性を次に示す．

(a)　鉄筋(鋼材)とコンクリートのヤング率が異なる．

鋼のヤング率 $E_s = 206\,000\ \mathrm{N/mm^2}$

コンクリートのヤング率 $E_c \fallingdotseq 30\,000\ \mathrm{N/mm^2}$

(b)　コンクリートは，圧縮力に対しては大きな抵抗力をもっているが，引張力に対する抵抗力が小さく(約 1/10)脆弱である．そのため，設計計算上，コンクリートには引張応力が発生しないものとして，断面応力を計算する．

軸力Nと曲げモーメントMが断面に加わったとき，鉄筋コンクリート断面の応力計算は非線形となる．このため，断面性能(断面積，断面2次モーメント)を使った通常の応力計算は適応できない．

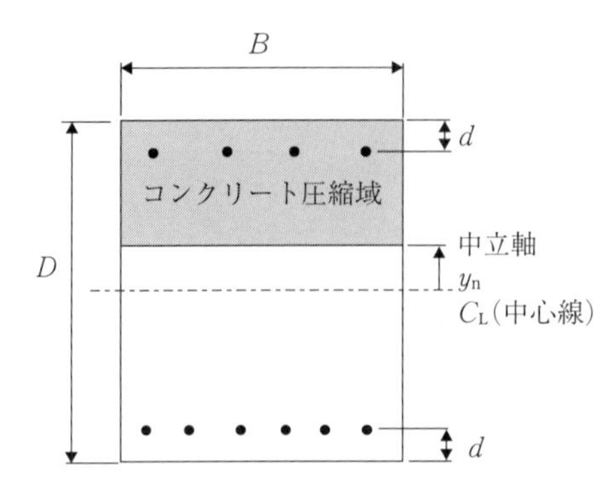

図 10.27 鉄筋コンクリート断面

次の手順で鉄筋コンクリートの応力計算を行う．

(a) ひずみ面を仮定する．

図10.27の鉄筋コンクリート断面に軸力Nと曲げモーメントMが加わったとき，断面位置が同じであっても鉄筋とコンクリートに生ずる応力値は異なる．しかし，そのひずみ量は同一である．鉄筋コンクリート断面のひずみ面を平面(線形)と仮定し，次式とする．

$$\varepsilon = ay + b \tag{10.50}$$

y：C_L(中心線)を原点とした鉄筋コンクリート断面の位置

ε：y位置でのひずみ量

a, b：ひずみ面の係数

式(10.50)より，ひずみ量が0(応力が0)となる中立軸y_nは次式となる．

$$y_n = -\frac{b}{a} \tag{10.51}$$

ひずみ量εと応力σの関係は次式となる．

鉄筋の場合：$\sigma = E_s \cdot \varepsilon$

コンクリートの場合：$\sigma = E_c \cdot \varepsilon$

今回，コンクリートのヤング率を一定とする．コンクリートには引張応力は発生しないため，$\varepsilon<0$ のとき，$\sigma=0$ となる．設計基準書などでは，コンクリートと鉄筋のヤング率の比であるヤング係数比 n が設定されている．

ヤング係数比：$n=\dfrac{E_s}{E_c}$

(b)　仮定したひずみ面より鉄筋とコンクリート断面に発生する応力を集計し，断面力を算出する．

・鉄筋断面に発生する軸力 N_s

$$N_s=\sum\sigma A_s \tag{10.52}$$

$\sum$：全鉄筋で合計する．

A_s：鉄筋の断面積

・鉄筋断面に発生する曲げモーメント M_s

$$M_s=\sum_{上端筋}\sigma\left(\frac{D}{2}-d\right)A_s+\sum_{下端筋}\sigma\left(-\frac{D}{2}+d\right)A_s \tag{10.53}$$

$\sum$：上端筋，下端筋で合計する．

D：コンクリート高さ

d：コンクリート面から鉄筋までの距離

・コンクリート断面に発生する軸力 N_c

$$N_c=B\int_{-\frac{D}{2}}^{\frac{D}{2}}\sigma\,\mathrm{d}y \qquad B：コンクリート幅 \tag{10.54}$$

中立軸がコンクリート内の場合，応力分布は三角形となる．中立軸がコンクリート外の場合，応力分布は台形となる．積分は三角形，台形の面積を求めることとなる．

・コンクリート断面に発生する曲げモーメント M_c

$$M_c=B\int_{-\frac{D}{2}}^{\frac{D}{2}}\sigma y\mathrm{d}y=G_c\cdot N_c \qquad G_c：三角形，台形応力分布の重心位置 \tag{10.55}$$

・鉄筋とコンクリート断面に発生する断面力を合計する．

軸力の合計：　$N_t=N_s+N_c$

曲げモーメント合計：　$M_t=M_s+M_c$

(c)　外力は内力と等しい.

鉄筋コンクリート断面に加わった軸力 N と曲げモーメント M(**外力**)はひずみにより発生した軸力 N_t と曲げモーメント M_t(**内力**)と等しい.

外力と内力が等しくなるひずみ平面の係数を求めると, 鉄筋コンクリートの応力が算出できる.

例題 10.9　**ソルバーを用いて鉄筋コンクリート断面の応力を計算する.**

図 10.27 の鉄筋コンクリート断面形状, 与えられた荷重条件のもとで, ひずみ面を仮定する. 仮定したひずみ面より鉄筋コンクリート断面に発生する断面力を算出する(図 10.28).

データタブのソルバーをクリックすると, 図 10.29 のソルバーのパラメータ設定画面が現れる. ひずみ面の係数(a, b)を変数セルに設定する. 目的セルを曲げモーメント M と仮定したひずみ面より発生する曲げモーメント M_t の差とし, 目標値を 0 に設定する. 制約条件として, 軸力 N＝ 仮定したひずみ面より発生する軸力 N_t を設定する.

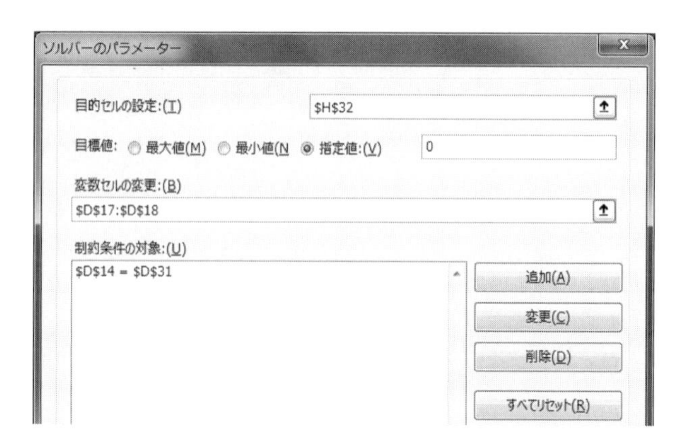

図 10.29　ソルバーのパラメータ設定

解決ボタンをクリックすると, 図 10.30 のように, 鉄筋コンクリートの応力が算出される.

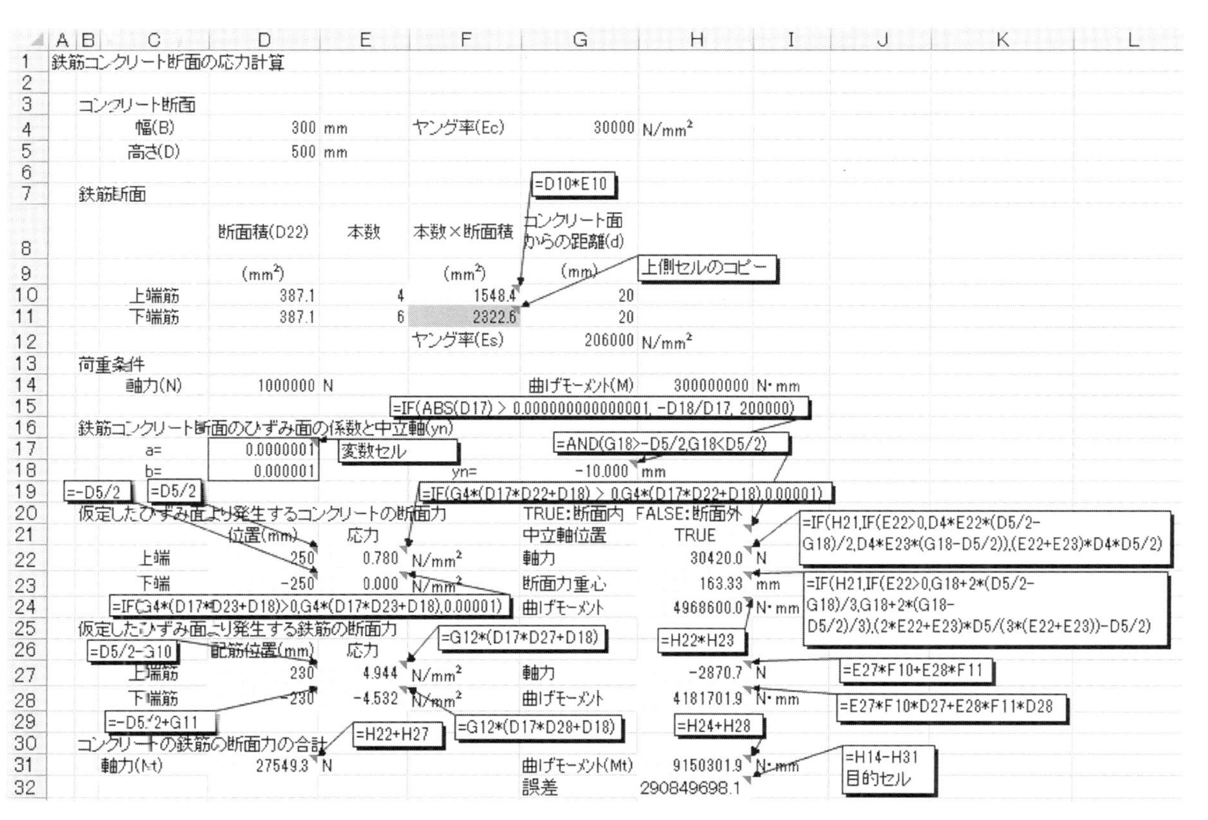

図 10.28　鉄筋コンクリート断面の応力計算（ソルバー実行前）

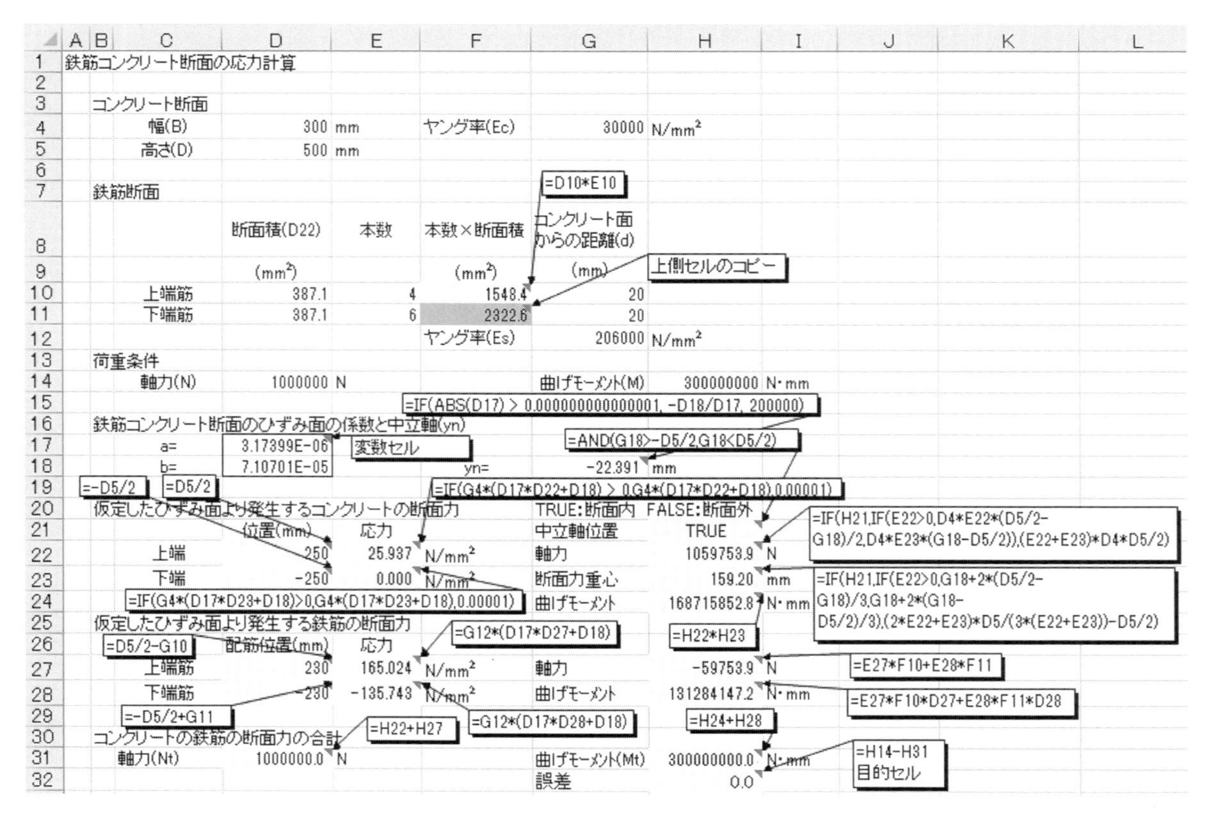

図 10.30　鉄筋コンクリート断面の応力計算(ソルバー実行後)

10.9 ソルバーを用いた幾何学的非線形計算

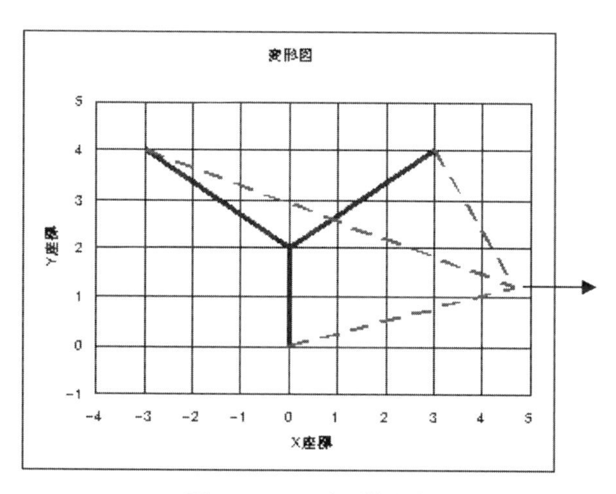

図 10.31 Y字型構造物

図10.31のような，3点が固定されたY字型の構造物があり，中点にX方向水平力Fを加えた場合を考える．構造物が鋼のような物質の場合，変形は微小である．しかしゴムのような柔らかい物質の場合，大きく変形する．有限要素法(FEA)の線形計算では，この変形量が微小であるという前提に立ち，変形前の座標でつり合い計算をしている．変形前と変形後の座標が大きく異なる場合，変形後の座標でつり合い計算をする必要がある．変形後の座標でのつり合い計算は非線形となる．材料の性質による非線形と区別し，これを幾何学的非線形という．部材に加えられた力Fは伸び量xに比例する．その比例定数がばね定数kである．

フックの法則： $F=kx$

部材が長い棒状の場合，ばね定数kは次式となる．

$$k=\frac{EA}{L}$$

E：ヤング率

A：部材の断面積

L：部材長さ

大きな力によって部材が大きく伸びた場合，部材は塑性する．この場合，フックの法則（線形）には従わない．これを材料非線形という．今回の計算では，材料非線形は考慮しない．

例題 10.10　ソルバーを用いてＹ字型構造物の解析を行う．

水平力：　$F=0.05$ kN

ヤング率：　$E=20$ kN/㎡

部材断面積：　$A=0.001$ ㎡

とする．つり合い後の中心座標値を適当に仮定し，中心点まわりのつり合い力を計算する（図 10.32）．すなわち，変形前，変形後の座標から，変形前，変形後の部材長，部材の伸び量を求める．

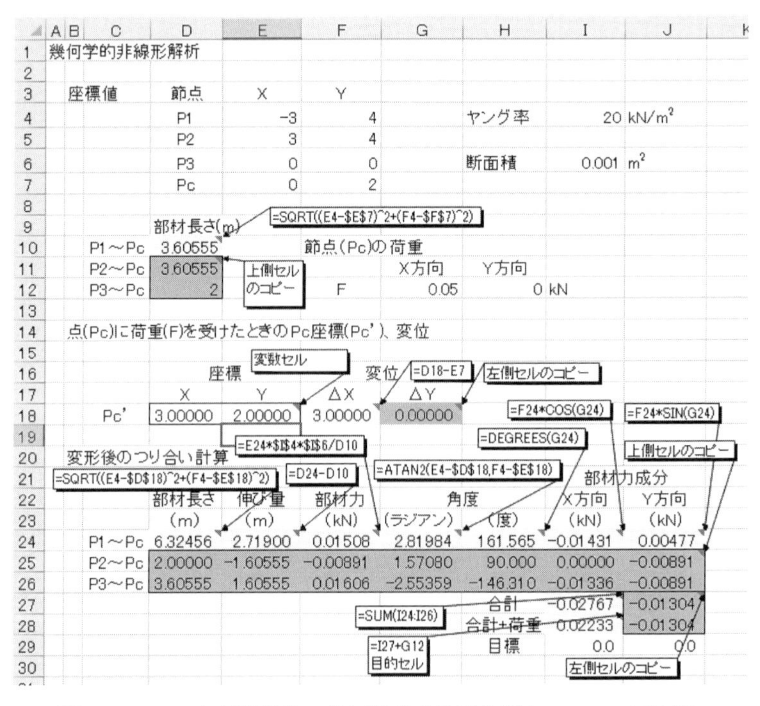

図 10.32　Ｙ字型構造物の幾何学的非線形解析（ソルバー実行前）

$$部材長=\sqrt{(X方向距離)^2+(Y方向距離)^2}$$

$$部材の伸び量 = 変形後の部材長 - 変形前の部材長$$

部材の伸び量からフックの法則に基づき，部材力が計算できる．部材力と荷重値の XY 方向成分を集計する．

データタブのソルバーをクリックすると，ソルバーのパラメータ設定画面が現れる．変数セルとして変形後の中心座標を設定し，目的セルとして部材力と荷重の X 方向成分合計を設定し，目標値を 0 とする．制約条件として，部材力と荷重の Y 方向成分合計 =0 を設定する．

解決ボタンをクリックすると，図 10.33 のように力のつり合い点が算出される．

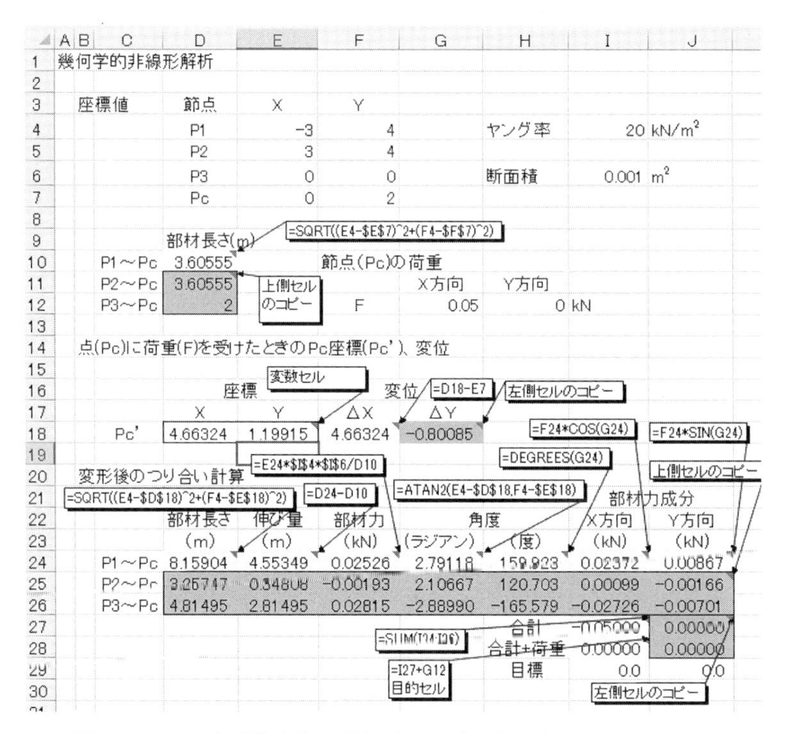

図 10.33 Y 字型構造物の幾何学的非線形解析(ソルバー実行後)

11
時 事 問 題

11.1　JR福知山線脱線事故シミュレーション

2005年4月25日午前9時18分頃，JR福知山線のカーブで電車の転倒脱線事故が発生し，107人の尊い命がうばわれた．犠牲者のご冥福を心よりお祈り申し上げます．事故が二度と起こらぬよう，力学的見地から，単純なモデルでのシミュレーションを行い，事故原因の究明を試みる．

(1)　電車の力のつり合い計算

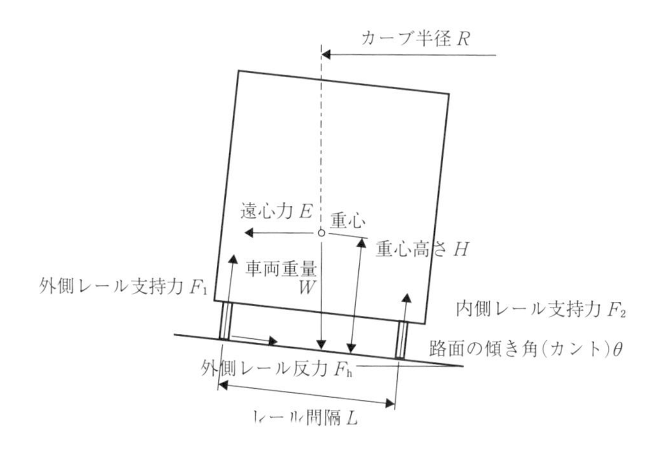

図 11.1　力のつり合い

電車速度を V，電車質量を M，カーブ半径を R とすると，遠心力 E は次式となる．

$$遠心力：\quad E=\frac{MV^2}{R} \tag{11.1}$$

遠心力は速度の2乗に比例するため，速度が2倍になると，遠心力は4倍になる．車両重量 W は次式となる．

$$車両重量：\quad W=Mg \qquad g：重力の加速度(9.8\,\mathrm{m/s^2}) \tag{11.2}$$

力のつり合いの法則に基づき，力のつり合い方程式を作成する．
鉛直方向のつり合いより

$$W = F_1 \cos\theta + F_2 \cos\theta - F_h \sin\theta \tag{11.3}$$

水平方向のつり合いより，

$$E = F_1 \sin\theta + F_2 \sin\theta + F_h \cos\theta \tag{11.4}$$

モーメントのつり合いより(原点はレールの中間点とした)，

$$HE\cos\theta - HW\sin\theta = \frac{L}{2}F_1 - \frac{L}{2}F_2 \tag{11.5}$$

未知数 F_1, F_2, F_h は式(11.3)，(11.4)，(11.5)の連立方程式を解けば，算出される．内側レール支持力 F_2 が負となったとき，内側の車両が浮き上り，片輪走行となる．

実際の値を用い，力のつり合い方程式を解く．車両の重心高さなどは不明であるため，下記と仮定した．

1 両目の車両質量 $M = 26\,000$ kg

カーブ半径 $R = 300$ m

路面の傾き角 $\theta = 5°$

レール間隔 $L = 1.067$ m

新幹線のレール間隔は標準軌であるが，JR 福知山線は狭軌である．

電車の重心高さ $H = 2$ m

連立方程式を解くことにより，電車速度に対応するレール支持力を求め，図 11.2 のグラフを作成した．

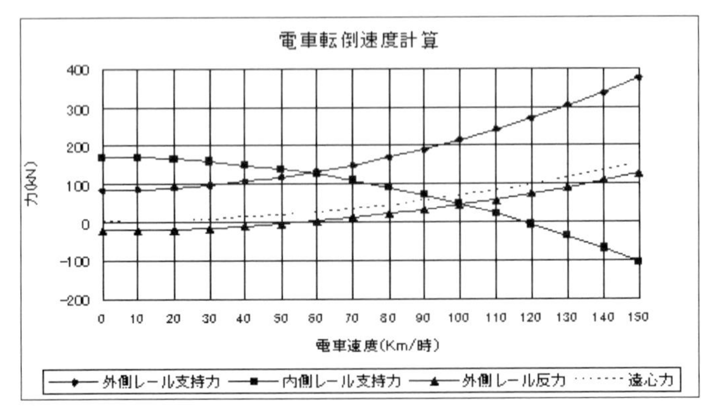

図 11.2　電車速度に対応するレール支持力

図 11.2 より，電車の速度が時速 120 km 弱で内側レール支持力が負となり，片輪

走行となる．時速60kmあたりでは外側レール反力が0となり，電車の力のバランスがもっともよいと思われる．車輪の構造上，外側のレール反力が負となることはあり得ない．外側のレール反力が負の場合，内側レールが反力を受け持つこととなる．

(2)　電車の転倒シミュレーション

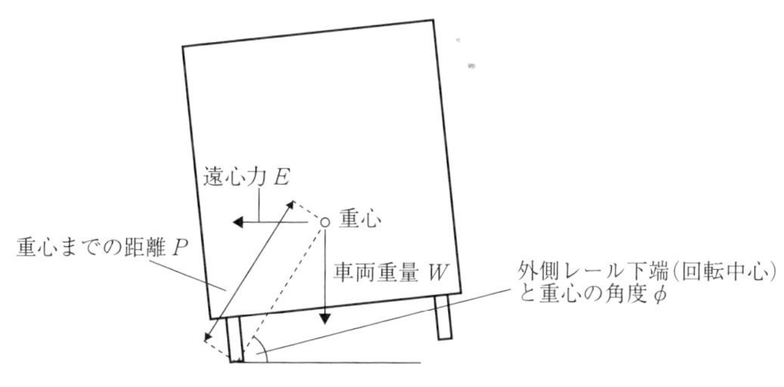

図 11.3　力の不つり合いによる転倒

電車が片輪走行となっても，転倒するとは限らない．片輪状態で平衡を保ちながら走行し，カーブから脱出後，元に戻る可能性もある．図11.2では，電車速度が時速120kmを超えたとき，内側レールの支持力が負となっている．車輪はレール上に乗っているだけであり，内側レールの支持力が負となることはあり得ない．実際は，内側レール支持力は0となり，力のつり合い状態が解消され，電車は外側レール下端を中心に回転運動を始める．すなわち，ニュートンの第二法則に従い，力を受ける物体はその力の方向に加速度運動を行う．その運動方程式は次式となる．

F(力)$=M$(質量)$\times\alpha$(加速度)

ただし，今回は並進運動ではなく，回転運動である．その運動方程式は次式となる．

F(モーメント)$=I$(回転質量)$\times\alpha_{\mathrm{rot}}$(角加速度)

そこで，片輪走行中の運動方程式をつくり，電車の回転運動をシミュレートする．その運動方程式は次式となる．

$$EP\sin\phi-WP\cos\phi=I\times\alpha_{\mathrm{rot}} \tag{11.6}$$

ϕ：外側レール下端と重心の角度

E：遠心力

P：回転中心から重心までの距離　　$P=\sqrt{\left(\frac{L}{2}\right)^2+H^2}$

W：車両重量

式(11.6)の $EP\sin\phi$ は遠心力による転倒モーメントであり，$WP\cos\phi$ は重力による転倒を抑えるモーメントである．角加速度は角速度を時間で微分したものであり，角速度は角度を時間で微分したものである．すなわち，次式のように，角加速度は角度の2階微分となる．

$$\alpha_{\text{rot}}=\frac{\mathrm{d}^2\phi}{\mathrm{d}t^2} \qquad t：経過時間 \tag{11.7}$$

式(9.1)，(9.2)，(9.6)，(9.7)より，運動方程式は次式となる．

$$\frac{\mathrm{d}^2\phi}{\mathrm{d}t^2}=\frac{MV^2}{I\cdot R}P\sin\phi-\frac{Mg}{I}P\cos\phi \tag{11.8}$$

電車の形状寸法が不明のため，正確な電車の回転質量 I が計算できない．電車形状を半径 r の円筒と仮定して回転質量 I を算出した．その場合，

$$I=MP^2+Mr^2 \tag{11.9}$$

となる．$r=1$ m とすると $I=137\,400$ kg m^2 である．重心までの距離 $P=2.07$ m である．ルンゲ-クッタ法を用い，運動方程式の解を求める．初期条件は電車が軌道面に乗っている状態とし，初期角速度は0とする．ルンゲ-クッタ法は1階連立微分方程式のための解法である．運動方程式を下記の1階連立微分方程式に置き換える．

$$\frac{\mathrm{d}\phi}{\mathrm{d}t}=\omega \tag{11.10}$$

$$\frac{\mathrm{d}\omega}{\mathrm{d}t}=\frac{MV^2}{I\cdot R}P\sin\phi-\frac{Mg}{I}P\cos\phi \tag{11.11}$$

ω：角速度

電車の時速が120，130，140，150 km のケースで，運動方程式を解いた．重心角度 ϕ の時間変化を図11.4に示す．

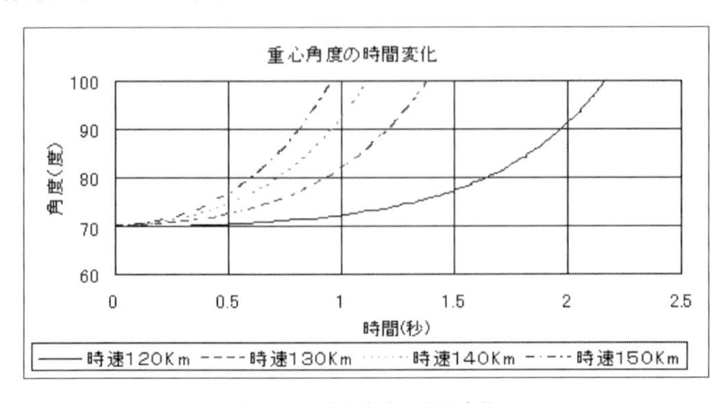

図 11.4　重心角度の時間変化

重心角度が90度以上で電車は復元が不可能となり，転倒する．図11.3より，電車の時速120 kmでも転倒する．片輪走行状態が始まると，遅かれ早かれ，電車は必ず転倒することがわかる．速度が速い場合，電車は短時間で転倒するだけである．実際には，重心角度90度以上になると，外側車輪のフランジがレールから外れ，脱線運動となる．“片輪走行中に非常ブレーキをかけたため転倒した”と主張する人もいたようだが，ブレーキをかけてもかけなくても，片輪走行が始まると電車は必然的に転倒する．転倒が始まると，電車の重心は高くなり（遠心力による転倒モーメントが大きくなる），外側レールのほうに近づく（重力による転倒を抑えるモーメントが小さくなる）ため，より転倒が加速する．転倒を抑える要因（復元力）はないようである．自動車ショーの片輪走行では，ドライバーがハンドル操作でバランスを保ち，ほぼ直進している．ハンドルのない電車では，転倒が不可避となる．

(3) カーブ外側への重心移動の影響

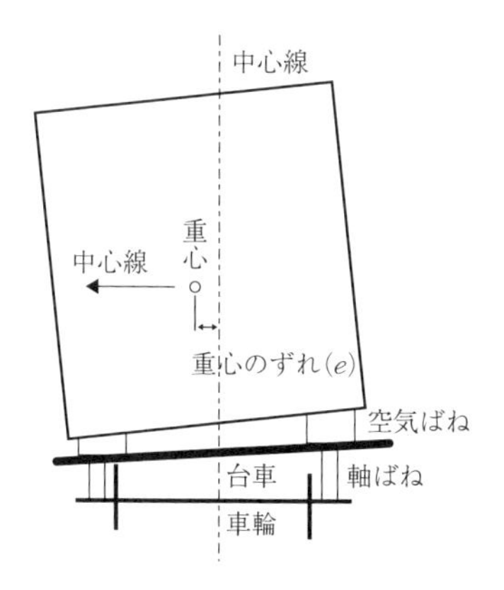

図 11.5 重心移動の説明

ここでの計算は，車輪，台車，本体が一体となった剛体モデルを想定している．剛体とは外力に対し，硬くてまったく変形しない仮想の物体をいう．図11.5のように，実在の物体は外力に対し，伸び，縮み，曲げ，ねじれなどの変形を生じる弾性体である．硬い鋼鉄でも少しは変形する．剛体では変形を考慮しないため，重心位置も固定されてしまう．実際の電車は，乗り心地を考慮して，車輪，台車，本体間をやわらかなバネで連結しているボルスタレス台車である．このため，遠心力や走行中の横揺れにより，重心移動がおこる．この重心のずれ量が転倒に大きく寄与したと思われる．この重心のずれが10 cm程度あると思われる．

カーブの外側方向への重心横ずれ量と電車転倒速度の関係を図11.6のグラフに示した．

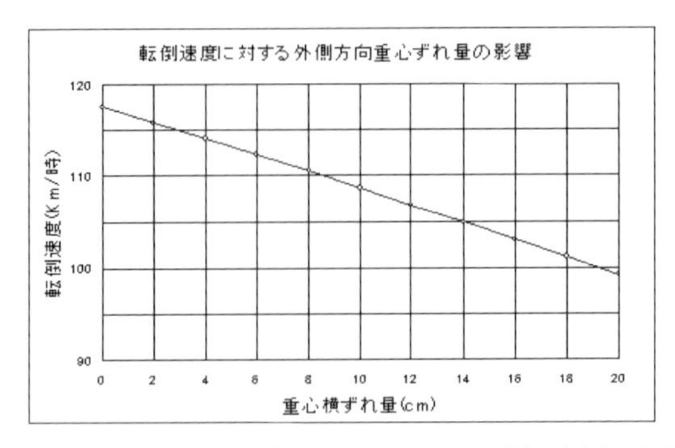

図 11.6　カーブの外側方向への重心ずれ量と電車転倒速度の関係

図11.6より，電車の重心がカーブ外側方向に10 cm程度移動したとき，電車は時速108 kmで転倒する．外側方向10 cmの重心移動は乗客100人が内側方向に50 cm移動すれば相殺できる程度の量である．

11.2　地球温暖化計算

近頃，環境問題として地球温暖化が話題になっている．大気中の二酸化炭素の増加→温室効果ガスの増加→大気温上昇→氷がとける→海面が上昇する→陸地が水没するなど，定性的な話に終始している．国連のIPCCの科学者数名がスーパーコンピュータを用いて地球温暖化のシミュレーションを行い，その結果を発表した．モデル，計算過程がわからないにもかかわらず，自分で計算できない人々はIPCCの計算結果を盲信し，行動している．スーパーコンピュータがなくても，この程度の計算ならExcelで十分対応できる．自分で計算，判断し，行動をおこす必要がある．ここでは，定量的な計算をし，地球温暖化問題を検討する．地球温暖化ガスの計算は文献[2)]を参考にした．

11.2.1　地球温暖化による海面上昇計算

(1)　海面に浮かぶ氷がとけても海面は上昇しない．

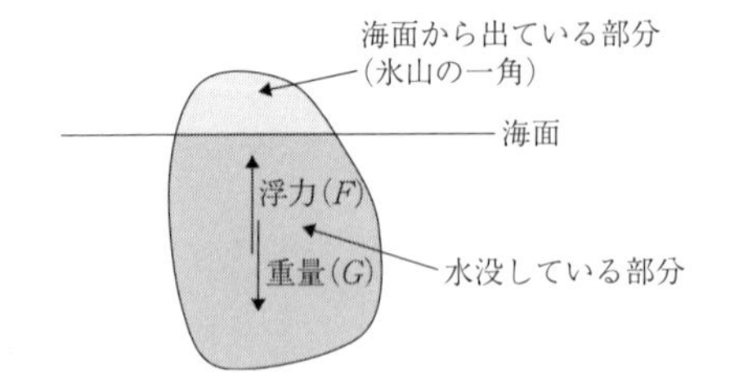

図 11.7　海面に浮かぶ氷山

図 11.7 のように，氷は海水より軽い（比重が小さい）ため，氷は海面に浮かんでいる．体積 V に対して氷の比重を γ_i とすると，その重量 G は次式となる．

$$G=\gamma_i \cdot V \tag{11.12}$$

質量不変の法則より，この氷がとけて水となってもその重量 G は変化しない．とけた水の体積を V_w，その比重を γ_w とすると，次式が成立する．

$$G=\gamma_w \cdot V_w \tag{11.13}$$

アルキメデスの原理より，水中の物体は，その物体が押しのけた水の重量だけ軽くなる．氷の水没している部分の体積を V_u とすると，氷に働く浮力 F は次式となる．

$$F=\gamma_w \cdot V_u \tag{11.14}$$

力のつり合いの法則より，（氷の重量 ＝ 氷に働く浮力）が成立する．

$$G=F \tag{11.15}$$

式(11.13)，(11.14)を式(11.15)に代入すると，次式が成立する．

$$V_w=V_u \tag{11.16}$$

式(11.16)は，“氷が押しのけた水の体積はとけた氷の体積に等しい”という意味である．よって，海面に浮かぶ氷がとけても海面上昇はあり得ない．ただし，海水の比重（1.02 程度）は真水の比重（1）よりわずかに大きいが，ここでの計算ではこれを無視する．

(2)　陸上の氷がすべてとけたときの海面上昇は 56.2 m

北極海の氷がとけると，北極グマは絶滅するかもしれないが，海面は上昇しない．南極大陸，グリーンランド，ヒマラヤ，アルプスなどの陸上の氷がとけて，海に流出すると海面が上昇する．陸上の氷に覆われた地域の面積 S_i は陸地の 11% 程度である[4]．氷の平均厚 D_i を 1.5 km（1500 m）と仮定する．純氷の比重は 0.917 だが，陸上の氷は積雪が圧縮されたものであるから，空気が混在している．そこで，その比重 σ_i を 0.83 と仮定する．陸上の氷がすべてとけたときの水の量 V_{TW} は次式となる．

$$V_{TW}=S_i \cdot D_i \cdot \sigma_i \tag{11.17}$$

地球上の全海洋面積を $S_s=362\,033\,000\ \mathrm{km}^2$ とすると，陸上の氷がすべてとけ，海洋に流出したときの海面上昇高さ H は次式となる．

$$H=\frac{V_{TW}}{S_s} \tag{11.18}$$

図 11.8 のように，Excel を用い海面上昇高さを計算すると，約 56.2 m となった．

	A	B	C	D	E	F
1	陸上の氷がとけた時の海面上昇計算					
2						
3		陸上の氷におおわれた地域				
4						
5			地域	面積(km²)		
6			南極地方	13995000		
7			北アメリカ	2056467		
8			ユーラシア	260517		
9			南アメリカ	26500		
10			オセアニア	1015	=SUM(D6:D11)	
11			アフリカ	12		
12			合計	16339511	陸地の11%	
13						
14		氷の平均厚		1.5	km	
15		積雪の氷の比重		0.83		
16		全海洋の面積		362033000	km²	
17						
18		地表の氷がすべてとけて海洋に流出した時の海面上昇				
19					=D12*D14*D15	
20			とけた水の量	20342691	km³ =(D20/D16)*1000	
21			海面上昇高さ	56.2	m	

図 11.8　陸上の氷がすべてとけたときの海面上昇計算

(3)　海水の熱膨張による海面上昇

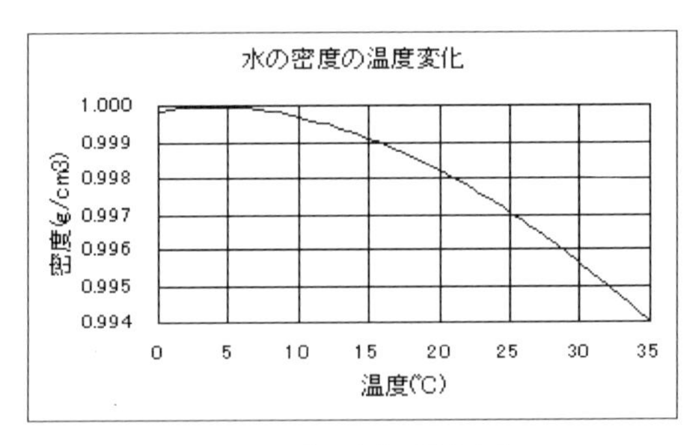

図 11.9　水の密度の温度変化

通常の液体や固体は温度上昇により熱膨張する．図 11.9 のように，水には特殊な性質があり，1 気圧のもとで，水の密度は 3.98 ℃で最大となる．すなわち，0〜3.98 ℃では水は温度上昇により縮小する．水の熱膨張率は小さな値であるが，海洋の平均水深 D は 3729 m[4] と意外に深いため，海水の熱膨張は海面上昇の大きな要因の一つになる．そこで，各温度において海水温が 1 ℃上昇したときの海面上昇率を H_s とすると，海水温度が変化しても，その質量は変化しないため，次式が成立する．

$$D\rho_t=(D+H_s)\rho_{t+1} \tag{11.19}$$

ρ_t：温度 t における水の密度

ρ_{t+1}：温度 $t+1$ における水の密度

式(11.19)より，海面上昇率 H_s は次式となる．

$$H_s=\left(\frac{\rho_t}{\rho_{t+1}}-1\right)D \qquad (11.20)$$

図 11.10 のように，Excel を用い海水の熱膨張による海面上昇率を計算した．13 ℃の海水温度が 1 ℃上昇する場合，約 50 cm の海面上昇高さとなり，かなり大きな値となる．毎年，50 cm もの海面高さ変化が報道されていないところをみると，海水の平均温度は一定に保たれているようである．陸上からの水の流入，海流の変化などの影響によりローカルな海域での海水温の変化があると思うが，平均温度は一定である．海上の氷が，海水の平均温度を一定に保つ役割を担っていると思われる．

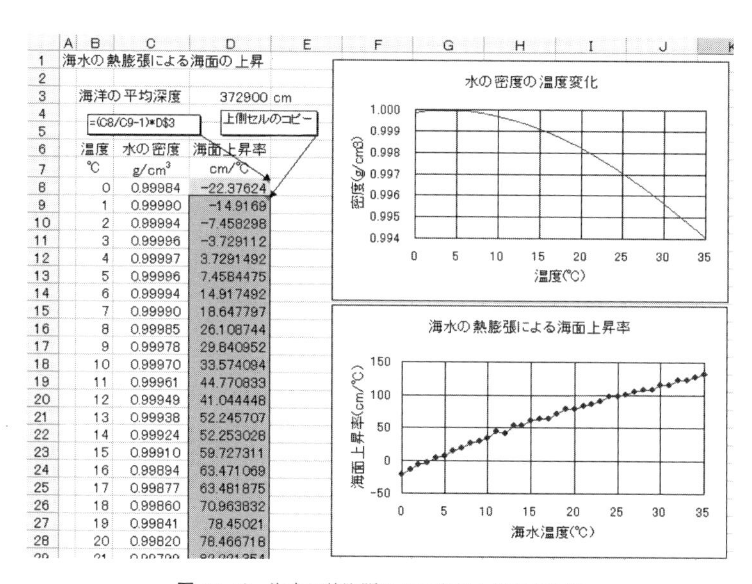

	温度	水の密度	海面上昇率
7	℃	g/cm³	cm/℃
8	0	0.99984	-22.37624
9	1	0.99990	-14.9169
10	2	0.99994	-7.458298
11	3	0.99996	-3.729112
12	4	0.99997	3.7291492
13	5	0.99996	7.4584475
14	6	0.99994	14.917492
15	7	0.99990	18.647797
16	8	0.99985	26.108744
17	9	0.99978	29.840952
18	10	0.99970	33.574094
19	11	0.99961	44.770833
20	12	0.99949	41.044448
21	13	0.99938	52.245707
22	14	0.99924	52.253028
23	15	0.99910	59.727311
24	16	0.99894	63.471069
25	17	0.99877	63.481875
26	18	0.99860	70.963832
27	19	0.99841	78.45021
28	20	0.99820	78.466718

図 11.10 海水の熱膨張による海面上昇率の計算

11.2.2 地球上の海水，氷，大気の熱容量計算

地球温暖化による海面上昇計算で，地上の氷がとける場合や，海水の熱膨張によって大きな海面上昇がおこることがわかった．しかし，海水や氷と比較して，大気は暖まりやすく冷めやすい．海水や氷の温度を 1 ℃上昇させるためには膨大な熱エネルギーが必要となる．また，氷がとけるためには大きな融解熱が必要となる．そこで地球上の海水，氷，大気の熱容量，氷の融解熱を計算し，比較検討する．

熱容量： ある物体の温度を 1 ℃上昇させるのに必要なエネルギーを熱容量という．

・液体と固体の比熱と熱容量

同じ質量(M)の物質であっても，その種類により熱容量(Q)が異なる．物質ごとに表 11.1 のような比熱(C)が測定されており，熱容量は次式で計算できる．

$$Q=C\cdot M \qquad C：比熱(1\,g\,の物質の温度を\,1\,℃\,上昇させるに必要なエネルギー) \tag{11.21}$$

表 11.1　物質の比熱

物質名	比熱(J/g K)
水	4.184
氷	2.10

・氷の融解熱

0℃の氷がとけて 0℃の水になっても温度変化はないが，熱エネルギーが必要である．物質が固体から液体に変化するときに必要な熱エネルギーを融解熱という．液体から気体に変化する場合は気化熱という．総称して潜熱という．

氷の融解熱 $J_i=80$ cal/g$=334.72$ J/g

1 g の水の温度を 1℃上昇させるのに必要な熱量が 1 cal(＝4.184 J)である．融解熱は水の温度を 80℃上昇させるエネルギーに匹敵し，かなり大きい．地上の全氷の融解熱も計算する必要がある．

・気体の比熱

気体に熱を与えるとき，その温度の上がり方は圧力を一定にするか，体積を一定にするかによって異なる．圧力を一定にしたときの比熱を定圧比熱(C_p)といい，体積を一定にしたときの比熱を定積比熱(C_v)という．ここでの計算は，1 気圧の大気を取り扱うため，空気の定圧比熱を使用する．

空気の定圧比熱 $C_p=1.006$ J/(g·K)

空気の密度 $\rho_{air}=1.2$ kg/m^3

(1)　地球上の海水の熱容量計算(図 11.11)

地球上の全海洋面積を $S_s=362\,033\,000$ km^2，海洋の平均水深 D を 3.729 km[4)]，海水の比重を 1 とすると，海水の質量 M_s は次式となる．

$$M_s=S_s\cdot D$$

海水の熱容量 Q_s は次式となる．

$$Q_s=C_w\cdot M_s \qquad C_w：水(海水)の比熱 \tag{11.22}$$

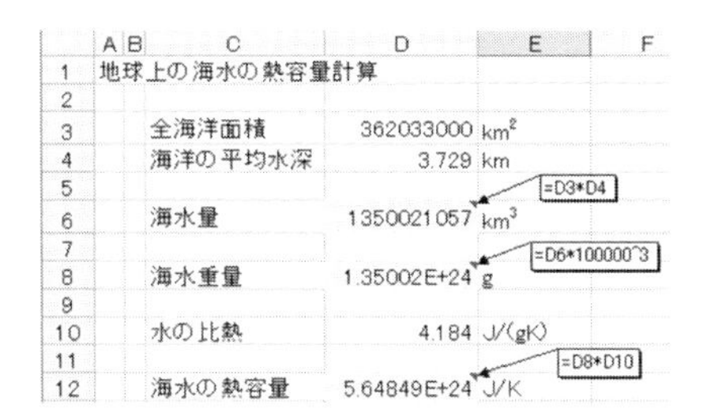

	A	B	C	D	E	F
1	地球上の海水の熱容量計算					
2						
3			全海洋面積	362033000	km²	
4			海洋の平均水深	3.729	km	
5					=D3*D4	
6			海水量	1350021057	km³	
7					=D6*100000^3	
8			海水重量	1.35002E+24	g	
9						
10			水の比熱	4.184	J/(gK)	
11					=D8*D10	
12			海水の熱容量	5.64849E+24	J/K	

図 11.11　地球上の海水の熱容量計算

(2)　地球上の氷の熱容量・融解熱計算（図 11.12）

陸上の氷に覆われた地域の面積（S_i）は陸地の 11% 程度，氷の平均厚（D_i）を 1.5 km（1500 m），純氷の比重は 0.917 だが陸上の氷は積雪が圧縮されたものであるから空気が混在しているため氷の比重（ρ_i）を 0.83，と仮定すると，陸上の氷の質量（M_i）は次式となる．

$$M_i = S_i \cdot D_i \cdot \rho_i \qquad (11.23)$$

氷の熱容量（Q_i）は次式となる．

$$Q_i = C_i \cdot M_i \qquad C_i：氷の比熱 \qquad (11.24)$$

氷の全融解熱（Q_u）は次式となる．

$$Q_u = J_i \cdot M_i \qquad J_i：氷の融解熱 \qquad (11.25)$$

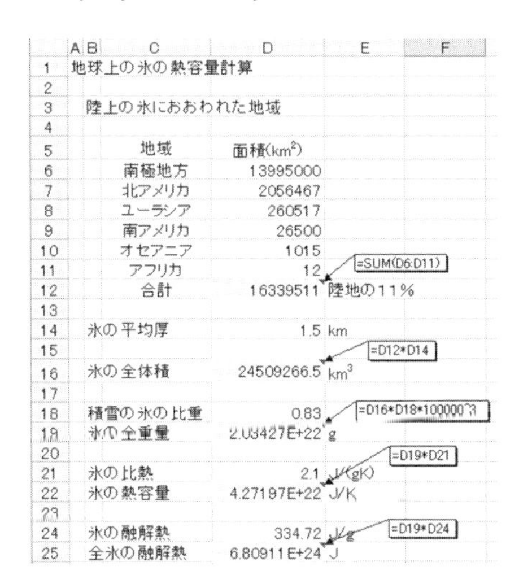

	A	B	C	D	E	F
1	地球上の氷の熱容量計算					
2						
3		陸上の氷におおわれた地域				
4						
5			地域	面積(km²)		
6			南極地方	13995000		
7			北アメリカ	2056467		
8			ユーラシア	260517		
9			南アメリカ	26500		
10			オセアニア	1015	=SUM(D6:D11)	
11			アフリカ	12		
12			合計	16339511	陸地の１１％	
13						
14		氷の平均厚		1.5	km	
15					=D12*D14	
16		氷の全体積		24509266.5	km³	
17						
18		積雪の氷の比重		0.83	=D16*D18*100000^3	
19		氷の全重量		2.03427E+22	g	
20					=D19*D21	
21		氷の比熱		2.1	J/(gK)	
22		氷の熱容量		4.27197E+22	J/K	
23						
24		氷の融解熱		334.72	J/g　=D19*D24	
25		全氷の融解熱		6.80911E+24	J	

図 11.12　地上の氷の熱容量，融解熱計算

(3)　地球上の大気の熱容量計算（図 11.13）

高度が上がるほど気圧（大気の圧力）が減少する．地表では 1 気圧（1013.25 hPa，101 325 Pa）であることから大気の全質量が計算できる．1 Pa（パスカル）＝1 N/m² で

ある．質量 1 kg の重量は 9.80665 N（ニュートン）である．地表 1 m²あたりの上空の大気の質量（M_a）は次式となる．

$$M_a = 101325/9.80665$$

1 気圧は水に換算すると水深約 10 m の水圧に匹敵する．高度が上がっても，気圧が変化しない（1 気圧のまま）大気を想定すると，その大気高さ（H_{air}）は次式となる．

$$H_{air} = \frac{M_a}{\rho_{air}} \qquad 1\text{気圧の空気の密度}(\rho_{air}) = 1.2\ \mathrm{kg/m^3} \tag{11.26}$$

地球の表面積（S_e）は約 509 950 000 km²である．1 気圧で換算した大気の体積（V_{air}）は次式となる．

$$V_{air} = S_e \cdot H_{air} \tag{11.27}$$

地球上の大気の熱容量（Q_{air}）は次式となる．

$$Q_{air} = C_p \cdot M_a \cdot S_e \qquad C_p\text{：空気の定圧比熱} \tag{11.28}$$

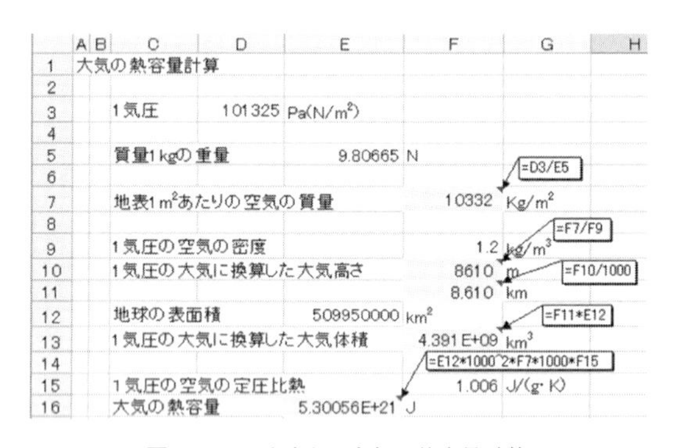

	A	B	C	D	E	F	G	H
1	大気の熱容量計算							
2								
3			1気圧	101325	Pa(N/m²)			
4								
5			質量1kgの重量		9.80665	N		
6								
7			地表1m²あたりの空気の質量			10332	Kg/m²	
8								
9			1気圧の空気の密度			1.2	kg/m³	
10			1気圧の大気に換算した大気高さ			8610	m	
11						8.610	km	
12			地球の表面積		509950000	km²		
13			1気圧の大気に換算した大気体積			4.391E+09	km³	
14								
15			1気圧の空気の定圧比熱			1.006	J/(g·K)	
16			大気の熱容量		5.30056E+21	J		

図 11.13　地球上の大気の熱容量計算

（4）　地球上の海水，氷，大気の熱容量の比較

（1）から（3）の計算結果に基づき，図 11.14 の比較表を作成した．

図 11.14 の比較表から，海水の熱容量は大気の熱容量の 1000 倍以上あることがわかる．大気温度を 1 ℃上昇させるのに必要な熱エネルギーでは，海水温は 0.001 ℃しか上昇しない．大気温度を 1000 ℃上昇させる熱エネルギーがあってやっと海水温を 1 ℃上げられる．氷の熱容量は大気の熱容量の 8 倍程度だが，南極の氷の温度は −40 ℃もの低温であり，0 ℃になるためには膨大な熱エネルギーが必要である．そのうえ，0 ℃の氷が水になるために必要な熱エネルギー（融解熱）は大気の熱容量の 1300 倍である．大気中の温室効果ガス（二酸化炭素（CO_2），水蒸気（H_2O））の影響で大気温度が数 ℃上昇することは考えられても，海水温度が数 ℃上昇することや，氷がとけるこ

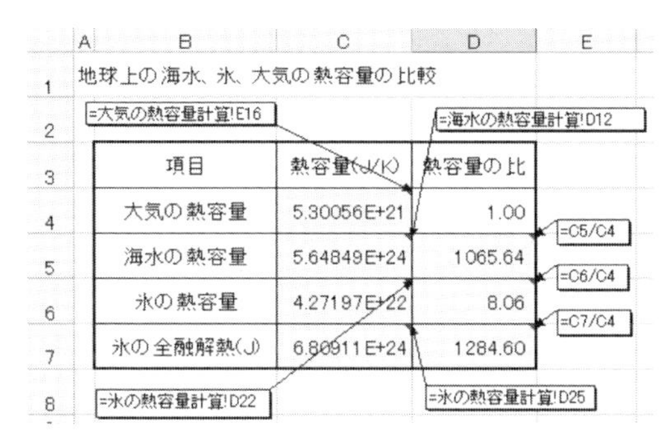

地球上の海水、氷、大気の熱容量の比較

=大気の熱容量計算!E16

=海水の熱容量計算!D12

項目	熱容量(J/K)	熱容量の比
大気の熱容量	5.30056E+21	1.00
海水の熱容量	5.64849E+24	1065.64
氷の熱容量	4.27197E+22	8.06
氷の全融解熱(J)	6.80911E+24	1284.60

=C5/C4

=C6/C4

=C7/C4

=氷の熱容量計算!D22

=氷の熱容量計算!D25

図 11.14　地球上の海水，氷，大気の熱容量の比較表

とは考えにくい．数万年，数億年の単位では，海面上昇は考えられる．しかし，現在，問題となっている CO_2 増加による地球温暖化は，大気の温暖化に限定すべきと考える．

11.2.3　温室効果ガスによる熱放射の吸収率推定

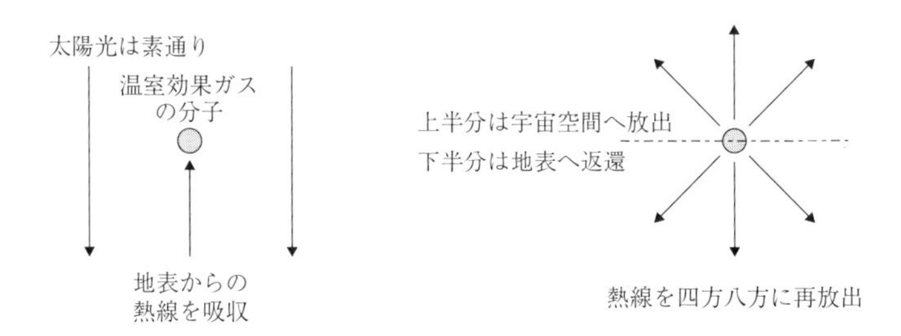

図 11.15　温室効果ガスの説明

図 11.15 のように，エネルギーの高い太陽光は大気中の温室効果ガス(CO_2，H_2O)を素通りするが，地表から宇宙空間に放射されるエネルギーの低い熱線は温室効果ガスの分子に相当量吸収される．いったん熱線を吸収した分子は熱線を四方八方に再放出するため，熱線の半分は宇宙空間に放出され，もう半分は地表に返還される．この性質か大気中の二酸化炭素，水蒸気による温室効果であり，この吸収率が高くなるほど，温室効果は大きくなる．ここでは，大気温度より温室効果ガスによる熱放射の吸収率を推定する．

(1)　太陽光が地表に到達するエネルギー（図 11.16，11.17）

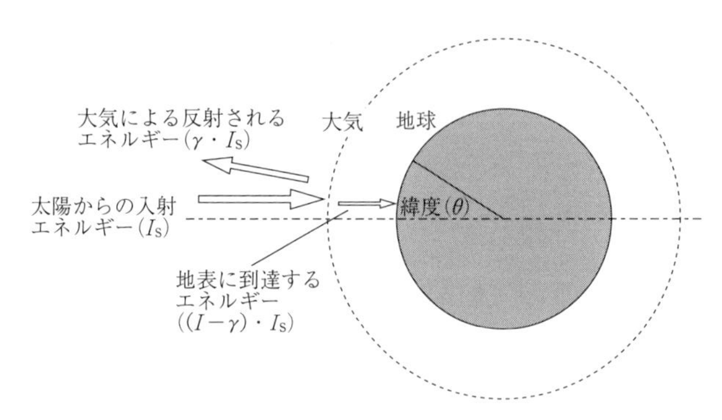

図 11.16　太陽からの入射エネルギーが地表に到達するモデル

太陽からの入射エネルギー（I_S）は 1370 W/m^{2}である．入射エネルギーのうち反射率γの割合でエネルギーが宇宙空間へ反射される．反射率γは 30 %と実測されている．地表に到達するエネルギー（I_I）は朝，昼，夕方，夜を含めて 1 日で平均する必要がある．地球の半径の 2 倍の領域を円周の長さ（$2\pi\times$ 地球の半径）で平均するため円周率πで割ることになる．また緯度θにより太陽光の入射角が異なるため，地表に到達するエネルギー（I_I）は次式となる．

	A	B	C	D	E	F	G
1	地表に到達するエネルギー（I_I）計算						
2							
3			太陽からの入射エネルギー（I_S）=			1370	W/m^2
4							
5			反射率（γ）=		0.3		
6							
7			緯度	I_I	地表温度		
8			（度）	（W/m^2）	K	℃	
9			0	305.26	270.88	−2.27	
10			5	304.10	270.62	−2.53	
11			10	300.62	269.84	−3.31	
12			15	294.86	268.54	−4.61	
13			20	[illegible]	[illegible]	−6.45	
14			25	276.66	264.30	−8.85	
15			30	264.36	261.31	−11.84	
16			35	250.05	257.70	−15.45	
17			40	233.84	253.42	−19.73	
18			45	215.85	248.39	−24.76	
19			50	196.22	242.54	−30.61	
20			55	175.09	235.73	−37.42	
21			60	152.63	227.78	−45.37	
22			65	129.01	218.40	−54.75	
23			70	104.40	207.15	−66.00	
24			75	79.01	193.21	−79.94	
25			80	53.01	174.86	−98.29	
26			85	26.61	147.18	−125.97	
27			90	0.00	0.02	−273.13	

=(1-E$5)*F$3*COS(RADIANS(C9))/PI()
=(D9/0.0000000567)^0.25
=E9-273.15
上側セルのコピー

図 11.17　地表に到達するエネルギー計算

$$I_{\mathrm{I}}=\frac{(1-\gamma)I_{\mathrm{S}}\cos\theta}{\pi} \tag{11.29}$$

式(11.29)は地軸の傾きによる季節の変化を考慮していないため，1年の平均(春分の日，秋分の日)となる．

(2)　大気と放射エネルギーの流れモデル

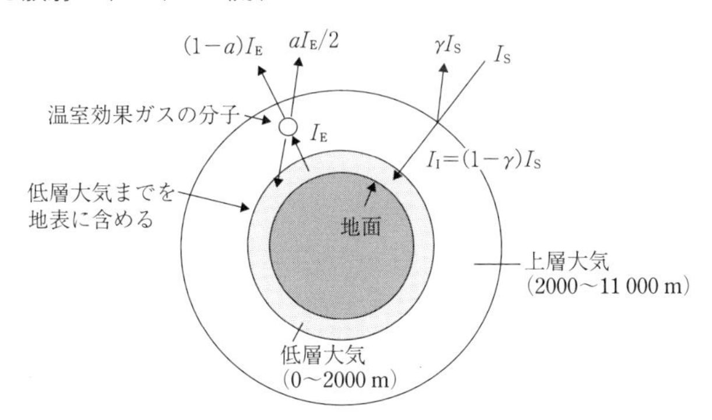

図 11.18　大気と放射エネルギーの流れモデル

地面から約 11 000 m までが対流圏であるが，図 11.18 のように，対流圏をさらに低層大気(0～2000 m)と上層大気(2000～11 000 m)に分離し，2000 m 以下の低層大気を地表に含める．そうした理由は，地面と低層大気との熱の授受は，放射伝熱よりも蒸発と降雨の潜熱移動のほうが大きいからである．緯度 25 度の年間降水量を 2.5 m とみて，水の潜熱(気化熱)を 2250 J/g とすると，図 11.19 の潜熱移動計算では，潜熱移動は 178 W/m^{2}となり，この地帯への入射エネルギー 277 W/m^{2}の 64%にもなる．

	A	B	C	D	E	F
1	気化熱の計算					
2					=D3/(365*24*60*60)	
3			年間降水量	2.5	m/年	
4				7.92745E-08	m/s	
5			1 m²の領域の1秒間の降水量		=D4*100^3	
6				0.07927448	cm³	
7						
8			水の気化熱	2250	J/g	
9					=D6*D8	
10			潜熱移動	178	W/m²	

図 11.19　潜熱移動計算

(3)　熱線のエネルギーと温度の関係式

黒体の表面から単位面積，単位時間に放出される熱線のエネルギー(I)はその黒体の絶対温度(T)の 4 乗に比例する．

$$\text{ステファン-ボルツマンの法則：}\quad I=\sigma T^4 \tag{11.30}$$

σ：ステファン-ボルツマン定数 $=5.67\cdot10^{-8}\,\mathrm{W/(m^2\cdot K^4)}$

絶対温度(K)＝ セ氏温度(℃)＋273.15

黒体とは，外部から入射する熱放射などを完全に吸収し，また放出できる物体のこと．人間も体温(36.5℃)により，波長の長い(目に見えない)熱線を放出している．地球も熱線を放出している黒体と考えられる．

(4)　地表温度で決まる熱線エネルギー計算

地表からは地表温度で決まる熱線エネルギー(I_E)が放射される．ステファン-ボルツマンの法則に基づき，地表温度(T)より熱線エネルギー(I_E)が次式で計算できる．

$$I_\mathrm{E}=\sigma T^4 \tag{11.31}$$

緯度25度近辺の平均気温は22.8℃である[4]．この温度を用い地表からの熱線エネルギーを計算する(図11.20)．

	A	B	C	D	E	F
1	緯度25度における熱線エネルギー計算					
2						
3			地表温度	22.8	℃	
4				295.95	K	
5			I_E	434.9671	W/m²	

図 11.20　地表からの熱線エネルギー計算

(5)　温室効果ガスによる吸収率の推定値は73%

温室効果ガスの吸収率を a とすると，地表から放出される熱線エネルギー(I_E)のうち $a\cdot I_\mathrm{E}$ が吸収され，残りの $(1-a)I_\mathrm{E}$ が宇宙空間に放出される．大気層で吸収された熱エネルギー $a\cdot I_\mathrm{E}$ の半分は地表に返還され，残りの半分は宇宙空間に放出される．よって，宇宙空間に放出される熱エネルギー(I_S)は次式となる．

$$I_\mathrm{S}=(1-a)I_\mathrm{E}+\frac{aI_\mathrm{E}}{2}=\left(1-\frac{a}{2}\right)I_\mathrm{E} \tag{11.32}$$

熱バランスを考慮すると，宇宙空間に放出されるエネルギー(I_S)は地表への入射エネルギー(I_I)と等しい．したがって，次の方程式が成立する．

$$I_\mathrm{I}=\left(1-\frac{a}{2}\right)I_\mathrm{E} \tag{11.33}$$

よって，吸収率 a が次式で求まる．

$$a=2\left(1-\frac{I_\mathrm{I}}{I_\mathrm{E}}\right) \tag{11.34}$$

図11.21の温室効果ガスの吸収率計算により，温室効果ガスの吸収率は73%と推定できる．大気層中の二酸化炭素と水蒸気が実際にこの吸収率を示すかを確かめる必

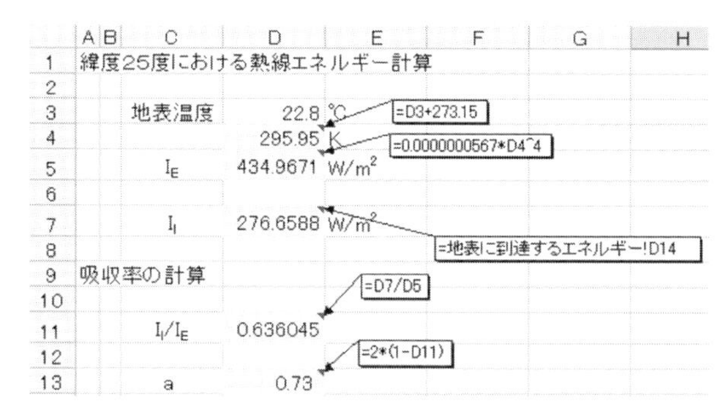

図 11.21　温室効果ガスの吸収率計算

要がある．

⑹　温室効果ガスがないときの地表温度

いまや悪者扱いされている温室効果ガスだが，大気中にこれが存在しないとき，大気温度がどうなるかを計算する．この場合，式(11.33)の吸収率 a は 0 となり，次式が成立する．

$$I_{\mathrm{I}}=I_{\mathrm{E}} \tag{11.35}$$

式(11.35)より，地表に到達するエネルギー(I_{I})と地表から放射される熱線のエネルギー(I_{E})が等しくなることがわかる．よって地表の温度(T)はステファン-ボルツマンの法則，式(11.30)を逆算し，次式となる．

$$T=\left(\frac{I_{\mathrm{I}}}{\sigma}\right)^{1/4} \tag{11.36}$$

図 11.22 の Excel による計算結果より，温室効果ガスがないときの地表温度は軒並み 0℃以下であり，かなり寒い．温室効果ガスに感謝する必要がある．これは，火星に宇宙人が存在しないと考えられている理由の一つである．

⑺　温室効果ガスの吸収率と地表温度の関係

温室効果ガスの吸収率(a)から地表温度(T)が次式により計算できる．

$$T=\left[\frac{I_I/\left(1-\dfrac{a}{2}\right)}{\sigma}\right]^{1/4} \tag{11.37}$$

図 11.23 のように，緯度 25 度における地表温度を計算し，グラフを作成した．このグラフより，温室効果ガスの吸収率が増加すると地表温度が上昇することがわかる．大気中の二酸化炭素の増加に伴いこの吸収率がどのように変化するのかを調査する必要がある．

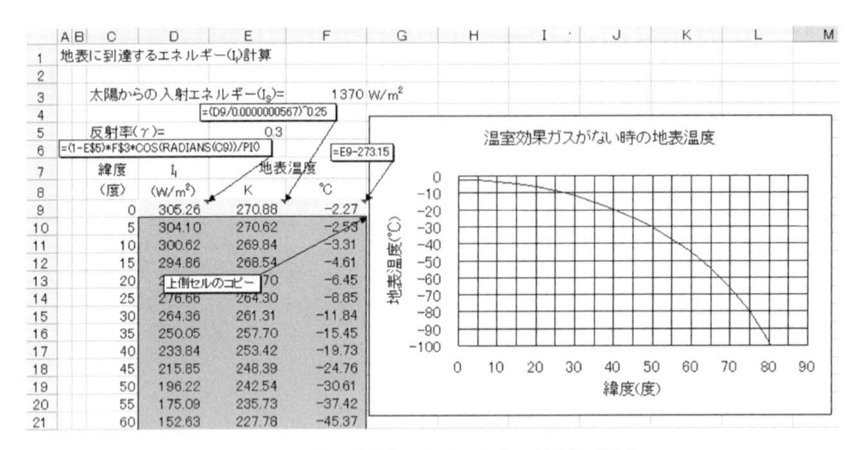

緯度	I1	地表温度	
(度)	(W/m2)	K	℃
0	305.26	270.88	−2.27
5	304.10	270.62	−2.53
10	300.62	269.84	−3.31
15	294.86	268.54	−4.61
20	[illegible]	[illegible]70	−6.45
25	276.66	264.30	−8.85
30	264.36	261.31	−11.84
35	250.05	257.70	−15.45
40	233.84	253.42	−19.73
45	215.85	248.39	−24.76
50	196.22	242.54	−30.61
55	175.09	235.73	−37.42
60	152.63	227.78	−45.37

図 11.22　温室効果ガスがないときの地表温度計算

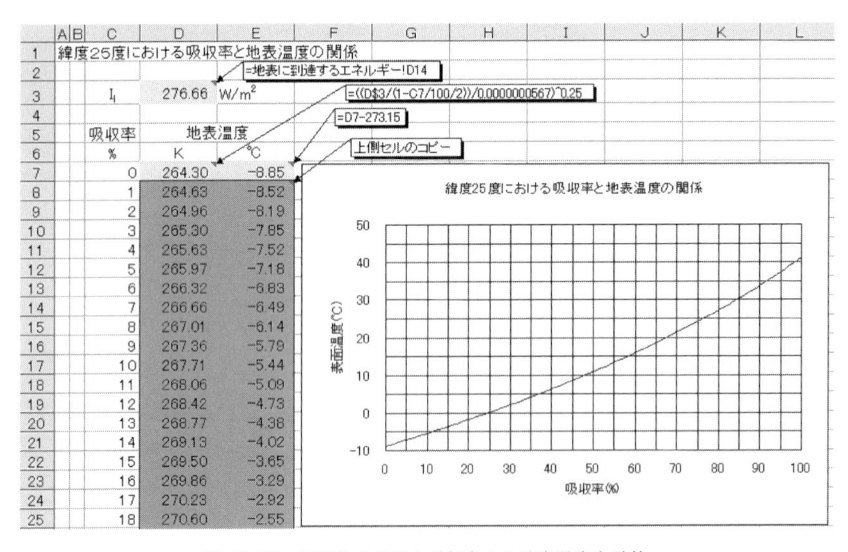

吸収率	地表温度	
%	K	℃
0	264.30	−8.85
1	264.63	−8.52
2	264.96	−8.19
3	265.30	−7.85
4	265.63	−7.52
5	265.97	−7.18
6	266.32	−6.83
7	266.66	−6.49
8	267.01	−6.14
9	267.36	−5.79
10	267.71	−5.44
11	268.06	−5.09
12	268.42	−4.73
13	268.77	−4.38
14	269.13	−4.02
15	269.50	−3.65
16	269.86	−3.29
17	270.23	−2.92
18	270.60	−2.55

図 11.23　温室効果ガスの吸収率から地表温度を計算

11.2.4　二酸化炭素の増加に伴う大気温度変化の計算

二酸化炭素，水蒸気，一酸化炭素，亜硫酸ガスなどの3原子または多原子の気体分子は，分子の固有振動と一致する熱放射を吸収する．気体の吸収バンドを表 11.2 に示す．酸素(O_2)，窒素(N_2)，水素(H_2)など，分子が対称な気体は工学的には熱放射に関与しないと見なしてよい．

二酸化炭素よりも水蒸気のほうが，放射吸収率が大きいため温室効果が高い．しかし，水蒸気は冷却すると液化(水)するため，その大気中濃度は増減する．それに反し，二酸化炭素は液化せず，いきなり固体(ドライアイス)になる．ドライアイスの融点(昇華点)は −79 ℃であり，とても自然界には存在しない．そのため二酸化炭素は大気中に増加していく．

表 11.2　気体の吸収バンド

気　体	吸収バンド(μm)
CO_2	2.0，2.7，4.3，15
H_2O	1.4，1.9，2.7，6.3，20
CO	2.35，4.7
SO_2	4.0，4.3，7.4，8.7，19
NO	2.7，5.3
NH_3	3，6，10
CH_4	3.3，7.6

温室効果ガスを野球にたとえると理解しやすい．熱放射線をボールと考えると，H_2O はボールを捕球する内野手であり，CO_2 は外野手である．放射吸収率は守備率となる．ある日，野球のルールが改正され，外野手(CO_2)が 3 人から 6 人になったと仮定すると，守備率(放射吸収率)は必ずアップするはずである．打者は，打率がダウンし，たまりません．でも外野手の守備範囲外であるホームランや内野安打は防げない．

(1)　二酸化炭素の放射吸収率(＝熱放射率)推定のための関係式

ホッテルが実験に基づいて作成した二酸化炭素の熱放射率推定図表をもとに，ファラッグらは放射吸収率が次の関係式で推定できることを示した[3]．

$$\varepsilon_G = z - \sum_i a_i \exp(-k_i p_G l_G) \tag{11.38}$$

$$a_i = b_{1,i} + b_{2,i}\tau + b_{3,i}\tau^2 \tag{11.39}$$

$$z = c_1 + c_2\tau + c_3\tau^2 \tag{11.40}$$

$\tau = T_G/1000$

ε_G：ガスの放射吸収率

T_G：ガスの絶対温度(K)

p_G：ガスの分圧(kPa)

l_G：ガス塊の放射有効厚さ(m)

二酸化炭素は全振動数の熱線を吸収できないため，ガス塊の放射有効長さ(l_G)を無限大にしてもその吸収率は1にならない．吸収率の最大(上限)がzであり，放射有効長さ(l_G)を大きくすると，吸収率は負の指数関数で上限(z)に近づく．

(2) 二酸化炭素の放射吸収率計算

高度2000～4000 m(ガス幅2000 m)の大気において，大気温度7℃，大気圧700 hPa，現在計測されている二酸化炭素の濃度を370 ppmとして放射吸収率を計算する[4]．

気体の場合，ppmは体積比(1/百万)であり，大気圧と二酸化炭素の分圧の関係は次式となる．

二酸化炭素の分圧 ＝(二酸化炭素ppm濃度/1 000 000)・大気圧

図11.24の計算より，二酸化炭素の放射吸収率ε_{CO_2}は15%となる．

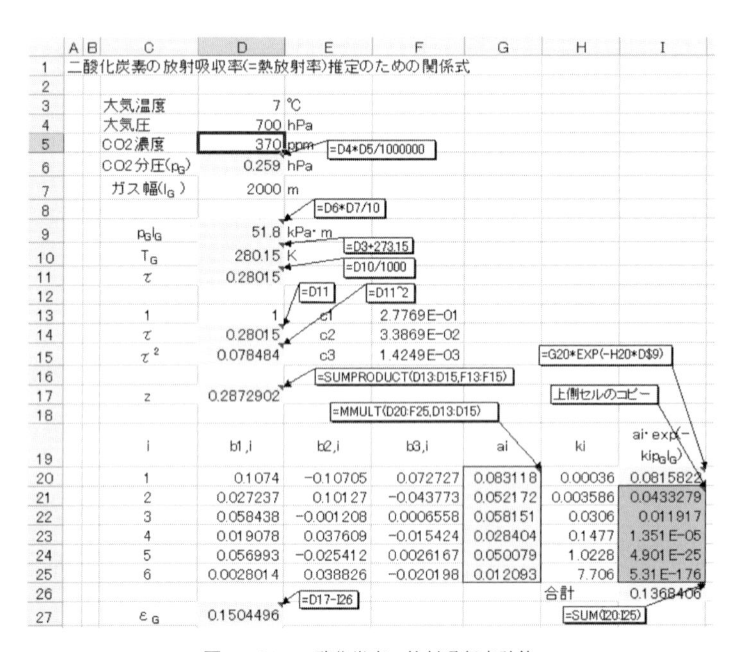

	A	B	C	D	E	F	G	H	I
1	二酸化炭素の放射吸収率(=熱放射率)推定のための関係式								
2									
3			大気温度	7	℃				
4			大気圧	700	hPa				
5			CO2濃度	370	ppm				
6			CO2分圧(p_G)	0.259	hPa				
7			ガス幅(l_G)	2000	m				
8									
9			$p_G l_G$	51.8	kPa·m				
10			T_G	280.15	K				
11			τ	0.28015					
12									
13			1	1	c1	2.7769E-01			
14			τ	0.28015	c2	3.3869E-02			
15			τ^2	0.078484	c3	1.4249E-03			
16									
17			z	0.2872902					
18									
19			i	b1,i	b2,i	b3,i	ai	ki	ai·exp(-ki$p_G l_G$)
20			1	0.1074	-0.10705	0.072727	0.083118	0.00036	0.0815822
21			2	0.027237	0.10127	-0.043773	0.052172	0.003586	0.0433279
22			3	0.058438	-0.001208	0.0006558	0.058151	0.0306	0.011917
23			4	0.019078	0.037609	-0.015424	0.028404	0.1477	1.351E-05
24			5	0.056993	-0.025412	0.0026167	0.050079	1.0228	4.901E-25
25			6	0.0028014	0.038826	-0.020198	0.012093	7.706	5.31E-176
26								合計	0.1368406
27			ε_G	0.1504496					

図 11.24 二酸化炭素の放射吸収率計算

(3) 水蒸気の放射吸収率計算

高度2000～4000 m(ガス幅2000 m)の大気において，大気温度を7℃，相対湿度50%として，二酸化炭素より影響の大きい水蒸気の放射吸収率を計算する[4]．

飽和蒸気圧$E(t)$(hPa)の計算にはテテンの実験式(次式)がよく用いられ，これに相対湿度を掛けた値が水蒸気圧(p_G)となる．

$$\text{テテンの実験式：}\quad E(t)=6.11\times 10^{7.5t/(t+237.3)} \qquad t\text{：温度(℃)} \tag{11.41}$$

水蒸気の放射吸収率計算は二酸化炭素の計算で用いた式(11.38)が適用できる．ただし，係数が異なる．

図 11.25 の計算より，水蒸気の放射吸収率 ε_{H_2O} は 61%となる．二酸化炭素の放射吸収率 $\varepsilon_{CO_2}=15\%$ を加算すると，大気の放射吸収率 ε_G は 76%となる．この値は“温室効果ガスによる熱放射の吸収率推定”で大気温度の測定値より推定した放射吸収率の 73%に近い．そのうえ，二酸化炭素と水蒸気が共存する場合，それぞれのガス塊のバンド振動数が重なっているため，その放射吸収率は両ガス塊の放射吸収率の和より少し小さくなる．

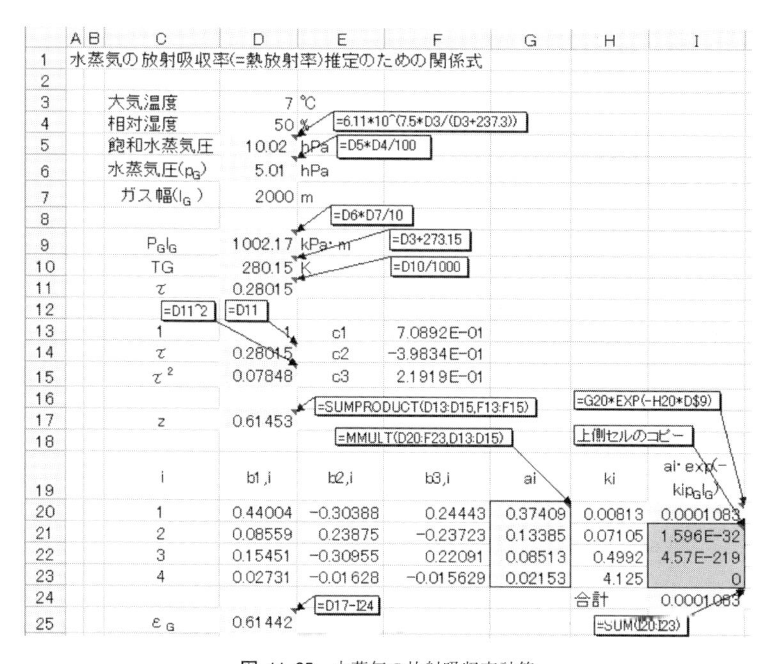

	A	B	C	D	E	F	G	H	I
1			水蒸気の放射吸収率(=熱放射率)推定のための関係式						
2									
3			大気温度	7	℃				
4			相対湿度	50	%				
5			飽和水蒸気圧	10.02	hPa				
6			水蒸気圧(p_G)	5.01	hPa				
7			ガス幅(l_G)	2000	m				
8									
9			P_Gl_G	1002.17	kPa·m				
10			TG	280.15	K				
11			τ	0.28015					
12									
13			1	1	c1	7.0892E-01			
14			τ	0.28015	c2	-3.9834E-01			
15			$τ^2$	0.07848	c3	2.1919E-01			
16									
17			z	0.61453					
18									
19			i	b1,i	b2,i	b3,i	ai	ki	ai·exp(−kip_Gl_G)
20			1	0.44004	−0.30388	0.24443	0.37409	0.00813	0.0001083
21			2	0.08559	0.23875	−0.23723	0.13385	0.07105	1.596E−32
22			3	0.15451	−0.30955	0.22091	0.08513	0.4992	4.57E−219
23			4	0.02731	−0.01628	−0.015629	0.02153	4.125	0
24								合計	0.0001083
25			$ε_G$	0.61442					

図 11.25　水蒸気の放射吸収率計算

(4)　二酸化炭素の濃度(ppm)と大気温度変化の関係(図 11.26)

“温室効果ガスによる熱放射の吸収率推定”において，吸収率(a)と大気温度(T)の関係の式(11.37)を示した．

現状の二酸化炭素濃度を 370 ppm，温室効果ガスの吸収率を 73%，緯度 25 度の地表に到達するエネルギー 277 W/m² を前提条件とし，式(11.38)の二酸化炭素濃度と

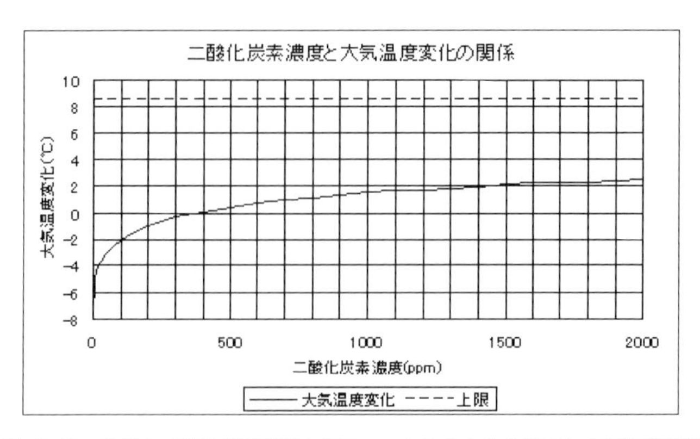

図 11.26　現状の二酸化炭素濃度を 370 ppm としたときの濃度と大気温度変化

吸収率の関係と式(11.37)を用い，図 11.26 のグラフを作成した．二酸化炭素の吸収率には上限がある．そのため，大気温度の増分にも上限があり，上限値は 8℃と計算された．上限とは，水蒸気は存在するが，大気のほとんどが二酸化炭素となり，大気厚さが無限大を想定している．

(5)　二酸化炭素濃度増加による世紀末に予測される大気上昇温度は 1℃

図 11.27 のように二酸化炭素濃度(ppm)は年々増加しており，一年に 1.5 ppm の増加が計測されている．このままの傾きで濃度が増加すると，世紀末には，その濃度は約 520 ppm にも達すると予測できる．産業革命以前の濃度は約 280 ppm であった．図 11.26 より，産業革命から現代にいたる二酸化炭素濃度増加による大気温度の上昇は 1℃程度である．世紀末にはもう 1℃程度上昇すると予測できる．

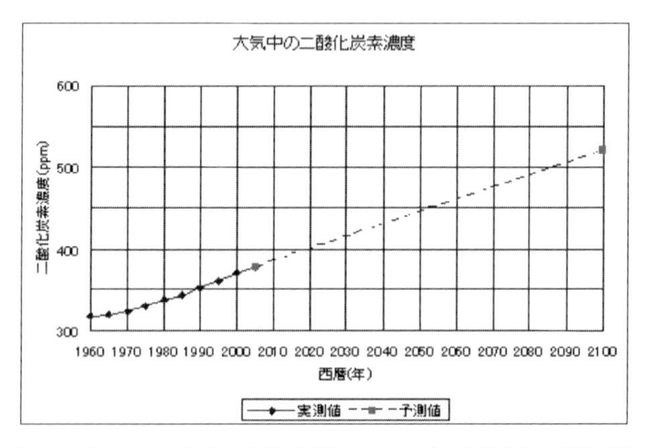

図 11.27　マウナロア(ハワイ)で計測された二酸化炭素濃度と将来予測

(6) 世界平均気温の推移

1990年にIPPCが地球温暖化の第1次評価報告書を発表してから約28年が経過している．そろそろ，計算結果が検証できる時期にきたのではないだろうか．気象庁のホームページにある世界の年平均気温偏差の図11.28を見ると，地球温暖化が確実に進行しているのがわかる．しかしながら，温度変化は直線的で0.72℃/100年である．ここでの計算とだいたい一致していると思われる．IPPCの予測温度になるためには，温度が加速度的に変化する必要がある．

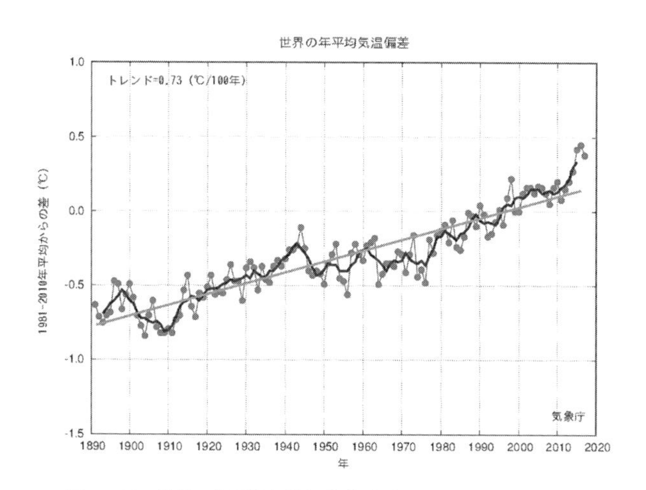

図 11.28 世界の年平均気温偏差(気象庁のホームページより)

11.3 福島原発事故の計算

2011年3月11日午後2時46分，三陸沖で深さ24kmを震源とするマグニチュード9.0の東北地方太平洋沖地震が発生した．この大地震は高い津波を引き起こし，東北から関東にかけての太平洋沿岸に大きな被害をもたらした．東京電力福島第一原子力発電所では，地震発生時，6機ある原子炉のうち1号機から3号機までが運転中であったが，制御棒の挿入で自動停止した．しかし，その後停止した原子炉を冷却する水を供給する電力が確保できなくなり，燃料棒の発熱により炉内の冷却水が蒸発し，燃料棒が空中に露出し，事故が発生した．

ニュースでは定性的な話に終始しているが，ここでは定量的な計算を行いこの現象の真相を究明したいと考える[16)17)]．

(1)　使用済み燃料棒一本あたりの発熱量の推定

原子炉の号機ごとに使用済み核燃料棒本数(新燃料，新燃料以外)と合計発熱量は公表されている．しかし，燃料棒一本あたりの発熱量が未公表である．そこで，発表済みのデータから燃料棒一本あたりの発熱量を推定してみる．

i 号機の新燃料の本数を N_{n_i}，新燃料以外の本数を N_{e_i}，公表された合計発熱量を Q_i とする．そして，新燃料一本の発熱量を Q_n，新燃料以外の一本の発熱量を Q_e とすると，計算による発熱量(Q_{c_i})は次式となる．

$$Q_{c_i} = N_{n_i} \cdot Q_n + N_{e_i} \cdot Q_e \tag{11.42}$$

計算された発熱量(Q_{c_i})と公表された発熱量(Q_i)との誤差の 2 乗和(M)は次式となる．

$$M = \sum_{i=1}^{6} (Q_{c_i} - Q_i)^2$$

2 乗和(M)が最小となるよう Excel のソルバーを用いて，燃料棒一本あたりの発熱量を算出した．新燃料は約 4,000 kcal/Hr と推定された．炉内の燃料棒は使用済み燃料棒の 5 割増しの 6,000 kcal/Hr と推定した．

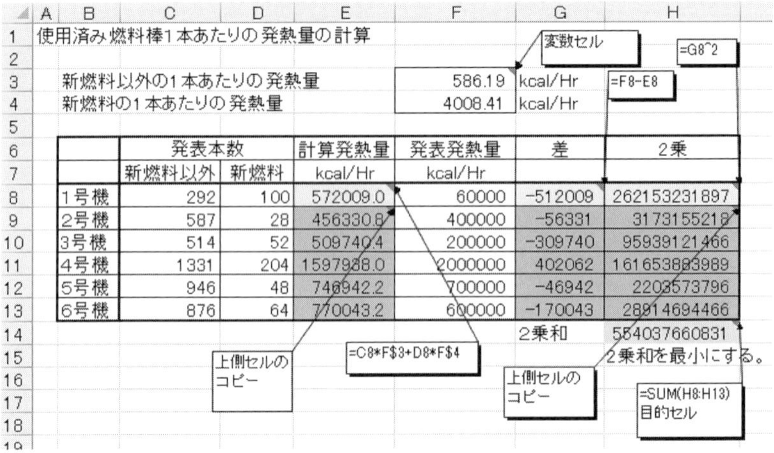

使用済み燃料棒1本あたりの発熱量の計算

新燃料以外の1本あたりの発熱量	586.19	kcal/Hr	変数セル
新燃料の1本あたりの発熱量	4008.41	kcal/Hr	

	発表本数		計算発熱量	発表発熱量	差	2乗
	新燃料以外	新燃料	kcal/Hr	kcal/Hr		
1号機	292	100	572009.0	60000	−512009	262153231897
2号機	587	28	456330.8	400000	−56331	3173155218
3号機	514	52	509740.4	200000	−309740	95939121466
4号機	1331	204	1597938.0	2000000	402062	161653883989
5号機	946	48	746942.2	700000	−46942	2203573796
6号機	876	64	770043.2	600000	−170043	28914694466
					2乗和	554037660831

2乗和を最小にする。

=G8^2

=F8-E8

=C8*F$3+D8*F$4

上側セルのコピー

上側セルのコピー

=SUM(H8:H13)
目的セル

図 11.29　使用済み燃料棒一本あたりの発熱量推定

(2)　一号機の炉内水位の計算

電源が喪失することにより，冷却水の循環がなくなる．そのため，燃料棒の発熱により，炉内の残水が蒸発し，炉内水位が下がり，燃料棒が空中に露出することなる．

一号機の電源喪失時の条件と沸騰前の水温上昇率(Tb)と沸騰するまでの時間(tb)

の計算を下図に示す．また，沸騰後の蒸発による水位の低下率(Ld)と沸騰時から燃料棒露出までの時間(tr)も算出した．

1号機の熱収支の計算説明

説明	値	単位	数式
炉の半径(r)	2.4	m	
炉下端からの水深(h)	7.5	m	a+L+b
燃料棒上端から水位(a)	3	m	
燃料棒長さ(L)	4	m	
初期水温(Ti)	40	℃	
炉下端から燃料棒下端までの距離(b)	0.5	m	
燃料棒の本数(n)	400	本	
燃料棒1本の発熱量(Q)	6000	kcal/Hr	
全発熱量(Qt)	2400000	kcal/Hr	n･Q
炉の圧力(P)	0.353	Mpa	
水容量(W)	135.717	m^3	$\pi r^2 \cdot h$
沸点温度(Tb)	139	℃	炉の圧力より求める。
水温上昇率(Tu)	17.68	℃/Hr	(Qt･1000)/(W･1000000)
沸騰するまでの時間(tb)	5.60	Hr	(Tb−Ti)/Tu
水の気化熱(J)	539	cal/cm^3	
時間当たりの蒸発水量(Wb)	4452690.2	cm^3/Hr	Qt･1000/J
蒸発による水位の低下率(Ld)	0.246	m/Hr	$(Wb/1000000)/(\pi r^2)$
沸騰時から燃料棒露出までの時間(tr)	12.2	Hr	(h−L−b)/Ld

図 11.30　一号機の炉内水位の計算

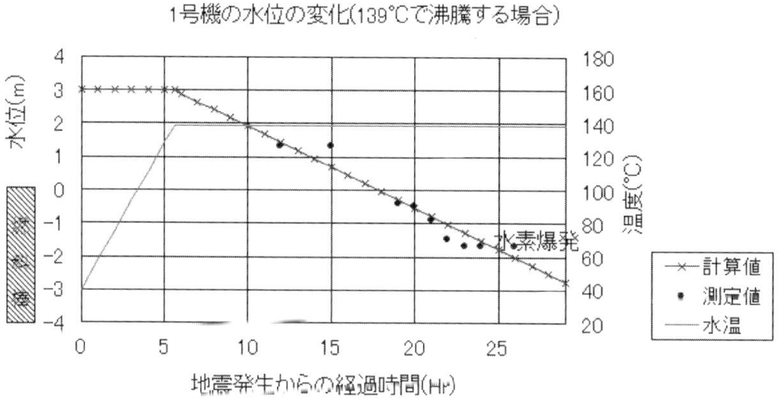

1号機の水位の変化(139℃で沸騰する場合)

図 11.31　一号機の炉内水位の変化図(測定値は原子力災害対策本部の発表資料より)

(3)　露出燃料棒の温度上昇

計算結果によれば，17 時間後に水位は 0 m を割り，燃料棒の上部が露出し始めている．露出した部分については，発熱量は変わらないのに水の蒸発による除熱がないため，燃料棒の温度は輻射放熱とつり合う温度まで上昇する．この温度Tは次式で計算される．

$$\rho Cv\frac{dT}{dt}=q-s\sigma T^4 \tag{11.43}$$

ρ：密度

C：比熱

v：単位長さあたりの体積

s：単位長さあたりの表面積

q：単位長さあたりの発熱量

σ：ステファン-ボルツマン定数

最終的な温度は次式で計算される．

$$T=\left(\frac{q}{s\sigma}\right)^{\frac{1}{4}}=\left(\frac{I}{\sigma}\right)^{\frac{1}{4}}$$

I：単位面積発熱量（$=q/s$）

燃料棒はジルコニウム合金が被覆されている．使用済み燃料棒の発熱量を 4,000 kcal/hr，炉内燃料棒の発熱量を 6,000 kcal/hr とし，燃料棒の表面温度を下図で算出した．

	A	B	C	D	E	F
1	燃料棒の表面温度の計算					
2						
3		変数の説明	使用済燃料棒	炉内燃料棒	単位	式
4		燃料棒の発熱量(Q)	4000	6000	kcal/Hr	
5		燃料棒の発熱量(QJ)	16760	25140	kJ/Hr	4.19Q
6		燃料棒の発熱量(QW)	4.656	6.983	kW	QJ/3600
7		燃料棒の径(d)	0.008	0.008	m	
8		燃料棒の長さ(L)	4	4	m	
9		燃料棒の表面積(S)	0.100530965	0.10053096	m^2	πd･L
10		単位面積発熱量(I)	46309.66747	69464.5012	W/m^2	QW･1000/S
11		ボルツマン定数(σ)	5.67E-08	5.67E-08	$W/(m^2K^4)$	
12		燃料棒の表面温度(T)	950.65	1052.07	K	$(I/\sigma)^{(1/4)}$
13		セ氏温度(Tc)	677.50	778.92	℃	T-273.15

図 11.32　燃料棒の表面温度の計算

温度変化の推移を見るために，微分方程式を5章で説明したルンゲ-クッタ-フェールベルグ法で解いてみた．その結果を下図に示す．結果の温度変化のグラフより，燃料棒は露出後1分程度で温度が極限値近くまで上昇するようである．

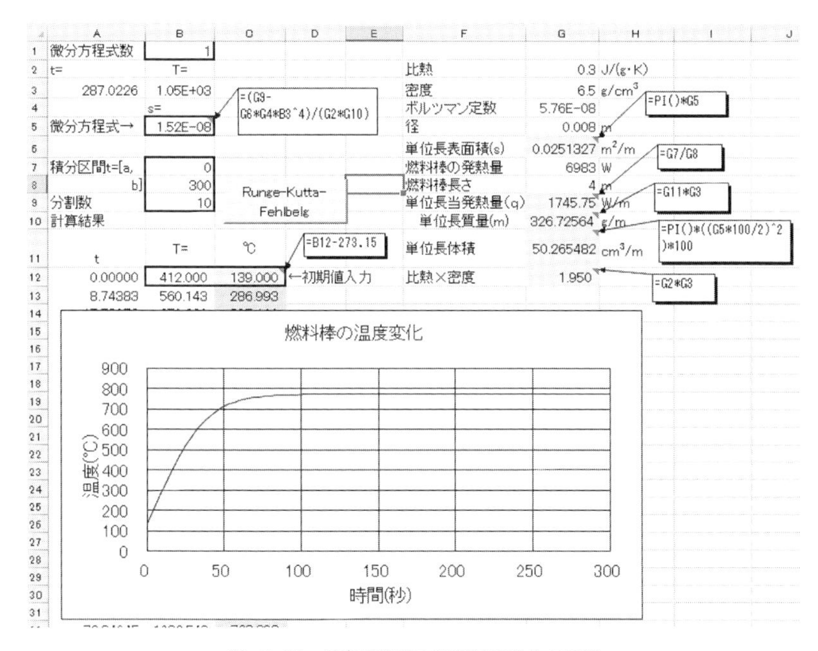

図 11.33　炉内燃料棒の表面温度変化の計算

(4)　水素発生と水素爆発

水素発生は，燃料棒を被覆しているジルコニウム合金が高温度で水蒸気と反応するときに起こる．この反応は700℃～800℃以上の高温が必要である．炉内の燃料棒の表面温度779℃は最高の水素発生速度が確かめられた温度に近い．燃料プールにある使用済み燃料棒の場合，温度は677℃となり，図11.32から見ると，水素発生はほとんどない．水素発生反応は下記となる．

$$\textbf{水素発生反応：} Zr + 2H_2O \rightarrow ZrO_2 + 2H_2$$

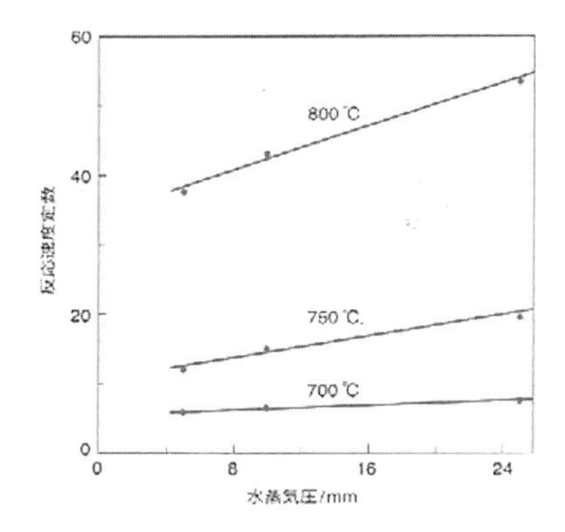

図 11.34　水蒸気中でのジルカロイド-2の酸化反応
(R. E. Westerman, J. Electrochem. Soc. 111.143(1964))

今回の事故の特徴は一号機，二号機，三号機いずれでも水素爆発が起こっており，爆発の約8時間後には，放射能量の顕著な増加が見られることである．爆発の結果，一号機と三号機では建屋の天井が完全に吹き飛んでいる．この写真を爆発の専門家数人に見せて爆発のエネルギーを推定してもらったところ，TNT爆弾約100 kg相当という共通した見解であった．一次災害によって引き起こされた二次災害が事故からの回復を決定的に遅らせたと思われる．TNT爆薬100 kg相当の水素爆発を起こす水素量を計算すると，約40 Nm^3になる．Nm^3は標準状態(0度，1気圧)に換算した気体の体積(m^3)である．

(5)　大気への放射性物質の毎日の放出量

大気汚染計算は，通常，汚染物質の排出量を入力とし，拡散方程式を適用して地上の汚染物質濃度を求めるものであるが，ここでは逆に各地の放射能レベルを入力とし，拡散方程式を逆に適用することによって，1日あたりに放出されている放射線物質の量を推定する．

放射線レベルの連続的監視が行われている地点のうち，福島第一原子力発電所から約40 kmの距離にある7地点を選んで，3月24日，25日の放射線レベルを示すと，図11.35になる．汚染は放出点から一様に広がっているのではなく，風道にあたるところに高い濃度が現れる．飯舘村はそのような風道の上にある．原発と飯舘村を結ぶ風道の直線から10 km程度しか離れていない南相馬では飯舘村に比べての濃度が極端に下がっていることから見て，40 km地点での風道の幅は4～6 kmと見られる．

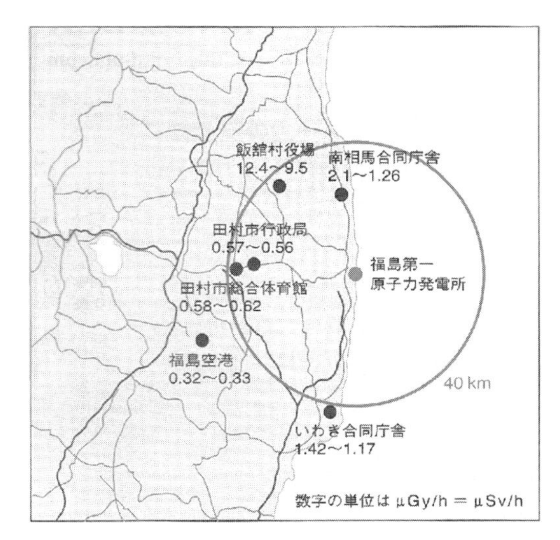

図 11.35　福島県内各地方の環境放射能測定値
(3 月 24 日 17 時～25 日 22 時の暫定値，福島災害対策本部発表)

飯舘村の放射線影響強度は 10 μSv/h である．これを大気中の放射線濃度(Bq/m^3)に換算する．計算結果は 130 Bq/m^3となる．

	A	B	C	D	E	F	G
1	シーベルトをベクレルに換算						
2							
3							
4		観測点の放射線影響強度			10	μSv/h	
5							
6		呼吸に起因する放射能影響強度(μSv/h)と、					
7		定常的に呼吸する空気含まれて一日あたりに					
8		体内に取り入れる放射性物質の量はほぼ確定している。					
9		放射性物質がヨウ素131の場合、					
10							
11		1	μSv/h=	130	Bq/d	=E4*D11	
12							
13		となる。よって、					
14		観測点の放射性物質の量=			1300	Bq/d	
15							
16		人間の呼吸量=		10	m³/d	=E14/D16	
17							
18		程度である。よって、					
19							
20		観測点での空気中の放射物濃度=				130	Bq/m³
21							
22		となる。					

図 11.36　Excel を用いて，シーベルトをベクレルに換算

拡散モデルにはパフモデルとプルームモデルがあるが，図 11.35 の汚染レベルの分布から見て，風速 2〜5 m/sec のプルームモデルを適応する．プルームとは煙のことである．プルームモデルでは，煙は風下の方向（x 軸）に向かって幅（y 軸）と高さ（z 軸）を増しながら広がる．風速と気象状況により表 11.1 日本式パスキル安定度階級分類法に基づき安定度階級（A〜G）を決定し，図 11.36 のグラフより，風下距離（x）の位置のプルームの幅（σ_y）と高さ（σ_z）を求める．プルーム内の濃度は次式のガウス分布で近似できる．

$$\exp\left\{-\left(\frac{z}{\sigma z}\right)^2-\left(\frac{y}{\sigma y}\right)^2\right\} \tag{11.44}$$

放出量（Q）は，プルームの高さ$2\sigma_z$と幅$2\sigma_y$と風速vと平均濃度C_{av}を掛けて求められる．

$$Q=4\sigma_z\cdot\sigma_y\cdot v\cdot C_{\mathrm{av}} \tag{11.45}$$

平均濃度はプルームの中心から高さσ_zと幅σ_yのところに現れる．3 月 23 日，24 日の気象条件は風速 2〜3 m/s，曇り小雨で，安定度は D とみなせる．図 11.37 より，原発から 40 km 離れた飯舘村は，

$\sigma_z=200$ m

$\sigma_y=1000$ m

とする．

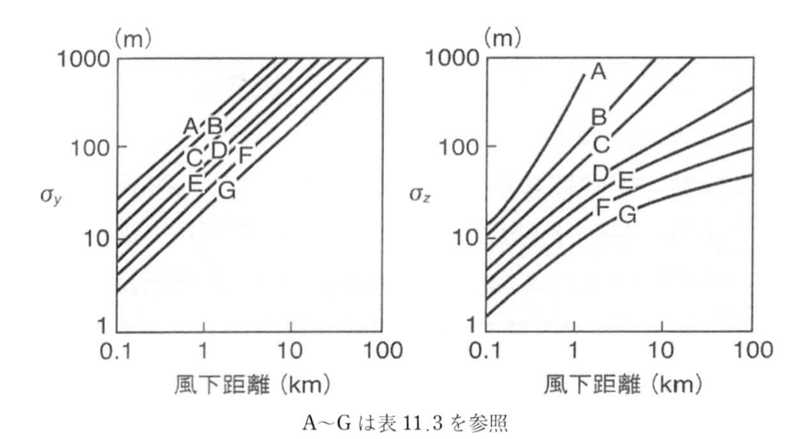

A〜G は表 11.3 を参照

図 11.37　安定度 G に対する拡散幅を加えたパキルス-ギフォード（Pasqull-Giffors）線図

表 11.3　日本式パキルス安定度階級分類法

風速(地上 10 m)m/s	＜2	2～3	3～4	4～6	6＜
日射量(cal/m^2/h)					
≧50	A	A～B	B	C	C
49～25	A～B	B	B～C	C～D	D
≦24	B	C	C	D	D
本雲(8～10)(日中・夜間)	D	D	D	D	D
夜　間					
上層雲(5～10) 中・下層雲(5～7)	(G)	E	D	D	D
雲量(0～4)	(G)	F	E	D	D

A：強不安定，B：並不安定，C：弱不安定，D：中立，E：弱安定，
F：並安定，G：強安定
"大気汚染濃度予測ならびに雨量予測手法のシステム開発研究報告書"，
日本気象協会(1977)による．

観測値から放出量を推定するためには，排出煙元の高さ H を推定する必要があるが，原発から立ち昇る水蒸気の湯気から判断すると，原発建屋の 5～6 倍になる．原発建屋の高さは約 50 m なので H は 300 m と推定する．そして，飯舘村の 300 m 上空をプルームの中心が通過したと仮定する．プルーム濃度がガウス分布することにより，地上の計測値から平均濃度を算出することができる．平均濃度はプルーム中心から下に σ_z(200 m)のところの濃度である．下図の Excel で 1 日あたりの放出量を算出すると，63 TBq/d となる(T(テラ)は 10^{12})．

この放射能のうち，深刻な被害を与えるのは ^{137}Cs である．飯舘村の土壌検査の結果(3 月 23 日)では，ヨウ素 ^{131}I は 1.17 Mbq/kg，セシウム ^{137}Cs は 0.16 MBq/kg であった(比は 1：0.15)．したがって，ヨウ素 ^{131}I は 53.5 TBq/d となりセシウム ^{137}Cs は 9.5 TBq/d となる．

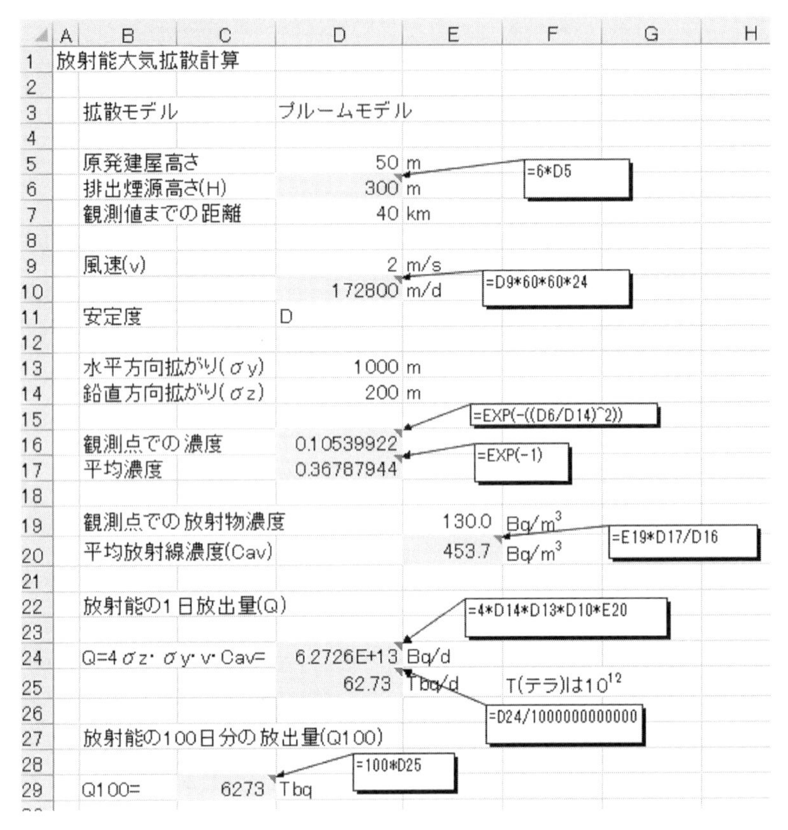

	A	B	C	D	E	F	G	H
1	放射能大気拡散計算							
2								
3		拡散モデル		プルームモデル				
4								
5		原発建屋高さ		50	m			
6		排出煙源高さ(H)		300	m			
7		観測値までの距離		40	km			
8								
9		風速(v)		2	m/s			
10				172800	m/d			
11		安定度		D				
12								
13		水平方向拡がり(σy)		1000	m			
14		鉛直方向拡がり(σz)		200	m			
15								
16		観測点での濃度		0.10539922				
17		平均濃度		0.36787944				
18								
19		観測点での放射物濃度			130.0	Bq/m3		
20		平均放射線濃度(Cav)			453.7	Bq/m3		
21								
22		放射能の1日放出量(Q)						
23								
24		Q=4σz・σy・v・Cav=		6.2726E+13	Bq/d			
25				62.73	Tbq/d	T(テラ)は10¹²		
26								
27		放射能の100日分の放出量(Q100)						
28								
29		Q100=	6273	Tbq				

図 11.38 Excelを用いて，観測値から放出量の推定

(6)　海洋への放射性物質の毎日の放出量

排水溝から放出量の直接換算で排水量 G(m^3/d)と排水中濃度 C から 1 日あたりの放出量(Q)を

$$Q=G\cdot C \qquad (11.46)$$

として，推算する．

3 月 21 日から 4 月 11 日の公開データを用いて，海域への放射性物質の放出量を推算した．下図の放出量 A は，1〜3 号機の原子炉内への注水量と，1〜4 号機の使用済燃料プールへの注水量(東京電力広報部資料より)を合計したものである．放水量 B は，4 月 4 日〜10 日に行われた福島第一原子力発電所からの低レベル排水の際にデータが公表されている．それによると，この期間の ^{131}I の総放出量は 57 GBq と公表さ

れており，推算値の 98 GBq とだいたい一致している．この放出は，7 日間に 10,000 トン(m^3)の放流水と使って行われたが，毎日の放水量は平均値とした．

表から，一日の放出量は 13 GBq/d 程度だとわかる．これはヨウ素 ^{131}I だけに注目した放出量で，セシウム ^{137}Cs の放出量もほぼこれに匹敵する．このことから，海洋への放射線物質の放出量は大気への放出量に比較して，大きくなく，1/700 程度であることがわかる．

海域への放射線物質の放出量推算

1 m^3 = 1000リットル(ℓ)

日	排水量A	排水量B	^{131}I濃度	放出量A	放出量B
	m^3/d	m^3/d	Bq/ℓ	GBq/d	GBq/d
3月21日	537		5066	2.7204	
3月22日	675		1190	0.8033	
3月23日	777		5900	4.5843	
3月24日	843		4200	3.5406	
3月25日	1513		50000	75.6500	
3月26日	961		52000	49.9720	
3月27日	1087		10500	11.4135	
3月28日	633		1250	0.7913	
3月29日	735		115000	84.5250	
3月30日	711		106000	75.3660	
3月31日	770		80500	61.9850	
4月1日	817		54500	44.5265	
4月2日	620		520	0.3224	
4月3日	692		27000	18.6840	
4月4日	644	1428.57	26000	16.7440	37.1429
4月5日	524	1428.57	13500	7.0740	19.2857
4月6日	504	1428.57	3450	1.7388	4.9286
4月7日	643	1428.57	1950	1.2539	2.7857
4月8日	555	1428.57	10450	5.7998	14.9286
4月9日	570	1428.57	6550	3.7335	9.3571
4月10日	620	1428.57	3350	2.0770	4.7857
4月11日	465		960	0.4464	
合計	15896	10000.00	579836	473.7515	93.2143
1日平均	723	1428.57	26356	21.5342	13.3163

=C6*E6/1000000
上側セルのコピー
=D20*E20/1000000
上側セルのコピー
=SUM(G20:G26)
=AVERAGE(G20:G26)

図 11.39 3 月 21 日～4 月 11 日までの公開データと推算放出量

(7) チェルノブイリ事故との比較(1/300)

チェルノブイリ事故は事故というより核爆発であり，放出量の推定はある意味簡単である．経済協力開発機構(OECD)の報告では，ヨウ素 ^{131}I の 50%が放出されたとして，その放出量は 1760 PBq とされている(1 P＝1000 T)．

仮に，福島原発から大気へのヨウ素 ^{131}I の放出が 100 日続いたとすると，その総放出量は 5.35 PBq となり，チェルノブイリ事故の 1/300 程度の事故といえる．

おわりに

「鶴と亀の足の数を数えるアホはいない！」

うちの子供が中学生のとき，こんなことをいった．「連立方程式なんて，何の役にも立たないな(関西弁)」連日，構造解析で何千，何万元の連立方程式を解いている父には聞き捨てならない言葉である．

中学の数学の教科書をよく見ると，答えから逆算したような問題が多くみられる．そういえば，むかし，小学校でつるかめ算をならった．鶴と亀の足の合計と個体数の合計からそれぞれの個体数を計算する問題である．よくかんがえると，鶴と亀の足の数を数えるようなアホは世の中にいない．それぞれの個体数を数えてから，足の数を計算するのが通常のやり方である．中学生が「連立方程式なんて，何の役にも立たないな」と思うのは当然である．

そこで連立方程式の意義，価値，重要性，有用性を説明するため，JR福知山線 脱線事故シミュレーションのページを作成し，ウェブに公開した．レールが２本あるため，連立方程式が成立する．連立方程式を解くことにより，電車の脱線速度が算出できた．連立方程式は既知の値から未知の値を導くツールである．

テレビの学園ドラマでは「勉強は役に立たない．でも一生懸命取り組むことに価値がある」の結論で終わってしまう．「勉強は役に立たない」が前提で，「楽しく勉強しよう」などの取り組みがなされているように思われる．

近頃，理科離れ，学力低下が問題となっている．しかし，学力が向上したところで，それを活用できなければ何の意味もない．科学技術は役立つものであり，「学力をいかに活用するか，活用できる学力とはなにか」が重要な課題である．

神　足　史　人

参考文献

1) 化学工学会 編,“Excelで気軽に化学工学”, 丸善 (2006).
2) 西村　肇,“ほんとはどうかCO_2による温暖化”, 現代化学, 2008年2月号(No.443).
3) 化学工学協会 編,“改訂五版 化学工学便覧”, 6.3.3 体放射体の熱放射, pp.364-369, 丸善(1988).
4) 国立天文台 編,“理科年表　平成20年”, 丸善(2007).
5) 宮島龍興 訳,“ファインマン物理学(3)　電磁気学”, 岩波書店(1969).
6) 柳瀬真一郎, 水島二郎,“理工学のための数値計算法”, 数理工学社(2002).
7) 寺沢寛一,“自然科学者のための数学概論”, 岩波書店(1954).
8) 森　正武,“FORTRAN77数値計算プログラミング(岩波コンピュータサイエンス)”, 岩波書店(1993).
9) Module for Runge-Kutta-Feliberg Method for O.D.E's web hews/n2003/RungeKuttaFehlbergMod.html
10) 日本機械学会 編,“数値積分法の基礎と応用”, コロナ社(2003).
11) 森口繁一,“線形計画法入門”, 日科技連(1973).
12) 戸田盛和,“一般力学30講(物理学30講シリーズ)”, 朝倉書店(1995).
13) 津田孝夫,“モンテカルロ法とシミュレーション—電子計算機の確率論的応用—”, 培風館(1969).
14) 石村貞夫, 石村園子,“金融・証券のためのブラック・ショールズ微分方程式”, 東京図書(1999).
15) 森崎壽夫編,“工学のための応用数値計算法入門(上)”, コロナ社(1976).
16) 西村　肇, 神足史人,“理論物理計算が示す原発事故の真相”, 現代化学, 2011年5月号(No.482).
17) 西村　肇, 神足史人,“続報 理論物理計算が示す原発事故の真相”, 現代化学, 2011年6月号(No.483).

索　引

あ

か

さ

た

な

は

ま

や

ら

欧文

著者の略歴

神足　史人（こうたりふみと）
昭和 49 年，神戸大学理学部物理学科卒業
高等学校講師，ソフトウエア会社勤務を経て，
平成 5 年，(有)ゴッドフット企画設立 代表取締役
現在に至る．

Excel で操る！
ここまでできる科学技術計算　第 2 版

平成 30 年 10 月 10 日　発　行

著作者　神　足　史　人

発行者　池　田　和　博

発行所　丸善出版株式会社
〒101-0051 東京都千代田区神田神保町二丁目17番
編集：電話 (03) 3512-3262／FAX (03) 3512-3272
営業：電話 (03) 3512-3256／FAX (03) 3512-3270
https://www.maruzen-publishing.co.jp

組版印刷・製本／藤原印刷株式会社

ISBN 978-4-621-30327-6 C 3040　　Printed in Japan